防晒剂导论

李丽妍 黄涛 著

U0201147

郑州大学出版社

图书在版编目(CIP)数据

防晒剂导论/李丽妍,黄涛著. — 郑州:郑州大学出版社,2021.12
(2024.6 重印)
ISBN 978-7-5645-8341-5

Ⅰ.①防… Ⅱ.①李…②黄… Ⅲ.①防晒用皮肤化妆品－研究 Ⅳ.①TQ658.2

中国版本图书馆 CIP 数据核字(2021)第 234024 号

防晒剂导论
FANGSHAI JI DAOLUN

策划编辑	李龙传	封面设计	曾耀东
责任编辑	张彦勤	版式设计	曾耀东
责任校对	薛 晗	责任监制	李瑞卿

出版发行	郑州大学出版社	地 址	郑州市大学路 40 号(450052)
出 版 人	孙保营	网 址	http://www.zzup.cn
经 销	全国新华书店	发行电话	0371-66966070
印 刷	廊坊市印艺阁数字科技有限公司		
开 本	710 mm×1 010 mm 1/16		
印 张	17.75	字 数	301 千字
版 次	2021 年 12 月第 1 版	印 次	2024 年 6 月第 2 次印刷

书 号	ISBN 978-7-5645-8341-5	定 价	79.00 元

 **前　言**

化妆品的发展是时代的需求。随着我国国民经济的高速发展和人民生活水平的极大提高,人们的消费观念发生了新的变化,开始追求享受型的非必需品的消费,对化妆品的需求也越来越多,如防晒化妆品。随着环境污染对臭氧层破坏的不断加剧,人们对紫外辐射造成人体伤害的认识程度不断提高,在化妆品中添加防晒成分既可满足人们对护肤品的日常需求,又可以达到防晒的效果,因此防晒化妆品应运而生。在欧美国家,半世纪前已经开始研究在各种化妆品中添加防晒成分。我国在改革开放后,伴随着化妆品行业的蓬勃发展,各种防晒产品如雨后春笋般大量涌现,防晒化妆品的种类日益增多,质量不断提高,但消费者对防晒化妆品的安全性要求也日益提高。因此,全球化妆品产业科研人员都在不断地合成和研究新型的能够满足大众要求的防晒化妆品。

物理性防晒剂主要包含二氧化钛和氧化锌两种物质。而化学合成的紫外线吸收剂,主要通过合成新型化学物质,并重点考察合成产物的皮肤安全性及其对紫外线吸收的稳定性,增大其紫外线波段吸收范围,此类大分子合成化合物仍是目前相关领域研究人员关注的重点。利用天然细胞吸收作用来减少紫外线对人体伤害的仿生防晒剂取自天然,对皮肤和人体有很好的相容性,其作用机制为通过减少皮肤接触过量的紫外线照射而减少其引起的各种皮肤不适应症状,例如皮肤红斑、角质老化和各种灼烧、疼痛感觉。因此,从天然植物中提取有效防晒的天然成分并应用至防晒化妆品开发是今后研究的重要领域。

防晒剂的开发与研究无论是当今还是未来都将成为研究者及消费者关注的焦点。因此,本书从紫外辐射对人体的影响、防晒化妆品的历史形成和发展、防晒剂种类、防晒化妆品功能评价方法、防晒产品配方工艺与实例等,以及最新防晒剂监管和研发趋势等方面进行叙述,以期读者对防晒剂有较为全面的了解。

本书由黄河科技学院李丽妍(第一至四章)和黄涛(第五至七章)共同完成。由于作者水平有限,本书难免有遗漏和不足之处,敬请广大读者批评指正,以便再版时加以修正和补充。

作者

2021 年 8 月

目录

1

第一章　紫外辐射对人体的影响

第一节　大气臭氧层与紫外辐射的关系

从太阳发射出来的辐射线,其电磁波非常宽,波长从 200 nm 以下一直延续到 3 000 nm 以上。地球大气层中的臭氧(O_3)层分布于 10 ~ 50 km 的平流层内,重心约在 25 km 的高空。这个平均厚度大约在 0.3 cm 的臭氧层可阻断太阳光谱在 290 nm 以下的紫外辐射,并削弱有害紫外辐射,形成了地球生物的保护层。因此,尽管臭氧层在大气中的含量很少,但它对于人类和生物的影响却非常重要。从 1840 年 Sohnbein 发现臭氧气体至今,随着科学的发展及测量技术的不断进步,人类对于臭氧层的认识日益深入。

国际照明委员会(Commission International de I' Eclairage,CIE)将紫外线(vltraviolet,UV)划分为紫外线 A、紫外线 B 和紫外线 C 3 种,波长为 320 ~ 400 nm 的紫外线称为紫外线 A(UVA),该区的紫外线不能被臭氧有效吸收,但是也不造成地表生物圈的损害;波长为 280 ~ 320 nm 的紫外线称为紫外线 B(UVB),这一波段的紫外线是可能达到地表并对人类和生态系统造成最大危害的部分;波长为 100 ~ 280 nm 的紫外线部分称为紫外线 C(UVC),该区紫外线波长短,能量高,不过这一区的紫外线能被大气中的氧气和臭氧完全吸收,即使是平流层的臭氧发生损耗,UVC 波段的紫外线也不会到达地表造成不良影响。

适量的紫外线是人类和生物界的一种自然营养,少量的太阳光可以增强人的体质,可以使皮肤中的脱氧甾醇转化成维生素 D,从而有利于人体对钙和其他矿物质的吸收,预防小儿佝偻病和成人软骨病的发生,也可以促进机体新陈代谢,产生免疫功能。

由于氯氟烃(chlorofluorocarbons,CFCs,即氟利昂)等化学物质的大量使用和温室气体的大量释放,大气平流层的臭氧浓度日益下降,导致到达地面的太阳紫外辐射(主要是UVB)增强。这一全球变化,已经成为国际社会广泛关注的重大环境问题。Shiode U.(1998)等报道,在2000年全球禁止使用CFCs后,极地平流层臭氧仍然损失严重,臭氧层恢复到原有水平至少需要100年的时间。根据Cabrini医学中心的资料,臭氧量每下降1%,地面紫外辐射量增加2%。过多的UV辐射会对人体产生有害影响。首先,UV辐射会对皮肤造成损害,较强烈的紫外线照在人们的皮肤上会造成伤害,产生红斑、导致皮肤的老化、黑色素瘤皮肤癌等病变。过量的UVB辐射具有致癌性,其中UVB的生物学作用增加1.3%~2.0%,皮肤癌发生率增加4%~6%,白内障患者增加0.3%,美国每年有6万~70万人患皮肤癌,其中有7 000人死亡。联合国环境规划署(UNEP)估计,全球发生非黑色素瘤(NMSC)者为每年200万~300万,发生恶性黑色素瘤(NM)者为每年20万。美国早在1971—1972年和1977—1978年的两次调查统计结果就表明,随着太阳辐射指数的增加,白种女人和男人皮肤癌的发病率都有明显的增加。统计分析研究表明,1%臭氧总量的减少会导致太阳紫外辐射UVB的增加,会使白种人得皮肤癌的增加率大约为3%(1989)。此外,过量的紫外辐射还会导致其他的皮肤疾病或烧伤。其次,紫外辐射会对眼睛产生伤害,引发光角膜炎、眼睑红斑、白内障以及视网膜的损伤等。黑色素瘤通常被认为是一种成人疾病,但在15岁以下儿童的癌症中约占1%,15~19岁青少年癌症中约占7%。英国癌症研究会2014年发布的最新数据显示,目前英国恶性黑色素瘤患病率是40年前的5倍多。每万名英国人中有17人罹患此病,40年前的患病率则是万分之三。恶性黑色素瘤每年在英国造成2 000多人死亡,是第五大癌症杀手。英国癌症研究会认为,这种皮肤癌患病率的增加与人们的生活习惯有关,比如不注意防晒,日光浴越发流行,以及逐渐兴起的"人工晒黑"等。根据美国皮肤癌症基金会估计,1个人18岁以前接受的UV辐射占其一生中受到UV辐射的80%。在童年时代仅仅一次严重的起疱性晒伤就可能使以后患皮肤癌症的危险率增加1倍。2021年中国黑色素瘤患者行为现状调研白皮书发布,中国每年新发黑色素瘤患者约2万人。因臭氧减少,英国皮肤癌患者至少会增加15%,到2060年,美国皮肤癌患者将达到4 000万人。对我国部分地区臭氧层的观测证实,我国大气臭氧的损耗程度也不容乐观。自 2013 年以来第二大耗损臭氧层气体——氟三氯甲烷（CFC-11）的全球排放量有所增加，主要原因是中国华东地区的排放增多。近年来地面紫外辐射，尤其是 UVB 的增加，对地球上的人类和动植物都产生了非常重要的影响。

近几十年来，随着研究的深入，人们越来越认识到 UV 对皮肤的损伤作用。过量的 UV 照射会导致晒伤、晒黑及免疫抑制，长期的 UV 作用还会引起皮肤光老化，并提高皮肤癌的发病率。

随着人们防晒意识的增强，美、法、联邦德国等国的防晒类化妆品零售额从 1975 年的 4 500 万美元递增到 1981 年的 1.25 亿美元，6 年间增长 3 倍。德国的消耗水平较高，其中 67% 的女性、47% 的男性都使用防晒化妆品。按职业说，职员比工人使用得普遍；按年龄统计，39 岁以下有 69% 的人使用防晒产品，50~65 岁有 49% 的人使用防晒产品。

近年来，国际市场上防晒产品发展的增速较快，出现了各种各样的防晒产品，其销量逐年增加。据欧洲商情市场调研公司的报告显示，2005 年全球防晒产品的销售额上升了 13%，达到 56 亿美元，其中在美国的销售额为 13 亿美元。其销量的增加也得益于生产商以及一些像皮肤癌症基金会这样的组织对防晒产品的宣传。

国外防晒化妆品有以下 5 个主要品种。

1）防日光皮炎用的：主要是吸收波长为 280~315 nm 的紫外线，既能防止紫外线对皮肤造成的伤害，又不妨碍晒后产生的健康肤色。

2）有治疗晒伤作用的。

3）具有促进皮肤晒黑使呈健康肤色的护肤品。

4）防止皮炎并具有防止皮肤被晒黑作用的护肤品。

5）促进皮肤晒黑的外用药，它与皮肤能产生黝黑的色泽，可进一步促进皮肤呈健康肤色。

第二节　紫外辐射对人体皮肤的影响

一、紫外线的生物学效应

人类每天都直接或间接地生活在阳光下。过度的阳光暴露会增加基底和鳞片细胞的危险,同时也会降低皮肤弹性。阳光光谱组分和强度对人类有很大的好处。表1-1简要列出了阳光对人类健康的有益作用和伤害作用。

表1-1　阳光对人类健康的有益作用和伤害作用

有益作用	伤害作用	
	急性伤害作用	慢性伤害作用
一般生活条件改善:精神愉快、心情平静和安静	晒伤	皮肤老化
加快代谢过程	光反应	皮肤癌
促进维生素 D 的合成	光诱发疾病	
改善各种皮肤病治疗	免疫抑制	
晒黑作用	伤害眼睛	
	热的消耗	

二、阳光对人体健康有益的作用

从心理学和生理学的角度看,人体适度接受可见光照射对精神安宁和生理节奏的调节起着重要的作用。阳光对人体健康确实有不少有益的作用。阳光可刺激血液循环,增加血红蛋白的形成,降低血压,可通过活化表皮内存在的7-脱氢固醇(前维生素 D_3),产生维生素 D_3,增加肠内钙离子的吸收,防止和治疗软骨病。

光化作用产生维生素 D_3 的过程见图1-1。在290～315 nm 波段的阳光高能 UVB 光子渗透进入皮肤,被在表皮角质细胞和真皮结缔组织细胞浆膜内的7-脱氢胆固醇吸收。结果将 B 环打开,形成前维生素 D_3。前维生素 D_3 热力学不稳定,在皮肤内温度下,它双键经历重排,形成势力学较稳定的维生素 D_3。在暴露于阳光后1～2 h,在浆膜内形成的前维生素 D_3 大部分转变为维生素 D_3。由于在脂质双层内维生素 D_3 在构型上是不稳定的,所以它从细胞膜被逐出,进入细胞外空间,并且最终发现它进入体内循环系统,与维生素 D_3 结合蛋白 α-球蛋白结合。

由于减少经皮肤维生素 D_3 的合成,造成长期维生素 D 不足,可能引起前列腺、乳房、结肠癌症恶性危险性增大。现已确认,各种组织内活化维生素 D[1,25-二羟基维生素 D_3,1,25(OH)$_2D_3$]被合成,并且在调节细胞生长和癌症预防方面起着重要的作用。

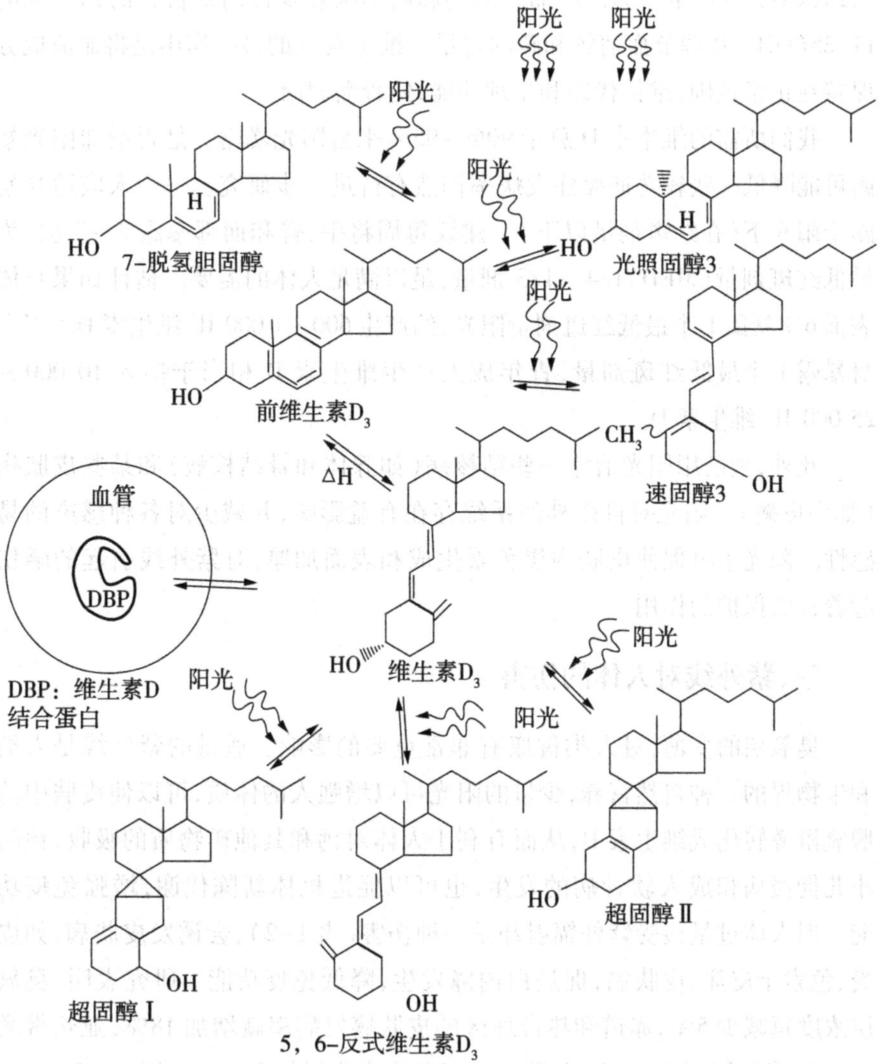

图 1-1　产生维生素 D 和皮肤内维生素 D 调节的光化学过程

维生素 D_3 是保持人体钙和磷内稳态所必需的。当暴露于阳光 UVB 辐射时,7-脱氢胆固醇(Pro D_3)被光解为 Pre D_3。形成后,前维生素 D_3 经历热

诱导转变成维生素 D_3。来自皮肤的维生素 D_3 和来自饮食的维生素 D_3 与 D_2 进入血液,被代谢成为 25-羟基对应物:25-羟基维生素 $D[25(OH)D]$,在肾中 $25(OH)D$ 立即被代谢为 $1,25(OH)_2D$。甲状旁腺激素和低血清磷增加 $1,25(OH)_2D$ 产生。通过增加肠的钙和磷的吸收及代谢来自骨的钙生成的 $11,25(OH)_2D$ 调节血清钙和磷的含量。维生素 D 的最终作用是将血清成分保持在正常范围,维持代谢和生理功能,使骨骼健康。

我们所需的维生素 D 总量 $90\% \sim 95\%$ 来自阳光暴露。是否增加阳光暴露可能降低一些较普通癌症发病率仍然有待进一步研究。一个人应适当暴露于阳光下(在红斑剂量以下)。建议每周将手、臂和面部暴露 $2 \sim 3$ 次,为最低红斑剂量(MED)$1/4 \sim 1/3$ 剂量,足以满足人体的需要。估计如果身体表面 6% 暴露 1 个最低红斑剂量阳光,约产生 $600 \sim 1\,000$ IU 维生素 D。当全身暴露 1 个最低红斑剂量,青年成人产生维生素 D 相当于摄入 $10\,000 \sim 25\,000$ IU 维生素 D。

此外,现已用阳光治疗一些结核病(如腺体和骨结核病)和某些皮肤病(如牛皮癣)。阳光对自律神经系统存在有益影响,并减少对各种感染的易感性。阳光也可促使皮肤内黑色素生成和表面加厚,对紫外线引起的晒伤起着自然保护的作用。

三、紫外线对人体的伤害

臭氧层的变薄,对人类健康有非常重要的影响。适量的紫外线是人类和生物界的一种自然营养,少量的阳光可以增强人的体质,可以使皮肤中的脱氧甾醇转化成维生素 D,从而有利于人体对钙和其他矿物质的吸收,预防小儿佝偻病和成人软骨病的发生,也可以促进机体新陈代谢,增强免疫功能。但人体过量接受紫外辐射却是一种伤害(表 1-2),会诱发皮肤病,如皮炎、色素干皮症、皮肤癌,促进白内障发生,降低免疫功能。研究表明,臭氧层浓度每减少 5%,赤道和热带地区的皮肤癌发病率就增加 18%,亚热带增加 6%;臭氧层减少 10%,人类皮肤癌发病率将增加 26%。事实上,20 世纪 70 年代以后,澳大利亚、美国、加拿大等白种人居住区域相继有皮肤癌发病率递增的报道。

表 1-2　紫外线对人体的危害

类型	原理	危害
急性反应	皮肤的表皮角化细胞 DNA 受损而产生环丁烷嘧啶二聚体或光生成物	一般人群产生晒斑;常染色体劣性遗传者,对 DNA 修复功能欠缺,引起皮肤癌变
慢性反应	表皮细胞受刺激产生一价或高价氧以及羟基和氢氧根;活性氧损害 DNA 的 8-羟基鸟苷	引起人体遗传因子变异;细胞内产生活性氧,促使遗传因子活化,诱发人体病变
致癌反应	表皮的抗原细胞受损,使淋巴细胞的抗原提示作用不能正常进行	人体复合刺激系统功能受损引起癌变

(一)晒伤

太阳光下,皮肤长时间受到强烈照射,若不采取任何保护措施,将导致皮肤的急性红斑效应,即晒伤。晒伤是表皮暂时性伤害。

按照晒伤的症状,可把晒伤程度定为 4 种。①最低可感知的红斑:可辨认的淡红或紫色皮肤,在暴露 20 min 内出现。②鲜明红斑:皮肤呈亮红色,无任何疼痛感,在暴露 50 min 内出现。③疼痛烧伤:其特征是有鲜明的红斑和中等至强烈疼痛感,在暴晒 100 min 内出现。④起疱的烧伤:其特征是有鲜明的红斑和强烈疼痛感,并且可能伴随水疱和脱皮症状,在暴晒 200 min 内出现。

晒伤不会留下痕迹。轻微晒伤只要停止暴晒,24~36 h 内会消失。较严重的晒伤将在 4~8 d 内治愈。如果有炎症,将会伴随脱皮。

UV 辐射数小时后皮肤变红,8 h 达到高峰后慢慢减弱,这种产生淡红斑的情况又称为日炙。由太阳光引起日炙产生红斑的最高波长域在 300~310 nm 范围,皮肤受到 UV 照射后,被伤害的细胞产生炎症,使毛细血管亢进扩张,肉眼看到表皮皮肤潮红,皮肤晒后 72 h 左右,开始逐渐变黑,由于黑色素细胞功能亢进,产生大量的黑色素;变为黝黑的皮肤,若恢复到原皮肤颜色需数月时间。当大面积皮肤被晒伤,即红斑效应严重者可伴有水肿、瘢痕、脱皮,全身症状可伴有寒战、发热、恶心和瘙痒等。晒伤的症状可能是由于蛋白质组分变性,皮肤细胞层受损害或破坏的结果。受损害的细胞释放出来类组胺物质,以响应血管的扩散和红斑的形成。这样也会引起皮肤肿胀(水肿),并刺激皮肤底层细胞的分裂。

在晒伤出现以前的潜伏期,太阳辐射生成的光化学降解产物会诱发一系列自由基反应,导致上述一些生物活性物质的形成,这些物质扩散至皮肤血管,并产生上述症状。

皮肤暴露于阳光紫外辐射导致急性炎症,随后晒黑和皮肤变厚,这与维生素 D 合成和免疫压抑有关。这种炎症作用谱主要在 UVB 波段。临床证实 UVB 引起炎症是滞后的,首先在 1~5 h 内证实可测量到的变化是血管扩张。取决于 UV 剂量和皮肤类型,开始红斑可能不明显,在 18~24 h 达到最大的强度,并且约在 3 d 内褪色。老年人炎症持续时间较长,这些与 DNA 缺陷修复机制有关。

皮肤受到 UVB 辐射,释放出一系列细胞活素,起着 UV 辐射诱发炎症传递质的作用。在炎症初期,释放组胺和前列腺素,随后释放白细胞介素,白细胞介素对于炎症级联持续发生是重要的。

近年来发现在红斑产生时,在上皮细胞 DNA 形成 UV 辐射诱发环丁烷嘧啶二聚体,因而,除去光裂合酶诱发二聚体完全可预防红斑、晒伤细胞形成和免疫抑制。

(二)皮肤长期暴露引起的严重伤害

海员、农民和建筑工人常常遭受强烈阳光的长期暴晒,可能引起更严重的伤害,例如,皮肤癌也可使真皮组织产生衰退性的变化,引起皮肤的过早老化。其表现为皮肤加厚、天然弹性的损失、皱纹出现,这些都是皮肤水结合能力丧失所引起的。

皮肤过度暴露于太阳辐射下,也会恶化或直接引起一些皮肤病症(表 1-3),包括暂时性皮肤病,直至皮肤癌。如图 1-2 所示,几种作用谱是一致的。较短波长的紫外线引起皮肤癌的危险性较大。此外,不同肤色的、生活在不同纬度的人,太阳辐射对其危害程度也有差别。

表1-3　过量紫外辐射引发的皮肤病症

阳光辐射直接影响		急性 慢性(长期)	晒伤 早熟老化 恶化前的损伤 恶性损伤	
阳光辐射间接影响(阳光引起,或恶性皮肤病)	阳光+ 外源因素	系统服用药物 局部用药(外用)	光毒性 光接触变态反应+光毒性	
	阳光+ 内源因素	各种原发性皮肤病(克布纳现象)	银屑病 毛囊角化病 多形(性)红斑 异位皮炎	扁平苔藓 毛发红糠疹 假淋巴瘤 酒糟鼻
		免疫性病	红斑狼疮 日光性荨麻疹	红斑性天疱疮 硬皮病
		生物化学的、代谢的、营养的、激素的、酶的引起疾病	卟啉病 哈特纳普病 垂体功能减退症 白化病	硬皮病 苯丙酮尿症 性腺功能减退症
		基因疾病	着色性干皮病 科凯恩氏综合征 散布的浅表汗孔角化症	布卢姆综合征
		传染病(病毒)	感染角化病 水痘	单纯性疱疹

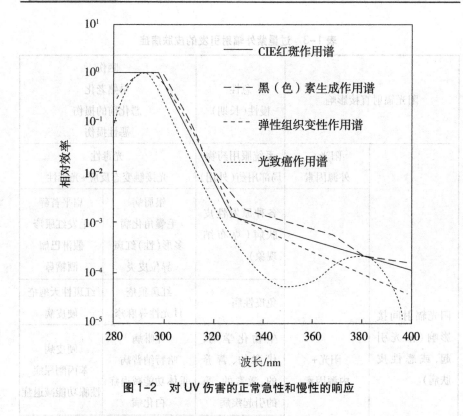

图 1-2　对 UV 伤害的正常急性和慢性的响应

（三）各种波长紫外线的伤害作用

按照非离子辐射波段的分区，紫外线部分分为 UVA、UVB 和 UVC。各段波长对人伤害作用的机制是有区别的。简述如下。

1. UVA 波段

波长为 320～400 nm，在 340 nm 有一宽峰。通常占紫外线的 20%，穿透力很强，可穿过玻璃窗并穿透皮肤直达真皮层，产生很多光生物学效应。与 UVB 不同，UVA 诱发光生物学效应是间接的，需要有氧的存在。实际上，UVA 还可分为 3 个区：320～327 nm 波段，与 UVB 相似，表现出对细胞结构的直接作用；327～347 nm 波段，直接和间接作用并存；347～400 nm 波段为间接作用波段。

UVA 引起即时红斑，红斑在 2 h 内减弱，UVA 引起的滞后红斑反应在 6 h 达到峰值。而 UVB 产生的滞后红斑反应在 12～14 h 达到峰值。UVA 还会产生即时黑色素沉积黑化作用和新的黑色素。UVA 的晒黑响应与皮肤增殖(加厚)无关,不像 UVB 晒黑引起表皮加厚,对皮肤有保护作用。

根据美国1993年防晒剂TFM(试验性最终专论)和美国国立卫生研究院(NIH)的研究,动物实验表明,对引起非黑癌性皮肤癌的作用,UVB 比 UVA 更强。然而,UVA 能诱发 DNA 损伤和红斑,诱发色素沉着和白化病、豚鼠的鳞化细胞癌。较长波 UVA(340~400 nm)伤害作用较短波 UVA(320~340 nm)小。

UVA 除了使皮肤变黑、色素沉着以及皮肤老化外,甚至引起皮肤癌,如黑素瘤等,还可以引起自由基和活性氧化物,间接对皮肤发生作用。

各波段紫外线对皮肤会引起红斑,但产生最低可感知红斑的辐射剂量不同,UVA 为 20~55 J/cm^2,UVB 为 20~50 J/cm^2,UVC 为 5~20 J/cm^2。

2. UVB 波段

波长为 290~320 nm,其作用效率的峰值位于 297.6 nm 附近,通常占紫外线的80%,可穿透臭氧层进入到地球表面,是对皮肤引起光生物效应的主要波段。UVB 抑制 DNA、RNA、蛋白质合成和有丝分裂,使易分解的质粒和细胞膜萎缩,诱发早期和滞后的红斑响应。长期 UVB 作用会伤害皮肤的连接组织,它也是非黑癌性的皮肤癌的刺激因子。与 UVA 相似,长期 UVB 照射会引起鼠皮内葡胺聚糖(GAG)和蛋白聚糖(PGs)的增加。UVB 的作用是直接的,不需要通过中间的光敏化剂的过渡,主要作用于表皮层,引起红斑(晒斑)。经常性暴露在强烈的 UVB 下会损害皮肤细胞 DNA,也会改变皮肤的免疫反应。同时,UVB 还会增加各种致命性突变的概率,最终导致皮肤癌,并降低机体识别和消除发生恶性变异的细胞的可能性。

科学和临床试验的文献表明,UVB 引起即时和严重的皮肤损害,UVA 则引起长期、慢性的损伤;UVA 的渗透作用较 UVB 强;UVB 和 UVA 都表现出对皮肤的致癌作用;然而 UVB 的作用较强,当 UVB 存在时,UVA 会增强 UVB 致癌作用。美国国立卫生研究院(NIH)建议,防晒制品配方中应加强对 UVA 的防护。

3. UVC 波段

波长为 100~290 nm,短于 290 nm 的 UVC 不能穿过臭氧层进入地球,即完全被臭氧层吸收,因此尽管 UVC 有光活性,会对组织构成伤害,但对人体一般不会构成伤害。某些职业如电焊或使用人工光源可能构成伤害。UVC 不会引起晒黑作用,但会引起红斑。

(四)皮肤日晒红斑

皮肤日晒红斑即日晒伤,又称皮肤日光灼伤、紫外线红斑等。皮肤日晒红斑是紫外线照射后在局部引起的一种急性光毒性反应(phototoxic reaction)。临床上表现为肉眼可见、边界清晰的斑疹,颜色为淡红色、鲜红色或深红色,可有轻度不一的水肿,重者出现水疱。依照射面积大小不同患者可有不同症状,如灼热、刺痛或出现乏力、不适等轻度全身症状。红斑数日内逐渐消退,可出现脱屑以及继发性色素沉着。

1. 皮肤日晒红斑的类型及其病理变化

经紫外线照射皮肤或黏膜出现红斑,是机体对紫外线照射的重要反应之一。根据紫外线照射后红斑出现的时间可分为即时性红斑和延迟性红斑。即时性红斑见于大量紫外线照射,通常于照射期间或数分钟内出现微弱的红斑反应,数小时内可很快消退。延迟性红斑是紫外辐射引起皮肤红斑反应的主要类型。通常在紫外线照射后经过 4~6 h 的潜伏期,受照射部位开始出现红斑反应,并逐渐增强,于照射后 16~24 h 达到高峰。延迟性红斑可持续数日,然后逐渐消退,继发脱屑和色素沉着。

从组织学的角度来看,紫外线红斑的本质是一种非特异性的急性炎症反应,其中真皮内血管反应是产生红斑的基础。动物和正常人体皮肤的紫外线照射试验观察表明,在照射后出现红斑的早期,真皮乳头层毛细血管扩张,数量增多,血液内细胞成分增加,内皮间隙增宽,结果导致血管通透性增强,白细胞游出,液体渗出。进一步发展可出现毛细血管内皮损伤,血管周围出现淋巴细胞及多形核细胞浸润等炎症反应。同时期内表皮基底层可出现液化变性,棘细胞层部分细胞可表现为胞质均匀一致,嗜酸性染色,核皱缩,深染,即所谓"晒斑细胞",这种变性细胞周围可有海绵样水肿、空泡形成,并伴有炎症细胞浸润。炎性渗出吸收消退后,可出现表皮基底层增生活跃,棘细胞层黑素颗粒均增多,表皮增厚,角化过度等现象,有人将上述过程分为炎性渗出期和增生期两个阶段。不同波段紫外线照射引起的皮肤组织学变化有所不同,UVB 和 UVC 主要引起表皮层的病变,如出现晒斑细胞、海绵样水肿,基底层液化变性等,而 UVA 则主要引起真皮层的改变,如血管损伤及其周围炎症细胞浸润。其中,UVB 引起的日光灼伤最强,因此 UVB 通常被称为红斑光谱或红斑区。

2.皮肤红斑反应的发生机制

动物和人体皮肤黏膜的紫外线照射试验表明,发生即时性红斑的机制是紫外辐射使真皮内多种细胞释放组胺、5-羟色胺、激肽等炎症介质,使真皮内血管扩张,渗透性增加。抗组胺类药物可有效抑制即时性红斑的发生,但延迟性红斑的发生机制却更为复杂。激肽类物质在红斑反应期并不升高,各种血管扩张抑制剂包括抗组胺类药物也不能有效阻止延迟性红斑的发生。目前研究认为红斑的发生机制涉及体液和神经两方面的因素。

(1)体液因素 紫外辐射可在皮肤黏膜引起一系列光化学和光生物效应,使组织细胞出现功能障碍或造成其结构损伤,如产生超氧阴离子自由基、氮氧化物(NO),其他活性氧和自由基如羟自由基、单线态氧、过氧化氢等,对表皮角质形成细胞、真皮血管内皮细胞、白细胞、结缔组织中肥大细胞、成纤维细胞等直接造成损伤,可破坏细胞膜及核膜的完整性,也可以对细胞质和细胞核内 DNA 物质产生影响。紫外线照射生物膜的损害可导致一系列炎症介质的释放,在紫外线红斑反应中具有重要作用的炎性介质有以下几种。

1)组胺及组胺类物质:紫外线照射可使组织内的组胺酸转变为组胺,可使上皮细胞、组织细胞、肥大细胞等脱颗粒释放出组胺及组胺类物质,后者引起血管扩张、血管通透性增加、组织水肿。

2)激肽类物质:包括缓激肽、胰激肽、蛋白氨酰胰激肽等。紫外线照射首先造成组织细胞和血管内皮细胞的损伤,然后激活组织中的激肽转化体系和血液中的凝血机制,从而促使激肽类物质从激肽原转化为激肽类血管活性肽。后者具有明显的血管扩张作用,结果导致渗出性增加,组织水肿。

3)溶酶体酶:包括多种水解酶等。紫外线照射引起的自由基损伤可破坏溶酶体膜的完整性,酶的释放可引起细胞自溶、蛋白分解、血管扩张和炎症浸润等一系列反应。

4)前列腺素:前列腺素(prostaglandin,PG)是一种具有 20 个碳原子的长链不饱和脂肪酸,在组织中分布广泛,是引起血管扩张、水肿和组织损伤的炎症介质之一,可分为 3 类(PG1、PG2、PG3)4 型(A、B、E、F)。皮肤中可以合成前列腺素,紫外线照射后皮肤中前列腺素含量增加,皮下注射前列腺素可引起炎性红斑、消炎痛等抑制花生四烯酸转变为前列腺素 E,能有效阻止紫外线红斑的形成。因此认为,前列腺素可能是紫外线红斑反应的重要炎症介质。

(2)神经因素　紫外线红斑反应除和体液因素有关外,也受到神经因素的多重调节。周围神经损伤或神经阻滞麻醉后,所支配区域的皮肤紫外线红斑反应明显减弱;低级神经中枢病变或脊髓麻醉时,病变或麻醉平面以下的皮肤紫外线红斑反应被高度抑制;高级神经中枢病变或全身麻醉时,皮肤紫外线红斑反应完全消失或十分微弱。这些试验结果表明,神经系统的不同级别对皮肤紫外线红斑的形成均具有重要作用。

总之,紫外线照射后皮肤红斑的形成,是众多体液因素和复杂的神经血管调节共同作用的结果。这种反射弧的起始点是紫外线照射部位皮肤黏膜的神经末梢,在接受光量子的刺激后通过传入神经进入脊髓,逐级到达大脑皮质。神经反射弧是多层次的,如周围神经的轴索反射、通过脊髓的体节反射以及在脑干、皮质下中枢和大脑皮质的高级控制,高级反射对低级反射起到调节和抑制作用。控制血管舒缩的神经冲动通过上述复杂的神经网络到达皮肤的血管壁上,最终引起血管扩张,出现红斑。在上述神经传递的每一个环节,体液因素中的一系列炎症介质都在局部发挥着重要作用。

3. 皮肤红斑反应的影响因素

紫外辐射引起的皮肤红斑反应有众多的影响因素,如照射剂量、紫外线波长、人体皮肤对紫外线照射的反应性即皮肤类型、不同部位的皮肤及肤色和被照射者生理及病理状态的影响等。简述如下。

(1)辐照强度或照射剂量　紫外线红斑的形成首先和日照强度,或皮肤上受到的照射剂量有关。在特定条件下,人体皮肤接受紫外线照射后出现肉眼可辨的最弱红斑需要一定的照射剂量或照射时间,即皮肤红斑阈值,通常也称作最小红斑量(minimal erythema dose, MED),单位为 J/cm^2 或在辐射强度不变的情况下以时间(s)计算,依照射剂量的大小变化,皮肤可出现从微弱潮红到红斑水肿甚至出现水疱等不同反应。将 MED 值作为一个照射剂量单位,分别用不同的紫外线照射剂量照射皮肤,可将相应的红斑反应分为 6 级,各级的特点见表 1-4。

表1-4　不同剂量紫外线照射后皮肤红斑反应的分级及特点

分级	红斑名称	照射剂量 单位/MED	皮肤表现	持续时间	脱屑及色素沉着
1	亚红斑	<1	无		
2	阈红斑	1	微红	6～24 h	无
3	弱红斑	2～3	淡红微热	1～2 d	轻度
4	中红斑	4～6	鲜红微肿,灼痛	3～4 d	斑片状,明显
5	强红斑	7～10	深红水肿,灼痛	5～7 d	大片状,明显
6	超强红斑	>10	暗红水疱,剧痛	7 d 以上	大片状,明显

（2）紫外线波长　人体皮肤对各种波长的紫外线照射可出现不同程度的红斑效应,波长为297 nm 的 UVB 红斑效应最强,通常将 UVB 称为红斑光谱。随波长增加紫外线的红斑效力急剧下降,到 UVA 部分,其引起皮肤红斑的效力已低于 UVB 的 0.1% 以下。波长 254 nm 的 UVC 段也有较强的致红斑效力,但由于地球表面的紫外辐射中不含 UVC 而意义不大。以 297 nm 的 UVB 所产生的红斑效应作为 100%,现将不同波段紫外线的致红斑效力进行排序,见表1-5。

表1-5　不同波长紫外线对人类皮肤的致红斑效应

紫外线波长/nm	红斑效应/%	紫外线波长/nm	红斑效应/%
254	50	297	100
265	19	302	58
280	28	313	4.5
289	30	385	0.1

不过目前国内外文献资料上通常引用国际照明学会（CIE）1987 年推荐的紫外线红斑效用光谱（图1-3）。标准日光的紫外光谱见图1-4。

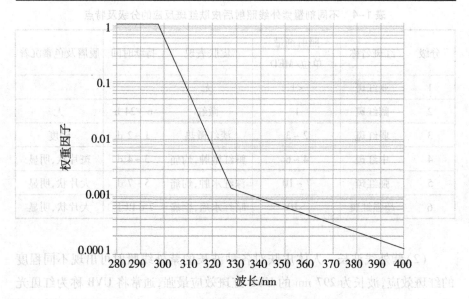

图1-3 紫外线红斑效应光谱

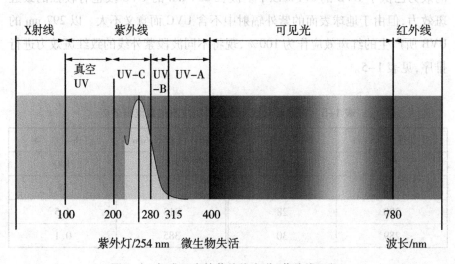

图1-4 标准日光的紫外线光谱(紫外线区段)

各种波长紫外线在引起皮肤红斑方面不但效力有很大差异,在红斑出现的时间、持续长短以及消退的速度等方面也有不同:波长386 nm的UVA引起的红斑出现最早,照射后1 h即达到顶峰,持续1 d左右消退;波长为254 nm的UVC引起的红斑需12 h左右达到顶峰,4 d左右消退;波长为

297 nm 的 UVB 引起的红斑出现最晚,通常需 24 h 后才能达到顶峰,可持续 1~2 周才能完全消失。

此外,各种波长紫外线在引起红斑的色泽和强度方面也不相同。一般情况下,UVC 引起的皮肤红斑呈粉红色,红斑反应强度并不随照射剂量增加而明显增大;UVB 引起的红斑呈鲜红色,随照射剂量增加其红斑反应迅速加剧,其中在波长 289 nm 处皮肤红斑和紫外线剂量有较好的线性关系;UVA 引起的红斑呈深红色,其情况类似 UVC,即使剂量增加 4~5 倍,皮肤红斑也不过加剧 2 倍左右。从上述来看,皮肤的红斑反应指标适用于评价防晒化妆品对 UVB 的防护效果即 SPF 值测定,而不适用于对 UVA 的防护效果测定。

（3）皮肤类型　皮肤类型即皮肤对紫外线照射的反应性,根据皮肤受日光照射后是出现红斑还是以出现色素沉着为主的变化,Fitzpatric 1975 年首次提出皮肤类型的概念,其具体做法是:选择一定数量的受试者进行日光浴 30~45 min,然后观察皮肤出现红斑及色素沉着的情况,为避免日常生活中紫外线对皮肤的辐照影响,通常在春夏季节进行此项日光浴试验,并选择在漫长的冬天未曾暴露的部位如臀部进行评判。根据评判结果将白种人的皮肤最初分为 4 种类型,后来 Pathak 对上述分型作了进一步修改补充,增加了棕色和黑色皮肤的人群,形成了沿用至今的皮肤分型方法,即 Fitzpatrick-Pathak 皮肤分型方法,见表 1-6。

表 1-6　Fitzpatrick-Pathak 日光反应性皮肤类型

皮肤类型	日晒红斑	日晒黑化	未曝光区肤色	皮肤类型	日晒红斑	日晒黑化	未曝光区肤色
I	极易发生	从不发生	白色	IV	很少发生	中度晒黑	白色
II	容易发生	轻微晒黑	白色	V	罕见发生	呈深棕色	棕色
III	有时发生	有些晒黑	白色	VI	从不发生	呈黑色	黑色

关于人类的皮肤类型目前在皮肤光生物学、皮肤色素研究、化妆品防晒、化妆品祛斑增白以及美容等许多领域经常提及,在某些概念上存在混淆和误解。尤其以下两点值得注意。

1）皮肤类型不等于肤色。人类肤色对紫外线照射的反应性受遗传因素和后天环境共同影响,人的皮肤类型和皮肤的色素有一定的关系,但不能根据肤色深浅简单划分。例如白种人可能以Ⅰ、Ⅱ、Ⅲ型皮肤类型为主,但也有少数Ⅳ、Ⅴ型的皮肤;有色人种可能Ⅳ、Ⅴ型的皮肤较多,但也不乏Ⅰ、Ⅱ、Ⅲ型的皮肤。日本科学家曾对亚洲黄色人种的皮肤类型进行过大样本(2 500 人)的研究,结果发现Ⅰ、Ⅱ、Ⅲ型皮肤类型合计达75%以上。我国也做过小样本的类似研究,结果提示Ⅳ型皮肤的人居多。从皮肤类型的基本概念来看,决定因素是未曝光区皮肤对紫外线照射的反应性,即产生红斑还是色素,不是受试者肤色的种类,更不能笼统地将白种皮肤划分为Ⅰ~Ⅲ型、棕色皮肤为Ⅳ~Ⅴ型、黑色皮肤为Ⅵ型。大量研究表明不管是白人、黑人,还是其他有色人种的皮肤,都存在各种不同的皮肤日光反应性,这正说明皮肤类型不等于肤色。

肤色和皮肤类型的确有密切联系。人类肤色分为构成性肤色(constitutive skin color)和选择性肤色(facultative skin color)两部分,构成性肤色主要由遗传基因决定,由于遗传基因的不一致性,同一人种的构成性肤色也可有一定差别。选择性肤色主要受生活环境影响,生活在南亚的白种人可有深色的皮肤,而生活在北美的黑人可有浅色的皮肤,这说明后天环境因素对选择性肤色具有很大影响。在 Fitzpatrick-Pathak 分型中,Ⅰ~Ⅲ型的皮肤晒伤后主要出现红斑反应即日灼伤,这会使人躲避日晒从而使肤色变浅;Ⅳ~Ⅵ型的皮肤日晒后主要出现色素黑化,这可直接导致肤色变深。由此看来,在一定范围内或同一人种内,一个人的肤色深浅可以是不同皮肤类型的结果,而不是原因。换言之,可以根据一个人的皮肤类型估计其日晒后的肤色深浅,而不能根据一个人的肤色简单地推测其皮肤类型。事实上,即便是未曝光部位的构成性肤色与皮肤类型也没有对应关系。必须指出,皮肤类型之间无明显界限。六型皮肤类型的划分完全是人为决定的,是根据紫外辐射后皮肤出现红斑或色素的程度用人眼观察做出的分级,其中掺杂有人为的主观因素,不同的观察者可能会产生不同的结果。所以六型皮肤类型的划分只具有参考意义。

2)皮肤类型不等于皮肤对紫外辐射的敏感度。在六型皮肤类型的过渡变化中,虽然也表现出了红斑/色素的递减/递增的变化,但决定皮肤类型的因素是红斑和色素两个条件,而不仅仅是红斑或色素的量的改变。例如在定量的紫外线照射下,不管皮肤出现红斑的强弱,只要无色素沉着即为Ⅰ型;如有轻微的黑化则不管红斑如何即可划为Ⅱ型。而皮肤对紫外辐照的敏感性则是一个更为广泛的概念。日晒红斑和日晒黑化是皮肤对紫外线照射产生的两种不同的生物效应，Ⅰ～Ⅲ型皮肤日晒后易出现红斑，反映的是对紫外线红斑效应的敏感性；Ⅳ～Ⅵ型的皮肤日晒后易出现黑化，反映的是对紫外线色素效应的敏感性，能够反映皮肤红斑效应敏感性的客观指标是最小红斑量，能够反映皮肤黑化效应敏感性的客观指标是最小黑素生成量（minimal melanogenic dose，MMD）或最小即时色素黑化量（minimal instant pigmentation darkening dose，MIPDD）。多年来的研究表明，Fitapatrick-Pathak 皮肤分型在反映皮肤对紫外线照射敏感性方面也有一定局限性。文献报道，测定不同皮肤类型的受试者的 MED 和 MMD 或 MIPDD，常发现上述生物效应计量单位与皮肤类型之间缺少相关性。同一类型的皮肤中，MED、MMD 等数值差异很大，或不同类型的皮肤却有相近的 MED 值。其原因是多方面的，诸如皮肤分型法本身的局限性、分型的主观性、人种的差异以及影响皮肤正确分型等。从原始概念上来看，Fitzoatrick 皮肤分型的主要依据是日晒后皮肤出现红斑和色素两种效应的相对变化，而不是单一因素的变化程度，从而使得这种皮肤分型方法在反映皮肤对紫外线照射敏感性方面不如 MED、MMD 或 MIPDD 等生物计量单位。

（4）不同照射部位和肤色　人体不同部位的皮肤对紫外线照射的敏感性存在着差异。一般而言，躯干皮肤敏感性高于四肢，上肢皮肤敏感性高于下肢，肢体屈侧皮肤敏感性则高于伸侧，头面颈部及手足部位对紫外线最不敏感。如以躯干部敏感性为 100%，其顺序可表现为：胸背部，100%；上肢，50%～75%；下肢，25%～50%；面颈部，25%～50%；手足背部，25%。

肤色深浅对皮肤的紫外线敏感性也有一定影响，皮肤的颜色主要由表皮中黑素小体（melanin）的含量及色泽所决定，黑素小体可吸收紫外线以减轻对深层组织的辐射损伤，从而影响紫外线红斑的形成。事实上，肤色加深是一种对紫外线照射的防御性反应，经常日晒不仅可使肤色变黑以吸收紫外线，也可以形成对紫外辐射的耐受性，使皮肤对紫外线的敏感性降低。但通常认为，影响皮肤对紫外线敏感性的因素较多，而肤色深浅对皮肤的红斑阈值影响不大。

黏膜对紫外线照射的反应性比皮肤迟钝，为引起相同的红斑反应，常需要比照射皮肤大 1 倍的辐照剂量，即黏膜的 MED 值比皮肤大 1 倍左右。

（5）生理及病理因素　众多的生理和病理因素可影响皮肤对紫外辐射

的敏感性,从而影响紫外线红斑的形成。

1)年龄。老年人对紫外线的红斑反应降低。老年期皮肤真皮变薄约20%,真皮乳头变平、细胞成分减少、供应皮肤乳头的垂直血管祥减少或消失、毛细血管网萎缩等使老年皮肤呈相对的无血管无细胞状态,从而致使红斑反应减弱。老年人皮肤神经末梢功能减退,神经内分泌功能低下对紫外线的敏感性也有一定的影响。此外,老年人一生中接受了较多的紫外线照射,也有可能形成对紫外线耐受等。

儿童对紫外线的红斑反应在不同年龄段各有特点。现有的研究资料表明,出生 15 d 以内的新生儿由于神经系统发育尚不完全,对紫外线照射几乎不产生红斑反应;2 个月以后随年龄增长对紫外线敏感性逐渐增高,原因可能是高级神经中枢对低级部位中枢的血管调节抑制不足,导致红斑反应的潜伏期短、阈值低、消退快。此期由于婴儿皮肤角质层薄、毛细血管网较密、通透性大,使其红斑阈值也较低,到 3 岁时皮肤对紫外线照射的敏感性可达到高峰。3 ~ 7 岁儿童其皮肤敏感性较成年人低,以后逐渐接近成年人。

2)性别。性别对皮肤的紫外线敏感性影响不大,但妇女在月经期和妊娠期敏感性升高,产后明显降低。

3)病理因素。多种系统性疾病、皮肤病以及接触外源性光感物质可明显影响皮肤对紫外线照射的敏感性。

(6)其他因素　在照射紫外线的前后或同时,接触其他物理因素可对红斑反应的潜伏期和反应强度产生影响。如在日晒部位先用红外线、超短波、B 超、磁场、热传导疗法等,可使紫外线红斑潜伏期缩短,反应增强;在紫外线照射同时局部进行热疗或照射红外线也可以使红斑出现加快,反应增强;若在日晒或紫外线照射之后红斑尚未出现之前应用红外线、热疗等,则可使紫外线红斑反应减弱。

(五)皮肤日晒黑化

日晒黑,指日光或紫外线照射后引起的皮肤黑化作用。通常限于光照部位,边界清晰,临床表现为弥漫性灰黑色色素沉着,无自觉症状。皮肤炎症后色素沉着也可以引起肤色加深,但一般限于炎症部位的皮肤,色素分布不均,从发生机制上看主要是一系列炎症介质如白三烯 C4、D4 等和黑素细胞的相互作用所致。皮肤晒黑则是光线对黑素细胞的直接生物学影响,可引发一系列生理损伤,甚至诱发皮肤癌,因此,防晒黑也成为防晒化妆品的重要功效指标。

1. 皮肤日晒黑化的类型

经紫外线照射皮肤或黏膜直接出现黑化或色素沉着，是人类皮肤对紫外辐射的另一种肉眼可见的反应，其反应类型可分为以下 3 类。

（1）即时性黑化　即时性黑化（instant pigmentation）指照射后立即发生或照射过程中即可发生的一种色素沉着。通常表现为灰黑色，限于照射部位，色素沉着消褪很快，一般可持续数分钟至数小时不等。

（2）持续性黑化　持续性黑化（persistant pigmentation）表现为随着紫外线照射剂量的增加，色素沉着可持续数小时至数天不消退，可与延迟性红斑反应重叠发生，一般为暂时性灰黑色或深棕色。

（3）延迟性黑化　延迟性黑化（delayed pigmentation）在照射后数天内发生，色素可持续数天至数月不等。延迟性黑化常伴发于皮肤经紫外辐射后出现的延迟性红斑，并涉及炎症后色素沉着的机制。

2. 皮肤日晒黑化的发生机制

就即时性黑化而言，目前认为其发生机制是由于紫外辐射引起黑色素前体氧化的结果。黑素体前体在黑素细胞内合成后处于颜色较浅的还原状态，在紫外线照射下，还原型黑色素前体吸收光辐射能而发生氧化反应，产生一种不稳定的、颜色较深的、半醌样氧化型结构。这一反应是可逆的，但随着辐照剂量的增加或辐照时间的延长，这种半醌样氧化型结构经多次氧化、聚合反应而转变为成熟的黑色素，皮肤黑化持续的时间也相应延长，直至进入持续性黑化反应或延迟性黑化反应过程。而后者则涉及黑素细胞增殖、合成黑素体功能变化以及黑素体在角质形成细胞内的重新分布等一系列复杂的光生物学过程，在探讨其发生机制之前，有必要简要回顾一下有关黑素细胞的生物学基础知识。

（1）黑素细胞的基础知识　黑素细胞是表皮的一种树枝状细胞，主要位于表皮基底细胞层、皮肤毛囊外毛根鞘及毛球部位。形态学上黑素细胞与角质形成细胞的最大区别是无桥粒与张力性原纤维，且胞质透明。人类黑素细胞起源于胚胎发育中的神经嵴（角质形成细胞则起源于外胚层），从未分化的神经母细胞分化而来并迁移，定位于表皮基底细胞层，人出生后黑素细胞的数目基本恒定，在表皮基底细胞层约每 10 个基底细胞就有一个黑素细胞嵌插其间，估计表皮中黑素细胞总数可达 20 亿。在不同性别和人种之间,黑素细胞的数量无明显差异,随着年龄的增大,黑素细胞的数目逐渐减少,每 10 年大约减少 10% 左右。正常成年人黑素细胞的数量在不同部位有明显差异,面颈部最多,上肢和后背次之,下肢和胸、腹最少,这种不同变化恰好与身体各部位接受日光照射的多少相符,说明黑素细胞数量的差异和日光中紫外线照射强度有关。

人类皮肤的颜色主要由两个因素决定:其一是各种色素的含量,即皮肤内黑色素、类黑素、胡萝卜素以及皮肤血液内氧合血红蛋白和还原血红蛋白的含量;其二是皮肤厚度以及光线在皮肤表面的散射现象,其中黑素起主要作用,是决定皮肤颜色的主要因素,黑素有 3 种类型:真黑素或优黑素、褐黑素和神经黑素。通常泛指真黑素为黑素。黑素细胞具有合成黑素并向外分泌或向其他细胞输送的功能,从这一点看来黑素细胞可被视为一种单细胞腺体。黑素在细胞的粗面内质网合成,在高尔基体内包装成膜状结构,即为黑素小体。伴随黑素小体向细胞树突的移动,它历经 4 个阶段而成熟:①圆球状或空泡状,位于树突根部,内含酪氨酸酶,电镜下可见少量细丝;②卵圆形,向树突移动,内含大量阶段性细丝;③继续向树突方向移动,结构模糊,有黑素沉着;④均质黑素颗粒,位于树突顶端。上述过程涉及一系列复杂的生化反应,其中需要铜离子和氧参加的酪氨酸酶催化的氧化反应起到关键作用,深入研究发现,黑素生产并不是一简单的单酶单底物反应系统,Hearing 提出至少有 4 个酪氨酸酶基因家族成员共同参与了黑素的合成及调节:酪氨酸酶(TYR)、酪氨酸相关蛋白-1(TRP-1)、酪氨酸相关蛋白-2(TRP-2)和 Pmel-17 蛋白(stablin)。这些成员位于黑素小体膜内,彼此相互作用,共同调节黑素生成(图 1-5)。

黑素细胞胞体是具有许多突起即前述的树突,借此树突可与角质形成细胞建立连接,以便输送黑素小体。在黑素小体和角质形成细胞的共同参与下,完成黑素的周期性代谢。鉴于这种结构和功能上的密切关系,Fitzpatrick 称之为表皮黑素单位,每个单位由一个黑素细胞和其周围大约 36 个角质形成细胞共同构成。从更深的层次上看,黑素细胞周围可能存在一个由基底细胞、角质形成细胞及其细胞因子、细胞间黏附因子和细胞外基质等多种因素构成的复杂微环境,黑素细胞的增殖、黑素合成及代谢等活动均将受到来自这一局部微环境中多种细胞或分子水平的调节。

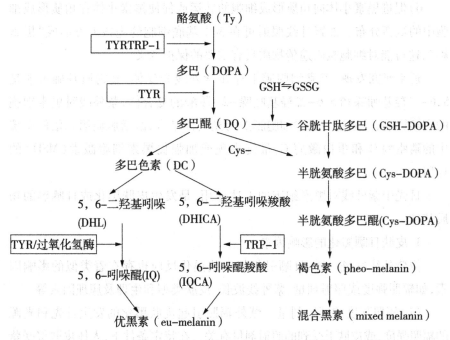

图1-5　黑素生物合成途径及酶调位点

（2）紫外辐射对黑素细胞的生物学影响　大量数据表明,紫外辐射可刺激黑素细胞增殖,并使细胞合成黑素和转运黑素体的功能增强。黑色素可吸收紫外线,从而减弱紫外辐射对深层组织的损害,这正是人类在漫长的进化过程中,对日光辐射形成的一种防御性生物反馈机制。紫外线对黑素细胞的影响可概括为以下几种形式。

1）激活处于静止状态的黑素细胞,使其分裂增殖,数量增加。

2）促进黑素细胞的功能状态,使其胞体变大,突起变长,处于活跃状态。

3）促进酪氨酸酶的合成。

4）破坏能抑制酪氨酸酶活性的硫氢类化合物（巯基）,提高酪氨酸酶的催化活性。

5）向合成黑素的中间产物提供发生光化学反应的能量,如多巴吸收280 nm的紫外线最多,红色多巴吸收305 nm的紫外线最多,5,6-二羟基吲哚吸收275 nm、298 nm的紫外线最多,5,6-吲哚醌吸收300 nm的紫外线最多等。

6)促进黑素小体向角质形成细胞的转运或促使黑素小体在角质形成细胞中的重新分布。如紫外线照射可在表皮基底细胞的胞核上方形成"黑素帽",这可能对细胞核内遗传物质具有重要的保护意义。

近来研究发现,黑素细胞膜上存在紫外线光受体,其物质基础可能是5,6-二羟基吲哚和5,6-二羟基吲哚-2-羧酸的复合体,紫外线对黑素细胞的直接影响,是通过与黑素细胞膜上的光受体结合,激活胞质第二信使系统中的磷脂酶C和蛋白激酶C,最终出现或加强促黑素细胞激素(MSH)的作用。

日光中紫外线对黑素细胞的上述作用,是发生皮肤黑化或日晒黑的物质基础。

3.皮肤日晒黑化的影响因素

像紫外线红斑一样,日晒引起的皮肤黑化反应也存在着类似的影响因素,如辐照强度或照射剂量、紫外线波长、皮肤类型和生理及病理因素等。

(1)辐照强度或照射剂量 紫外辐照引起皮肤黑化的发生首先和光源的辐照强度,或皮肤上受到的照射剂量有关。在特定条件下,人体皮肤接受紫外线照射后出现肉眼可辨的最弱黑化或色素沉着需要一定的照射剂量或照射时间,即皮肤黑化阈值,又称之为最小黑化量(minimal pigmentation dose, MPD)。单位仍以 J/cm^2 或以时间(s)计算。出现即时性黑化的最小黑化量称之为 MIPD(minimal instant pigmentation dose)或 IPD,出现持续性黑化的最小黑化量称之为 MPPD(minimal persistant pigmentation dose)或 PPD。在日用化学品工业对防晒产品的防晒效果进行生物性评价中,IPD、PPD 和 MED(最小红斑量)一样都是常用的生物学辐照剂量单位或指标,MED 值可用来计算防晒品的日光防护系数 SPF(sun protection factor),而 IPD 和 PPD 则可用来计算防晒品的防晒黑系数 PFA 值(protection factor of UVA)或对产品的 UVA 防护效果进行分级(PA+ ~ PA+ + +)。

引起皮肤黑化或色素沉着的辐照强度在不同波长的紫外线下变化较大,和 MED 值之间无规律性量效关系。UVB 和 UVC 的 MPD 一般都大于其MED,小于 MED 的剂量不能引起皮肤黑化。曾有研究发现,用小于 MED 剂量的 UVB 和 UVC 多次照射皮肤也能引起色素沉着,但估计大多属于即时性黑化的现象,由于消褪很快,对皮肤黑化反应影响不大。相反,长波段紫外线由其红斑效应微弱,其 MED 值比之 UVB 大幅度升高,因此 UVA 的 MPD

值远小于其 MED 值,换言之,小于红斑反应剂量的 UVA 照射即可引起皮肤黑化。

(2)紫外线波长　人体皮肤对各种波长的紫外线照射均可出现色素沉着或黑化效应,如图 1-6 所示。

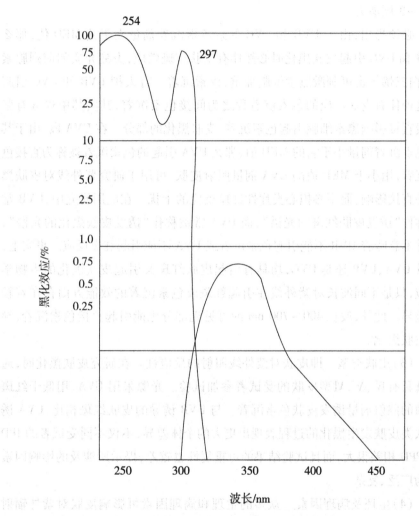

图 1-6　致人体皮肤色素沉着的紫外线作用光谱

从图 1-7 中看出,UVC 中 254 nm 波段致色素沉着效应最强,UVB 中297 nm 波段比 280 nm 有效,而 UVA 中Ⅱ区(波长 320～340 nm)的黑化效应较强。各种波长紫外线引起的皮肤色素沉着,在色素出现的时间、持续长短以及消退的速度等方面也有不同：340 nm UVA 引起的色素沉着出现最早，但消退得却很慢，可在照射时即时发生，却可持续数月不消退；297 nm UVB 引起的色素出现需要 1 d 左右的潜伏期，照射后数日内达到顶峰，持续 1 个月左右消退；254 nm UVC 的情况初期与 UVB 类似，但色素消退较快，一般持续 2~3 周消失。

必须指出，由于 UVB 和 UVC 的致色素沉着剂量大于其 MED 值，那么 UVB 和 UVC 引起皮肤黑化时必然伴有皮肤红斑效应，炎症介质如前列腺素 E_2、白三烯等也可刺激黑素细胞加重，色素沉着。有人把 UVB 和 UVC 引起的这种伴有炎症反应的色素沉着称之为间接色素沉着，其实其中也含有紫外线直接影响黑素细胞引起色素沉着、皮肤黑化的部分。在 UVA 段，由于其致色素沉着剂量小于它的 MED 值，那么 UVA 引起的色素沉着被称为直接色素沉着，用小于 MED 值的 UVA 剂量照射皮肤，可用于研究紫外线对皮肤黑化的直接影响，而不必担心炎症性红斑反应的干扰。在应用研究中，UVB 常被称作"诱发皮肤红斑的光谱"，而 UVA 常被称作"诱发皮肤黑化的光谱"，这并不意味着 UVB 不能引起色素沉着或 UVA 不能引起红斑反应。事实上，不管 UVA、UVB 还是 UVC，均具有引起皮肤红斑又引起皮肤黑化的生物学效应，只是不同波长对紫外线在引起红斑或色素沉着的效能方面存在着较大差异。此外，波长 400~700 nm 的可见光部分也能引起直接色素沉着，导致皮肤黑化。

（3）皮肤类型　即皮肤对紫外线照射的反应性。在研究皮肤黑化时，通常选具有Ⅳ、Ⅴ、Ⅵ型皮肤的受试者参加试验。光源采用 UVA，用低于红斑阈值的照射剂量诱发皮肤色素沉着。与 UVB 诱导的皮肤红斑相比，UVA 诱导人类皮肤发生黑化的过程表现出更大的个体差异，不仅不同受试者的 IPD 或 PPD 相差很大，而且试验结果的可重复性也较差，提示所涉及的影响因素更为广泛、复杂。

（4）生理及病理因素　众多的生理和病理因素可影响皮肤对紫外辐射的黑化反应，如年龄因素，与儿童和青年人相比，老年人对紫外线的黑化反应降低，主要因为老年人皮肤中黑素细胞数量减少，合成黑素体功能下降；生理状况，妊娠期的女性对紫外线照射比较容易出现色素沉着，可能和体内的内分泌变化如雌激素和孕激素等影响了黑素细胞的活性有关；此外还有肤色深浅的影响。肤色深浅有两重意义：一方面表明在既往生活中对日光照射发生了较重的黑化反应,提示紫外线的黑化作用敏感;从另一方面看,已经变深的肤色含有较多的黑素小体,后者可以吸收紫外线以降低其黑化作用等。某些内分泌物质能影响黑素细胞的活性,如脑垂体分泌的促黑素细胞激素(MSH),可刺激黑素细胞增殖并增强酪氨酸酶活性;而松果体分泌的褪黑素(melatonin),可能具有相反作用。研究发现,褪黑素能使鱼、蛙的皮肤褪色;每日 1 mg 的剂量能使患黑素瘤的狗皮肤变浅,但对豚鼠无褪色作用。褪黑素可调节人类的生物钟节律,改善睡眠质量,是目前国内外畅销的老年性保健品。每粒脑白金含褪黑素 3 mg,通常日服 1 粒。长期服用是否影响人的肤色变化以及对日光辐照的黑化反应,值得进一步观察研究。

多种疾病可影响皮肤对紫外线照射的黑化反应。如白化病,这种患者黑素细胞数目及形态正常,但由于先天性缺陷导致酪氨酸和酪氨酸酶缺乏,体内不能合成黑素,因而对紫外线照射无黑化反应;又如白癜风患者皮损区黑素细胞减少或消失,黑素体生成障碍,对紫外线照射引起的黑化反应也明显减退甚至缺失。但先天光敏感性皮肤病以及接触外源性光感性物质均可明显增强皮肤对紫外线照射的色素反应。

(六)皮肤光老化

皮肤光老化(skin photoaging)是指由于长期的日光照射导致皮肤衰老或加速衰老的现象。衰老是生物界最基本的自然规律。皮肤衰老作为机体整体衰老的一部分,具有突出的心理学和社会学意义,因为机体衰老在皮肤上表现得最清楚、最直观,而皮肤的特征性变化也常被作为估计一个人年龄的重要标志。

皮肤老化分为两种。一是固有性老化,又称自然老化,是由于遗传及不可抗拒的因素(如地心引力、机体重要器官的生理功能减退等)引起的皮肤内在性衰老。皮肤的自然老化是指皮肤在表皮更新、真皮对外界化学物清除力、真皮厚度和细胞组成,温度调节和受伤后表皮重建能力、免疫反应、感觉能力、汗腺和皮脂腺分泌能力、维生素 D_3 合成能力和血管反应性等多方面功能的降低。二是外源性老化,由于环境因素如紫外辐射、吸烟、风吹及接触有害化学物质引起的皮肤衰老称为外源性老化。由于日光中紫外辐射是环境因素中导致皮肤老化的主要因素,所以通常所说的外源性皮肤老化即指皮肤光老化。

光老化除以上损害外,还表现为皮肤松弛、粗糙、萎缩、皱纹加深加粗、结构异常、不规则性色素沉着、毛细血管扩张、角化不良、出现异常增殖及癌变、弹力纤维蓄积增加并变性等,其中弹性组织变性是皮肤光老化损伤的标志。

日光性弹力纤维变性会引起异常的、黄色的、无定形的弹力纤维变性物质在真皮上部沉淀,并取代正常的胶原和弹力纤维,使皮肤失去弹性,血管壁变薄,变脆,使胶原细胞向角质细胞的演变过程受损,表皮异常黑变,产生不均匀色素和癌变。在组织形态学方面,表现为表皮层明显增厚,棘细胞排列紊乱,真皮中胶原含量下降,胶原纤维排列紊乱、断裂,有异常弹力纤维的增生,为特征性的光化性弹力纤维变性,它在临床上表现为皮肤增厚及粗深的皱纹。

目前认为,在面部、颈部及手背等光暴露部位,UV 引起的光老化是皮肤衰老的主要过程,而这些部位又是人们美容护肤最关注,最迫切希望得到保养和改善的部位,因此对光老化发生发展机制和防护方法的研究,一直是近二十年来全球研究的热点。

皮肤光老化是一个日积月累的缓慢发展过程,其影响因素必然广泛而复杂。不同光线波长、辐照剂量,生理因素如年龄、肤色及饮食起居、病理因素、职业和环境因素等均可影响皮肤光老化的发生。

1. 皮肤光老化的临床表现

皮肤老化的基本改变为出现皱纹,而光老化的特征在于上述变化限于光暴露部位,皮肤粗糙略显肥厚,皮沟加深,皮嵴隆起,出现皮革样外观,即所谓粗深皱纹。

颈部菱形皮肤就是用来描述常见于海员和农民的一种典型皮肤光老化病变。光老化也可以表现为皮肤高度萎缩,表皮菲薄,皮肤静脉凸起,这种变化常见于户外工作者的面部和手背部皮肤。慢性日光照射还会引起皮肤微循环的显著变化,如早期可表现为表皮下毛细血管迂曲、扩张、排列紊乱,临床上表现为皮肤毛细血管扩张;晚期皮肤小血管减少,毛细血管网消失,使皮肤看起来暗无光泽或呈灰黄色。皮肤光老化的另一特征是光照部位出现污秽的色素斑点,如老年斑,也可以出现深浅不均匀的色素失调现象。紫外线成像技术可对光老化皮肤的色素量及其分布进行检测,在评价皮肤光老化程度和药物治疗后的效果方面具有重要价值。

Glogau 等根据皮肤皱纹、年龄、有无色素异常、角化及毛细血管情况将皮肤光老化分为 4 个类型,见表 1-7。

表 1-7　皮肤光老化的临床分型(Glogau 分型法)

分型	皮肤皱纹	色素沉着	皮肤角化	毛细血管	光老化阶段	年龄/岁	化妆要求
Ⅰ	无或少	轻微	无	无	早期	20～30	无或少用
Ⅱ	运动中有	有	轻微	有	早至中期	30～40	基础化妆
Ⅲ	静止中有	明显	明显	明显	晚期	50～60	厚重化妆
Ⅳ	密集分布	明显	明显	皮肤灰黄	晚期	60～70	化妆无用

皮肤光老化可以并发多种皮肤病变或表现为多种特殊形态,如临床上称为光化性弹力纤维病的一组症候群,除了前述的菱形皮肤之外,还有播散性弹性瘤、结节性类弹力纤维病、柠檬样皮肤、手足胶原斑和耳部弹力纤维性结节等。长期日光照射还可以诱发一系列增生性病变,如脂溢性角化、胶样栗丘疹、光线性肉芽肿,星状假性瘢痕、日光性角化病等。日光性角化病又称光化性角化病,临床上认为是一种皮肤的癌前病变,又称原位癌。此外,日光照射和多种皮肤恶性肿瘤的发生也有密切关系,如基底细胞癌、鳞状细胞癌,黑素细胞瘤等,这是和皮肤自然老化的一个重要区别。

2. 皮肤光老化的组织学及分子生物学基础

长期日光照射可影响皮肤的多种细胞成分和组织结构,如表皮不均一增厚或萎缩,黑素细胞不规则增生或减少,真皮毛细血管排列紊乱,弯曲扩张,真皮内炎症细胞浸润等,但最具有特征性的变化还是日光引起的真皮基质成分的变化。

真皮基质成分包括真皮内除了水以外的所有细胞间物质,其中最主要的成分是弹力纤维、胶原纤维、氨基多糖和蛋白多糖等,这些物质均由真皮成纤维细胞合成。其中弹力纤维由弹力蛋白和微丝组成,具有特异的弹力和张力,尽管弹力纤维只占皮肤干重的 1%～2%,但对皮肤的弹性和顺应性起重要作用。在人类皮肤的自然衰老过程中,弹力纤维进行性降解、片段化直至消失。日光中紫外线照射可使弹力纤维变形,纤维增粗、扭转、分叉,日积月累可使变性的弹力纤维呈团块状堆积,其弹性和顺应性则随之丧失,皮肤出现松弛、过度伸展后出现裂纹。临床上将上述一系列不同的慢性日光性皮肤损害统称为光化性弹力纤维病,正是基于其共同病变是真皮层弹力纤维变性。

与光老化有关的另一种基质成分是胶原纤维。胶原纤维是人体中主要的结构蛋白,也是含量最丰富的蛋白质,占真皮体积的18%~30%,真皮干重的75%。成年人皮肤中主要是Ⅰ型和重型胶原,其中Ⅰ型胶原约占皮肤胶原成分的80%,在真皮中聚集成与皮面平行的粗大纤维束,相互交织成网,具有高度机械稳定性,是维持皮肤张力和承受拉力的重要成分,也是维持皮肤饱满充盈的物质基础。Ⅲ型胶原是幼稚、纤细的胶原纤维,是构成网状纤维的主要成分,在胚胎期皮肤中约占胶原成分的50%,成年后仅见于表皮下和皮肤附属器周围,呈疏松网状排列,在创伤愈合及某些病理情况下可以大量增生。日光照射可影响Ⅰ型胶原的形成,Ⅲ型胶原相对增加,最终导致成熟的胶原束减少,皮肤出现松弛和皱纹。

基质中的其他成分如氨基多糖和蛋白多糖也和光老化有关。氨基多糖在皮肤中分布广泛,可以结合大量水分,透明质酸就是含量最多的氨基多糖。在化妆品工业中常把生物提取的透明质酸作为保湿原料,美其名曰天然保湿因子(natural moisturizing factor, NMF)。蛋白多糖由氨基多糖及核心蛋白共价连接形成,二者对调节细胞间相互作用以及调节弹力纤维和胶原纤维的合成具有主要作用。日光照射可使氨基多糖裂解,可溶性增加,从而影响其结构和功能。

日光中的紫外辐射并非直接破坏上述真皮基质成分。一般认为日光照射可以引起真皮的炎症反应,尤其是激活血管周围的巨噬细胞和肥大细胞浸润,炎症介质以及细胞因子可导致组织溶解酶如弹性蛋白酶、胶原酶的释放,进而缓慢溶解上述基质成分。

3. 影响皮肤光老化的因素

由于皮肤光老化是一个日积月累的缓慢发展过程,其影响因素必然广泛而复杂。不同的光线波长,照射剂量,生理因素如年龄、肤色及饮食起居,病理因素,职业和环境因素等均可影响皮肤光老化的发生。

(1)辐照光谱及剂量 日光中的紫外线是引起皮肤光老化的主要光谱。UVC被地球大气层阻断而不能到达地球表面,因而主要是UVB和UVA参与光老化的致病过程。实验表明,用UVB照射,每次剂量相当于6个最小红斑量,每周3次,30周后可在实验动物产生严重的弹力纤维变性,伴有成熟的Ⅰ型胶原受损,Ⅲ型胶原增多。用SPF值为15的防晒品保护后再用同样条件的紫外线照射,30周后只出现轻微弹力纤维增生。防止了严重的弹力纤维变性,并保护胶原不受损伤。UVA的光生物学及光化学效应不如UVB明显,但日光中的UVA剂量比UVB高许多倍,并且穿透力强,深达皮肤深层,因此UVA的剂量累积效应也能导致光老化损伤。Lavker等应用亚红斑量(0.5个MED)的UVA照射皮肤,发现其皮肤损伤的累计效应大于日光模拟照射(UVB + UVA),且这种损伤不能被高SPF防晒品阻断,因此认为UVA是引起皮肤光老化的主要致病光谱。另有研究报道,用UVA照射无毛小鼠,每周3次,共34周,累积辐照剂量达到3 000 J/cm²时,皮肤活检即可显示真皮弥漫性弹力纤维变性且达到深层组织。在人类应用PUVA疗法治疗银屑病患者的研究中,采用0.75~1.50个最小光毒量(MPD)照射,每天1次,共3周,结束治疗6个月后取照射部位的非皮损区皮肤检查,发现弹力纤维变形、增粗、排列紊乱、聚集成团,胶原纤维退行性变化,最后成为无定形物质。微血管扩张并扭曲,血管壁开始增厚最后变薄。血管周围炎症细胞浸润,黑素细胞灶性增生等,所有这些正是皮肤光老化的典型组织学改变。

(2)生理因素

1)年龄:从接受日光照射起,皮肤光老化的致病影响就开始累积了,这和皮肤自然老化截然不同。据估计,一个人20岁以前,接受紫外线照射的累积量为整个人生的75%。而这一阶段正是对日光未加防护的自由的青少年时代。有证据表明,光线性损害大多起始于儿童到18岁这一未成年阶段,虽然在相当长一段时间内这种损害在皮肤表面还看不出来,但结构上已经有明显的皮肤光老化改变,Kligman称之为"看不见的皮肤病",并认为等到成年以后出现肉眼所见的病变时,皮肤光老化已经发展到了晚期。因此强调从青少年时代就应该注意对日光损害的防护。此外,随着年龄的增长,皮肤结构也会发生相应变化。如表面角质层完整性、水化及脂化情况、表皮厚度、色泽以及皮肤中吸光物质的含量改变等,这些因素均可影响日光中紫外线的反射、散射、吸收和穿透情况,从而影响皮肤光老化的发生与发展。

肤色对皮肤光老化也有能响。皮肤的颜色主要由表皮中的黑素体决定,而黑素体对各种波长的紫外线甚至可见光和红外线都有良好吸收。因此,表皮中的黑素细胞和黑素体是防御真皮组织免受紫外辐射损伤的天然屏障。蓝眼睛、白皮肤、有雀斑及浅色或棕色头发的白种人是光损害的最易感人群,不仅易于发生皮肤光老化,也易于出现与日光照射有密切关系的多种皮肤癌种。

2)皮肤类型:有关皮肤类型的论述参见本节紫外线红斑部分。就皮肤光老化而言,Ⅰ～Ⅲ型的皮肤类型比Ⅳ～Ⅵ型更易受到日光损伤,出现一系列与紫外辐射有关的并发症。

(3)病理因素　多种皮肤疾病以及病理状态可使机体对紫外线照射的敏感性增强,并出现以光损害为主的临床表现。

(4)其他因素　不同职业的工作者接受日光照射的剂量相差很大,发生皮肤光老化的情况也有很大区别。农民、海员、地质工作者常年在户外活动,风吹日晒日积月累,发生光老化的情况最为明显,在不同的地理纬度和海拔高度日光中紫外线含量也有很大差别,生活在热带及亚热带或地处高原的人,要接受更强更多的紫外线照射,皮肤也容易出现各种色斑和衰老。

4. 皮肤光老化的机制

日光中的 UV 可通过下列机制使皮肤损伤:①损伤 DNA;②进行性蛋白质(如胶原)的交联;③通过诱导抗原刺激反应的抑制途径而降低免疫应答;④产生高度反应的自由基与各种细胞内结构相互作用而造成细胞和组织的损伤。UV 还可直接抑制表皮朗格汉斯细胞的功能,引起光免疫抑制,使皮肤的免疫监督功能减弱而引起皮肤的光老化。研究表明,UV 对人皮肤的老化有明显促进作用,高暴露人群皮肤老化危险性比低暴露人群高 1 倍,老化发生时间提前 10 年,皮肤朗格汉斯细胞也有减少趋势。

在对光老化发病机制的研究中逐步发现活性氧自由基(realtive oxyradical,ROS)在其中起着更为重要和关键的作用。皮肤中的各种光敏物质或色基吸收 UV 能量后,通过电子传递可产生 ROS。一方面,ROS 可直接攻击细胞膜脂质,蛋白质和 DNA 引起氧化性损伤;另一方面,近来还发现 ROS 可作为第二信使,参与启动 UV 辐射后的细胞内信号传导,激活 MAPKs 信号传导通路,包括细胞外信号调节激(ERK)、c-Jun 氨基末端激酶(JNK)和 p38 MAPK 的活化。此部分在本章自由基学说部分有阐述。MAPK 活化进一步使原来在细胞内低表达的 c-Jun 蛋白表达升高,它与 c-Fos 结合成异二聚体,与其他蛋白因子一起形成活化的转录因子 AP-1,上调弹力蛋白,基质金属蛋白酶(MMP)等基因表达,下调胶原蛋白的表达,在 UV 引起的皮肤光老化中发挥重要的作用。

现在认为,UVA 主要诱导产生超氧阴离子自由基(O_2^-)和 H_2O_2,UVB 主要通过羟自由基和脂质过氧化物产生损伤作用。正常情况下,皮肤自身存在酶及非酶的抗氧化防御机制,但在大剂量或长期 UV 作用下,ROS 的产生可以超过其被清除的速度,进而引起抗氧化酶(包括超氧化物歧化酶 SOD、过氧化氢酶 CAT、谷胱甘肽过氧化物酶 GSH-Px)含量的下降,非酶自由基清除剂(包括 VitC、VitE、谷胱甘肽)耗竭,而损伤的皮肤抗氧化防御体系会导致更多 ROS 的产生,以正反馈形式加剧皮肤组织和细胞膜的损伤,最终形成光老化的各种表现。

(七)皮肤光敏感和光敏感性皮肤病

上述皮肤晒伤、晒黑以及光老化等均是皮肤对紫外线照射的正常反应,一定条件下几乎所有个体均可发生,而皮肤光敏感则属于皮肤对紫外线辐照的异常反应。它只发生在一小部分人群中,其特点是在光感性物质的介导下,皮肤对紫外线的耐受性降低或感受性增高,从而引发皮肤光毒反应或光变态反应,并导致一系列相关的疾病。

1. 光毒反应

光毒反应指光感性物质吸收适当波长光线的能量后,通过一系列光化学反应直接造成皮肤损伤,UVB 是引起光毒反应的主要光线。在足够剂量的光感性物质和适当的光线照射条件下,光毒反应可发生在任何个体,其致病过程中不需要免疫机制的参与。从发生机制来看,光毒反应是一种皮肤毒性刺激,光化学反应过程产生的自由基和单氧化合物,如一氧化氮等可对皮肤组织的细胞膜、细胞质和细胞核产生多种损伤,多种炎性细胞和介质以及补体系统也参与光毒反应的发病过程。

光毒反应的临床表现主要为皮肤红斑,并伴有烧灼、刺痛及瘙痒等症状,可发生不同程度的水肿甚至出现水疱,愈后可遗留色素沉着。局部接触光感性物质可发生接触性光毒反应,口服光感性物质则可引起全身皮肤黏膜光敏感,即所谓系统性光毒反应。光毒反应的病理变化主要是表皮角质形成细胞内和细胞间水肿、基底细胞变性、真皮水肿、血管扩张和炎症细胞浸润。

多种因素可影响皮肤光毒反应的发生,如辐照光线的波长、剂量、光感性物质的剂量、性质、接触皮肤时的经皮吸收情况、口服吸收时光感物质的代谢情况等。

2. 光变态反应

光变态反应是指在光线的介导下,由光感性物质引起的变态反应。其中 UVA 是常见的致病光线。一般认为,光感物质吸收光线能量后形成半抗原,再与蛋白质结合产生抗原或光感物质吸收光线能量后使载体蛋白结构改变,形成抗原,然后启动机体免疫应答过程。作为一种特异性免疫反应,光变态反应也具有接触抗原、诱导致敏和抗原再次激发等典型经过。当首次接触光感性物质和日光辐射后,不像光毒反应那样立刻发生皮肤炎症反应,即存在潜伏期,但随着接触次数的增加,发生反应的时间会越来越短,炎症反应的强度也会增强。

光变态反应可分为速发型和延迟型两类,速发型光变态反应临床表现类似荨麻疹,延迟型光变态反应则类似变应性接触性皮炎,主要为皮肤红肿、出现丘疹或风团甚至水疱等,可有渗出、浅表糜烂和结痂。皮疹的发生不限于光照部位,可向远隔部位扩散。病程较长,可迁延不愈,甚至有自主性发作。严重患者可对光照极度敏感,日用光源也能诱发反应。即便停止接触光感性物质,皮肤症状也不能消失,临床上称之为持续性光反应。组织病理变化主要为表皮水肿、海绵形成、棘细胞肥厚、真皮水肿、毛细血管扩张以及血管周围炎症细胞浸润等。

3. 光敏感性皮肤病

多种皮肤疾病以及病理状态可使机体对紫外线照射的敏感性增强,并出现以光损害为主的临床表现,如外源性光敏感物质诱发的光毒性反应和光变态反应;可能由内源性化学物质和光子能量共同作用产生的特发性光敏性皮肤病,如多形性日光疹、痘疮样水疱病、慢性光化性皮炎、日光性荨麻疹等。某些疾病虽然不以光损害为主要表现,但病程中伴有日光敏感或光照后可使病情加重,这类疾病包括代谢及营养障碍性皮肤病,如卟啉病、烟酸缺乏症,伴有光敏感的遗传性皮肤病如着色性干皮病、Bloom 综合征、Cockayane 综合征、先天性色素异常症、先天性外胚层发育不良、先天性皮肤异色症、先天性角化不良、结缔组织病如红斑狼疮、皮肌炎;角化异常性皮肤病如 Darier 病、播散性浅表光化性汗孔角化病;其他还有酒渣鼻、扁平苔藓以及某些大疱病等。这些皮肤病或病理状态均可导致或促使皮肤光老化的发生。

第三节 紫外辐射对生物机体的损害及其机制

一、紫外辐射损伤的作用机制

随着近年来臭氧空洞的出现,过量紫外辐射所造成的强烈生化效应已成为严重的环境危害,正直接或间接地破坏人类赖以生存的环境以及人类的自身健康。皮肤是接受紫外线辐照最直接且面积最大的人体器官,作为机体的第一道天然保护屏障,过量紫外线辐照对其所造成的损伤最为明显。因紫外线诱发的皮肤疾病,已引起了学者们的高度重视。据报道,慢性紫外线辐照会引起皮肤的光老化,使胶原纤维大量减少,弹力纤维变性,皮肤结缔组织严重损伤,导致皮肤的松弛、下垂和皱纹加深;急性高剂量的紫外线辐照会引起皮肤细胞的凋亡坏死,直接损害表皮的天然屏障功能。研究表明,发生于光损伤初始过程的光老化以及皮肤细胞的凋亡坏死对皮肤肿瘤的形成具有极强的促进作用。

其中,UVA 和 UVB 对皮肤肿瘤的形成、皮肤老化以及皮肤屏障功能的直接破坏具有十分重要的意义。UVB 被认为是引起非黑素皮肤癌最主要的紫外线类型。UVA 能阶虽小,但却占到达地表紫外线的 90%,比 UVB 更具穿透力。不但能够促进 UVB 损伤,还能穿过真皮层到达皮下损伤 T 细胞。有关资料显示,美国皮肤癌新增病例高达每年 100 万;由于常年接受过量紫外辐照,我国青藏和黄土高原地区的皮肤癌发生率明显高于其他地区。因此,延缓光老化、抑制光损细胞的凋亡坏死,从光损伤形成的最初阶段入手展开保护措施,已成为近年来的研究重点。对光损伤具体机制的有效阐明,能够有效地指导防晒品的研究开发,推进医疗工作发展,是相关领域研究人员和医疗人员急需解决的问题。

(一)紫外线对生物体的作用机制

UV 对细胞的有害作用主要在于细胞中有很多物质能吸收 UV,如核酸及其碱基、蛋白质、DNA 等。UV 辐射可引起 DNA 损伤,使 DNA 分子产生胸腺嘧啶二聚体、环丁烷嘧啶二聚体及 6-4 光产物(6-4 PP)等,还可损伤各种蛋白质、核酸和核糖体等,当生物体中一些转录因子和一些修复性蛋白未被激活或者缺失时,很易造成生物体死亡。

DNA 和 RNA 对 UV 的吸收光谱范围为 240～280 nm,对波长 260 nm 的 UVC 有最大吸收。UV 线照射细胞,被 DNA 和 RNA 吸收,导致突变、阻碍其复制、转录及蛋白质的合成,从而导致细胞的损伤和死亡。

另外,光量子理论认为,光是物质运动的一种特殊形式,是一粒粒不连接的粒子流。每一粒波长 253.7 nm 的 UV 光子具有 4.9 eV 的能量。当 UV 照射到细胞时,便发生能量的传递和积累,积累结果造成细胞受损。

(二)紫外线对 DNA 的影响

在 UV 的诱导下,DNA 的损伤分为两类。一类是 DNA 中碱基形成二聚体;另一类是在交联剂存在时,DNA 之间发生交联。

第一类 DNA 的损伤是由于 UV 作用于 DNA 的碱基,使其活化发生化学反应而使 DNA 结构发生变化。一般来说,这类损伤主要是造成相邻嘧啶碱基形成二聚体,使局部 DNA 不配对。在此条件下可形成胸腺嘧啶–胸腺嘧啶二聚体(T^T)、胸腺嘧啶–胞嘧啶二聚体(T^C)、胞嘧啶–胞嘧啶二聚体(C^C)。二聚体的形成取决于两个因素的影响。一个因素是 UV,UV 辐射强度越大,形成嘧啶二聚体的趋势也越大。最近,在实验中人们发现,波长对其形成也有影响:用波长 240～280 nm 的 UVC 照射时,形成二聚体的趋势是:$T^T > T^C > C^C$,胸腺嘧啶二聚体最易形成;但在波长为 280～320 nm UVB 照射下,趋势为:$T^T = T^C > C^C$。这表明,UV 波长变长,形成胸腺嘧啶二聚体趋势降低。另一个影响二聚体的因素是序列自身特点:即某一段富含嘧啶碱基的 DNA 中容易形成二聚体。

我们讨论的另一类由 UV 诱导的 DNA 损伤是交联剂在 UV 照射下,与 DNA 分子发生作用,改变 DNA 分子结构。具有代表性的交联剂是补骨脂素。它是一个双功能试剂,能够与嘧啶碱基共价结合。在 UV 照射下,掺入到 DNA 双螺旋内的补骨脂素被活化,与嘧啶(特别是胸腺嘧啶)形成共价化合物。它的两端都可与嘧啶反应,故能将 DNA 交联在一起。若补骨脂素仅一端与 DNA 结合,称为单加合物;若两端均与 DNA 结合,称为链间交联。

(三)紫外线对 RNA 的影响

RNA 与 DNA 的不同在于核糖取代了脱氧核糖,尿嘧啶取代了胸腺嘧啶,以及具有等多的单链片断。这些差别影响着 RNA 的光化学(例如形成更多的嘧啶水化物),但一般说来它类似于 DNA。由于 RNA 分子在细胞里有多个复制品,所以这些分子的百分之几被钝化将不会像 DNA 的一小部分的光化学变化那样对细胞产生不利的影响。尽管如此,在一些特殊情况下,mRNA 和 tRNA 的光化学对细胞可能会造成严重的后果。一些病毒含有作为遗传决定因素的 RNA(如烟草花叶病毒),对于这样的病毒,其 RNA 的光化学变化导致它们迅速地钝化。人们用 RNA 病毒极为广泛地研究了 UV 对 RNA 的生物和化学效应。

(四)紫外线对蛋白质的影响

蛋白质受到 UV 照射时,可被 UV 辐射做出许多修饰,其中包括色氨酸的光降解、半光氨酸的硫氢基(-SH)的修饰、提高膜蛋白在水中的溶解度、促进多肽链的断裂等,这些修饰可引起酶的失活和蛋白质结构的改变。

导致酶失活和蛋白质结构的改变最直接的原因是 UV 辐射引起蛋白质中的色氨酸发生光降解。色氨酸的最大吸收波长在 305 nm 处,它极易被 UV 辐射所降解,色氨酸在被降解为 N-甲酰犬尿氨酸等的同时,会诱导产生超氧阴离子和 H_2O_2,而活性 ROS 可直接修饰蛋白质,引起其蛋白质分子内和分子间发生交联和断裂。

UV 辐射还可引起蛋白质分子肽链的断裂,并影响蛋白质的含量和蛋白质的合成。蛋白质发生断裂的原因是因为 UV 辐射诱导了醌自由基的形成。

有研究认为,UV 辐射会降低蛋白质的含量。也有研究认为,UV 辐射会使蛋白质的含量上升。蛋白质含量的上升可能是芳香族氨基酸合成加强的结果。芳香族氨基酸是合成类黄酮的前体物质,而类黄酮有利于生物体免遭 UV 辐射的伤害。短时间的 UV 辐射可促进蛋白质的合成,UV 辐射降低了蛋白水解酶的活性,从而使可溶性蛋白质含量上升。长时间 UV 辐射抑制蛋白质的合成,可促进蛋白水解酶活性的上升和总游离氨基酸的积累,降低可溶性蛋白质的含量,从而使蛋白质的分解代谢加强。

(五)紫外线对膜系统的影响

生物体与环境之间的相互作用中,生物膜是作为接受外界环境因素影响的受体,因而膜的生理、生化和物理特性的变化是生物体抵抗并耐受环境胁迫能力的最初和最基本的反映。

UV 辐射可引起细胞膜功能的改变,即膜透性的变化。然而,迄今为止,有关 UV 辐射对生物膜透性的影响的研究工作比较有限。生物膜主要是由类脂和蛋白质组成的超分子结构。膜脂(特别是磷脂)不仅是生物膜的基本骨架,还与多种膜功能密切相关。光合作用过程中进行光能吸收、传递、转换的蛋白质复合物,以及电子传递链上的各成分,都有序地分布在类囊体膜上,同时偶联因子也结合在膜表面。因此膜结构状态必然与各种光化学反应的正常进行有密切关系。

膜发生相变的同时,膜上的结合酶和蛋白质的活力和状态也必然会发生改变。因为膜脂的流动性与膜结合酶有直接的相关性。这可能是由于膜相变化引起偶联因子稳定的构相发生改变,而使膜上功能位点失活所致。UV 作用的机制是通过诱导自由基产生,从而加剧膜脂质过氧化,使膜脂肪酸配比发生了改变。目前普遍认为,生物膜应处于一种流动性的液晶态,这样才能保证其功能的正常发挥。

(六)自由基学说

自由基学说是辐射损伤的基础理论,机体受辐射后,通过能量吸收,传递和产生自由基引起生物分子的电离与激发,从而导致分子损伤及细胞、组织、器官的功能和形态变化,甚至死亡。UV 照射可以增加活性氧自由基(ROS)的形成。自由基形成后,它们可以进攻、浸润和损伤皮肤细胞结构,在细胞膜受损部位产生类脂过氧化物,引起一系列的突变过程,而最终导致细胞老化损伤的加速。

所谓自由基是指具有未配对价电子的原子、原子团、分子或离子。氧分子含有 2 个平行自旋的不成对电子,在与许多有机物作用时形成氧自由基。ROS 主要包括超氧阴离子自由基(superoxide radical, O_2^-)、羟自由基(hydroxyl radical, $\cdot OH$)、单线态氧(singletoxygen, $^1O_2$)和过氧化氢自由基(hydrogen peroxide, H_2O_2)。体内细胞的新陈代谢会不断产生自由基,这些自由基也会参与人体的生理活动,正常情况下,这些自由基的产生和消亡处于动态平衡中,能被体内抗氧化酶或抗氧化剂迅速清除,一般不会产生细胞损伤作用。

过多的 UV 照射会导致机体产生过量 ROS,无法得到及时清除,以致大量的 ROS 迅速与机体内的核酸、蛋白质、氨基酸、脂质等产生反应,生成氧化物或过氧化物。紫外辐射损伤是因其所具有的固有电磁能引起的。紫外线产生的电磁能经细胞中的生色基团如 DNA、紫菜碱、尿刊酸、芳香族氨基酸吸收,被转换为化学能。这些被赋予能量的生色基团能够与体内的氧分子发生反应,生成活性氧簇 ROS。ROS 广泛存在于多种导致宿主细胞发生损伤的病理学过程当中,其含量与细胞及分子水平的损伤程度呈正相关。

多余的自由基会和体内的不饱和脂肪酸反应,使细胞膜中不饱和脂肪酸减少,饱和脂肪酸相对增多,从而降低膜的柔软性,导致细胞膜功能异常,使机体处于不正常状态。自由基对细胞的损害尤其表现为对亚细胞器如线粒体,微粒体及溶酶体的膜损伤,由于膜上含磷脂多不饱和脂肪酸多,对自由基更为敏感。自由基作用于多不饱和脂肪酸形成脂质过氧化物,损害细胞膜使膜的通透性和脆性增加,导致细胞丧失功能。

不饱和脂肪酸与自由基发生过氧化反应生成的最终产物是丙二醛(MDA),它会进一步与体内蛋白质、核酸或磷脂类起反应,生成荧光物质,这些荧光物质积聚后表现在皮肤上就是老年色斑。另外,体内自由基的增加还会引起结缔组织中胶原蛋白的交联,使胶原蛋白的溶解性降低,表现在机体上就是皮肤无弹性、无光泽、骨骼变脆、眼晶状体变混浊等。

幸运的是,细胞内的自身抗氧化酶,如超氧化物歧化酶(superoxide dismutase,SOD)、过氧化氢酶(catalase,CAT)以及谷胱甘肽还原酶(glutathione reductase,GR)等,能够有效地保持与 ROS 间的动态平衡。但由慢性或急性紫外线辐照所产生的过量 ROS,不但能够直接破坏机体自身的抗氧化酶,导致 DNA 损伤、蛋白质羰基化、脂质过氧化,甚至可以作为第二信使在引起光老化、免疫抑制以及癌症等严重疾病的信号转导过程中扮演重要角色。

Fisher 等研究表明,经紫外线辐照诱导产生的 ROS 能够扮演与生长因子或细胞因子相似的配体角色,在信号转导过程中发挥作用。其能激活细胞表面的生长因子受体,如表皮生长因子受体(epidermal growth factor receptor,EGFR)、纤维母细胞生长因子受体(fibroblast growth factor receptor,FGFR)以及胰岛素受体(insulin receptor,IR),同时激活肿瘤坏死因子(tumor necrosis factor-α,TNF-α),白细胞介素-1(interleukin-1,IL-1)以及 Fas 死亡因子等具有膜依赖性,却不依赖配体发挥作用的细胞因子受体。其中,非配体依赖型 EGFR 的激活在 ROS 所引起的一系列信号转导过程中扮演了极其重要的作用。据报道,EGFR 的激活在 UV 辐照后立即发生,同时伴随着位于其 C 末端下级信号分子停泊位点的酪氨酸残基磷酸化,引起下级 Shc,

Grb-2,Gabl,PLC-γ信号分子做出应答,从而导致了多种受体偶联信号转导途径的激活,如细胞分裂素(丝裂原)活化蛋白激酶(mitogen-activated protein kinases,MAPKs),PI-3激酶/AKT和NF-κB途径。

紫外线所介导的多条通路,基本都是聚焦于查丝裂原活化蛋白激酶MAPKs(Mitogen-activated protein kinase,MAPK)信号转导通路发挥其调节作用的。在MAPK信号转导途径中,受体酪氨酸残基经磷酸化与衔接蛋白Shc,Grb2的SH2结构域相结合,而Grb2的SH3结构域同时与鸟嘌呤核苷酸交换因子SOS连接形成Shc-Grb2-SOS复合物,激活SOS。后者使小分子鸟苷酸结合蛋白Ras的GDP解离而结合GTP,激活Ras,使其进一步与丝/苏氨酸蛋白激酶Raf-1的氨基端结合,通过未知机制激活Raf-1,从而引起磷酸化的3级酶促级联反应,最终导致细胞外信号调节激酶(the extracellular signal regulated kinase 1 and 2, ERK 1/2),c-Jun氨基端激酶(c-Jun N-terminal kinase,JNK)和p38促分裂原活化蛋白激酶(p38 MAPK)的表达。

MAPK家族中的三大重要成员ERK、JNK、p38都参与了细胞生长、发育、分化和凋亡等一系列生理病理过程。ERK的表达涉及调节细胞生长发育及分裂的信号网络核心,与细胞的增殖、分化和存活呈正相关。ERK可磷酸化胞质内的细胞骨架成分,如微管相关蛋白MAP-1、MAP-2和MAP-4,参与细胞形态的调节及细胞骨架的重分布,还能作用于核转录因子如c-fos、c-Jun、AP-1、NF-κB等,调控基因表达,在肿瘤侵袭和转移过程中起到了中介和信号放大的作用。研究表明,在许多人类的癌症(如口腔癌、黑色素瘤、乳腺癌)中都可发现ERK的过度激活。JNK可以通过作用于核转录因子Bcl-2和Bcl-XI激活内源性通路,参与促凋亡分子的释放(例如从线粒体释放细胞色素C),导致下游凋亡酶caspase激活,从而引起DNA断裂,产生凋亡。另外,JNK还可以使核内的转录因子c-Jun氨基末端63及73位的丝氨酸残基磷酸化而提高其转录活性。与此同时,JNK能够进一步介导激活蛋白-1(AP-1)复合体组分蛋白的磷酸化(如junB、junD、ATF2和Elk-1),从而诱导c-fos基因表达,促使其形成c-Jun/c-Fos异二聚体及c-Jun同二聚体,这些转录因子可以结合到许多基因启动子区AP-1位点上,增加特定基因的转录活性。p38的性质与JNK相似,同属应激激活的蛋白激酶,其能够作用于相应的转录因子,启动基因转录。目前,p38在凋亡中的作用众说纷纭,其能够增强c-myc表达;磷酸化p53;参与Fas/Fas l介导的凋亡;激活c-jun和cfos;诱导 Bax 转位等。在 NO 通过刺激 bax 流入线粒体而导致神经元细胞死亡的过程中,p38 的活化也起到关键作用。另外,p38 还可增强 TNF-α 表达,进而使 TNF-α 反馈调节 p38 的表达,诱导凋亡。

ROS 激活细胞表面受体,开启 MAPK 信号转导通路将信号从质膜传递至核内,导致光老化和细胞凋亡。UV 辐照诱导一系列蛋白激酶和转录因子,包括 3 个 MAPK 途径。ROS 通过激活生长因子受体并抑制酪蛋白的磷酸化而显著增强了这一诱导过程。MAPK 活化的下游响应根据辐射剂量或细胞类型而变化,但在许多情况下 JNK 和 p38 MAPK 信号途径和凋亡相关,而 ERK 途径则减弱细胞死亡。JNK 和 p38 MAPK 通过线粒体依赖途径诱导凋亡细胞的死亡。此外,活化的 MAPK 诱导 COX 的转录,同时磷酸化并活化一些转录因子(c-Jun 和 ATF 家族)导致 AP-1 转录活性增强。PI3K/Akt 的活化导致促凋亡蛋白 Bad 的磷酸化和 14-3-3 蛋白的隔离。PI3K/Akt 途径至少延迟了 UV 辐射诱导的细胞凋亡的诱导。

研究表明,由 UV 辐照引起的 ROS 应激反应,活化了 MAPK 通路,促使 JNK 和 p38 表达量升高,引起细胞凋亡,在损害细胞正常增殖分化的同时,通过调节核内转录因子的表达,激活 AP-1。AP-1 是胶原蛋白的重要调节器,能够激活下游基质金属蛋白酶(matrix metalloproteinase,MMP)基因的表达,特异性降解细胞外基质,加剧光老化导致的皮损。MMP 是一个锌依赖性的家族,是胶原蛋白降解过程中的关键酶。其中,MMP-1 是最有效的胶原酶。紫外线激活的 MMP-1 能够在胶原中心三链螺旋内的单一位点上裂解 I、III 型胶原纤维,并诱导胶原的进一步降解。胶原成分的减少和异常弹性纤维沉积是引起皮肤松弛、粗糙、萎缩、皱纹、色素沉着等光老化皮肤的主要组织学特征。

综上所述,在引起皮肤光损伤的分子机制中,维持结缔组织结构的完整性,抑制皮肤细胞的凋亡是所有信号转导通路调节的最终目标。大量的 ROS 可以导致染色体畸变、细胞凋亡、促癌因子释放和胶原蛋白的交联降解,是非常重要的胶原代谢调节器。因此,抗氧化剂的研究已成为防护紫外辐照以及治疗皮肤疾病的有效选择。

（七）炎症反应

人体皮肤长期暴露于紫外线下,可导致表皮微环境的改变,主要表现为众多细胞因子的释放角质细胞占据人皮肤表皮细胞的 90%,具有分泌细胞因子的功能,可通过释放细胞因子间接地影响机体的免疫功能 UV 辐射引起的氧化应激,可促使体内产生大量的过氧化物。当堆积于体内的过氧化物超过机体正常清除自由基的能力时,将会对机体造成破坏性的反应。机体内氧化与抗氧化系统达不到动态平衡,从而使组织器官的功能逐步退化,机体表现出衰老现象。皮肤紫外线损伤后表现为皮肤血管通透性增加,呈红斑水肿样,为典型的炎症反应。其产生机制包括以下几个方面。

1. IL-1、IL-6、TNF-α 等炎症因子

UV 作用于 HaCaT 细胞,诱导产生 ROS,介导 MAPK 信号转导通路的激活,最终诱导转录因子活化蛋白-1(AP-1)的激活,诱使一系列炎症因子如 IL-1、IL-6、IL-10、TNF-α 等的激活,刺激细胞中炎症因子 IL-1、IL-6、IL-10、TNF-α 的异常分泌。上述的细胞因子又可通过细胞表面因子受体激活 AP-1 与 NF-κB,进一步放大紫外辐射效应;此外还可进一步诱使 ROS 生成的增加,抑制角质形成细胞的增殖,降低皮肤对外源性刺激的反应性,从而形成一个 ROS-炎症因子-皮肤损伤的正反馈调节。

TNF-α 是出现最早的起关键作用的炎症因子,它能刺激淋巴细胞及中性粒细胞,增加血管内皮细胞的通透性,并促进其他炎症细胞因子的合成和释放。IL-1 是具有免疫调节和执行宿主防御功能的炎症因子,它可与细胞表面的受体结合,激活转录信号级联系统,导致大量炎症细胞因子、黏附分子和趋化因子的产生。此外,IL-1β 可通过激活转录因子 NF-κB 以及蛋白 AP-1,诱导皮肤炎症相关基因的转录,促进基质金属蛋白酶1(MMP-1)的产生,诱导皮肤光老化,此过程又可经过逆向调控相关细胞因子的基因表达,引发炎症反应和组织损伤。IL-6 是炎症反应过程中的重要促发剂,可诱导 T 细胞的增殖和分化,刺激 B 细胞分化并产生抗体,参与机体的免疫应答。IL-6 还可通过自分泌机制促进 MMP-1 的表达,使细胞外基质的降解加速,诱导皮肤光老化。

实验研究证实,UVB 照射可促进 HaCaT 细胞分泌炎症因子 IL-1β 和 IL-6,间接导致皮肤光老化。UV 辐射引发的 TNF-α、IL-1β、IL-6 等细胞因子的聚集,不仅可以导致局部炎症反应、组织水肿及通透性增加等,还可通过正反馈作用促使 NF-κB 效应进一步放大,增强 UV 辐射效应,形成一个恶性循环(UVB 辐射能引起皮肤的急性炎症反应,并随着辐照剂量的增加,炎症反应越加明显,TNF-α 通路活化,炎症因子大量释放,加重皮肤炎症反应)。

IL-10 是一种多功能强性抗炎因子,主要由 Th2 类细胞分泌,对 Th1 类细胞的功能具有拮抗作用,IL-10 消融能够加剧 Th-1 型自身免疫病的发生及程度。IL-10 具有较强的抗炎及免疫抑制活性,它不仅能抑制活化的单核巨噬细胞对多种炎症因子如 IL-12、IFN-γ、TNF-α、IL-6 等的产生和释放,对其他炎症细胞也具有较强的抑制作用。能抑制单核细胞、巨噬细胞、嗜酸粒细胞及中性粒细胞产生前炎症因子和趋化因子,还可通过抑制嗜酸粒细胞对表面抗原 CD40 的表达而发挥抗过敏效应。

2. MAPK、NF-κB 途径

MAPK、NF-κB 途径与紫外辐射诱导的皮肤急性炎症、凋亡及皮肤癌的发生密切相关。MAPK 家族成员磷酸化活化后能使 NF-κB 活化抑制性蛋白-IκBa 磷酸化降解,由此促进 NF-κB 的核转录。UVB 辐射可激活 NF-κB 信号通路,而 MAPK 激活更加放大了 NF-κB 的生物学效应。NF-κB 作为一种重要的核转录因子,在免疫炎症中有重要作用。UV 诱导多种细胞因子产生,使皮肤血管通透性增加呈红斑水肿样表现,这是 UV 诱导炎症反应的两种典型表现。UV 辐射可诱导角质形成细胞及其他皮肤细胞生成多种细胞因子如 IL-1β、TNF-α 等,又可激活核转录因子 NF-κB,激活的 NF-κB 通过核转录作用进一步促进各种炎症介质和生长因子(IL-1β、IL-6、TNF-α、VEGF 等)的表达从而加剧炎症反应。UV 介导的炎症反应激活及细胞凋亡在 UV 损伤中起了重要作用,UV 辐射诱导 MAPK 和 NF-KB 信号的活化主导了炎症凋亡反应损伤。

3. COX-2

COX 是催化花生四烯酸合成前列腺素(PG)的限速步骤的关键酶。UV 辐射诱导的 COX-2 表达发生在氧化胁迫相关激酶如 p38 MAPK 和 JNK 等的下游,主要参与提高 COX-2 mRNA 稳定性的后转录机制。诱导其相关蛋白大量表达,致使其产物前列腺素的分泌增多,刺激受损细胞分化与增殖,进而引起皮肤的老化及肿瘤的形成。由于它在慢性 UVB 辐射暴露的表皮细胞中上调,COX-2 水平可确切用作皮肤肿瘤发生的早期标志物。

4. ROS 与炎症反应协同作用

ROS 与炎症反应协同作用引发一系列细胞因子的激活和细胞信号通路传导,导致转录因子如 AP-1 成分(C-jun 与 C-fos)、NF-κB 的激活,刺激MMPs(基质金属蛋白酶)mRNA 表达,促使 MMPs 分泌增加。MMPs 组织抑制因子(TIMPs)激活后能与 MMPs 1∶1 结合,从而抑制其活性。ROS 则可灭活 TIMPs,从而抑制前胶原蛋白的形成,直接影响胶原纤维的含量、形态与分布。甘草酸/甘草黄酮/广藿香醇/广藿香酮能有效地提高抗氧化酶(SOD 和 GSH-Px)的活性,降低 MDA 的含量,减少炎症介质(IL-6、IL-10 和 TNF-α)的表达,从而抑制 MMPs 的过度分泌。

5.IL-1R/MyD88 信号通路

IL-1R/MyD88 介导的信号与炎症反应的关系密切,在炎症后可大量募集中性粒细胞,而中性粒细胞与皮肤光损伤及光老化的发生和发展密切相关。采用药物作为该通路抑制剂,可探讨 IL-1R/MyD88 依赖性信号通路在紫外辐射损伤中的作用及调控机制,为临床寻找能够防治紫外线损伤的有效生物学靶点及创新药物的开发提供重要理论依据。

(八)紫外线对头发的伤害

UV 除了作用于皮肤外,还引起头发损伤。当头发暴露于大剂量的 UV 下,头发会变色,棕色头发趋于褪色,金黄色头发、红色头发变黄。这是由于光氧化的漂白作用和氨基酸(包括肽氨酸、酪氨酸、色氨酸)光降解作用。氨基酸光降解还会引起头发的张力降低。

(九)紫外线对人类眼睛的伤害

白内障是一种危害很大的人类眼睛疾病,据最近估计全球有 3 000 万 ~ 4 500 万患者,而其中有 1 200 万 ~ 1 500 万人因此而致盲,而此种情况仍有上升趋势。虽然白内障形成的根本原因还不很清楚,但是通过流行病学的、实验动物学的以及生物化学的研究与分析,表明某些类型的白内障患者病情,与受 UVB 辐射的积累(或长期的)曝光量有直接关系。据估计,平流层臭氧量每减少 1%,则白内障患者可增加 0.6%。另外,其他某些眼疾,也可能与 UVB 有关。

UVB 引起眼的损害包括对角膜、晶状体、虹膜、相关上皮和结膜的损伤。白内障是与 UVB 暴露有关的最显著的视觉损害,同时 UVB 也与翼状胬肉、光照性角膜炎、气候滴状角膜病变、眼脉络膜黑色素瘤等有关联性。最普通的 UVB 的急性视觉影响是光照性角膜炎,滑雪者中常见雪盲症,在其他户外活动时也有发生。慢性眼病(包括白内障、鳞状细胞癌、眼黑色素瘤,角膜增生如翼状胬肉和结膜黄斑)患者的情况会随 UV 辐射的增多而加重。Taylor

等对美国马里兰州 Chesapeake 海湾的 838 名船工的调查表明,长期日光 UVB(320~400 nm)与船工翼状胬肉、气候滴状角膜病变、睑裂斑的发生密切相关。电焊工翼状胬肉的发生与电弧光中 UVB 强度及接触时间呈剂量依赖性。

据世界卫生组织估计,全世界大约有 2 000 万人因白内障而失明,其中约 20% 为受 UV 辐照所致。专家认为,同温层臭氧下降 1% 则阳光 UV 所致的白内障发病就会增加 0.5%。

(十)UV 辐射的免疫抑制作用

UVB 所致的免疫抑制对人类健康是一个严重的威胁。根据在角质层的位置、免疫抑制吸收特性和作用光谱,认为至少有两种物质在其中发挥着作用,即尿刊酸和 DNA。UV 辐射使血液中的淋巴细胞减少,降低机体免疫力。增加某些皮肤感染性疾病和全身性感染的易感性,降低疫苗的效能。

第四节　机体对紫外线损伤的防护机制

一、皮肤各层对紫外线的屏蔽作用

(一)皮肤各层对紫外线的反射

所谓反射是指光线从一种介质投射到另一种介质表面时,光线的一部分返回到原来介质中的现象。一切光线的反射均遵守反射定律,即光线投射于物体上时,入射角等于反射角,入射线和反射线在一个平面上。反射出来的光能量与投射到该介质上的光能量之比为反射系数,对一个光滑的平面来讲,影响反射系数的因素有两个:一是光线的波长,二是投射面的性质。波长越短,反射系数越小;波长越长,反射系数越大。就人体皮肤而言,对于波长为 220~300 nm 的中、短波紫外线,平均反射为 5%~8%,对于 400 nm 的长波紫外线,反射约为 20%。除了波长以外,人类皮肤的色泽也影响紫外线的反射。如白种人皮肤对 320~400 nm 的紫外线反射可高达 30%~40%,而黑种人皮肤只有 16% 左右。但白种人皮肤反射的也大多是长波紫外线,对中、短波紫外线,由于皮肤表层能强烈吸收。因此黑、白人种对这部分光线的反射影响不大。

(二)皮肤各层对紫外线的散射

所谓散射是指光线通过不均匀媒质时,一部分光线向各个方向发射的现象。散射主要由直径小于光波波长 1/10 的颗粒物质引起,根据分子散射定律,即瑞利定律(Reyleigh´s law),散射强度与波长的四次方呈反比,因此波长越短,散射就越显著,波长越长,散射越微弱。人皮肤由多层组织细胞构成,从外向内依次为扁平的角质层、透明层、颗粒层,然后是多角形细胞组成的棘细胞层,最后是间杂有黑素细胞的基底细胞层,上述组织细胞中含有大量颗粒如黑素颗粒、透明角质颗粒、张力丝、聚纤素等,也含有丰富的脱氧核糖核酸(DNA)分子,这些成分均按分子散射定律将紫外线散射。

由于散射的存在,一方面影响了光线的进入深度,另一方面也明显减弱了光线对皮肤的伤害作用。

(三)皮肤各层对紫外线的吸收

在皮肤角质层,吸收紫外线的主要成分有角蛋白(keratin)、尿苷酸(urocanic acid)等,覆盖皮肤表面的脂质和汗液(脂化膜)对紫外线也有一定的吸收作用;在表皮的基细胞层和基底细胞层,吸收紫外线的物质主要是大量的核酸分子(RNA、DNA)和核蛋白,大小和密度各不相同的黑素颗粒、芳香族氨基酸如色氨酸、酪氨酸等以及小分子肽、胆固醇和磷脂等;在皮肤的真皮层仍然有上述核酸、蛋白和氨基酸成分,除此之外,结缔组织中的弹力纤维、胶原纤维,血管中的血红素、组织中的胆红素、脂肪中的 β 胡萝卜素等也能吸收紫外线。人体皮肤各层对不同波长紫外线的吸收情况见表 1-8。

表 1-8　人体皮肤各层对不同波长紫外线的吸收率(以投射到皮肤表面为 100% 计)

皮肤层次	厚度/mm	短波紫外线/nm		中波紫外线/nm		长波紫外线/nm
		200	250	280	300	400
角质层	0.03	100	81	85	66	20
棘细胞层	0.50	0	8	6	18	23
真皮层	2.00	0	11	9	16	56
皮下层	25.00	0	0	0	0	1

从表 1-8 中可以看出,短波和中波紫外线绝大部分被角质层和棘细胞

层吸收,这是由于这两层含有丰富的核酸和蛋白质,前者对紫外线的最大吸收波长为 $250 \sim 270$ nm,后者为 $270 \sim 300$ nm,因此,紫外线经过这两层时就被其中的物质基本吸收。长波紫外线可到达真皮层。根据格罗塞斯-德雷柏(Grothus-Draper)定律,光线只有被吸收才能引起各种效应,由于紫外线主要在表皮和真皮浅层吸收,所以其光化学及光生物学效应也主要在这些浅层组织中发生。核酸和蛋白质是构成生命的最基本、最重要的物质,而二者对光的吸收峰值恰好位于 UVC 和 UVB 的辐射波段,这种现象隐含了紫外辐射对生物起源、进化以及人类健康生存的复杂影响,其中包括有利的一面,也包括有害的一面。

二、机体抗氧化物质对紫外损伤的防护作用

在紫外辐射引起的多种生物学效应中,紫外线是一种重要的氧化应激(oxidative stress)因素,通过产生氧自由基来造成一系列组织损伤,如皮肤红斑、皮肤黑化、皮肤光老化以及 DNA 损伤等。在漫长的生物进化过程中,机体内也形成了一套完整的抗损伤修复体系或抗氧化防御系统,在受到紫外辐射后能够清除或减少氧活性基团中间产物,从而阻断或减缓组织损伤。在机体的抗氧化体系中,重要的物质有以下几种。

(一)抗氧化酶

有机体内的抗氧化酶有多种体系,其共同特点为:在不同物种、不同组织细胞内的含量及活性有高度特异性;有专门的亚细胞定位;酶活性中心一般含有特殊的离子,如铜离子、硒离子等,可协同发挥抗氧化作用,且相互间还具有保护作用。比较重要的抗氧化酶如下。

1. 超氧化物歧化酶

超氧化物歧化酶(superoxide dismutase,SOD)按酶活性中心金属辅基成分的不同分为铜锌 SOD、锰 SOD 和铁 SOD,3 种酶均可催化超氧阴离子歧化为 H_2O_2 和 O_2。不同来源的酶对热的耐受性不同,氰化物或较高的 pH 值可抑制其活性,急性紫外线照射尤其 UVB 照射可使 SOD 的酶活性明显下降。

2. 过氧化氢酶

过氧化氢酶(catalase,CAT)由 4 个肽链组成,每条肽链都有 1 个血红素(Fe^{3+} -原卟啉)结合在肽链的活性中心部位作为辅基。CAT 存在于红细胞或某些组织细胞的过氧化物酶体内,催化 H_2O_2 分解为 H_2O 和 O_2,避免红细

胞的过氧化氢将血红蛋白氧化成高铁血红蛋白或产生其他危害更大的氧活性基团。冻干、储存或接触酸碱均可使 CAT 的肽链解聚而丧失酶活性。

3.硒谷胱甘肽过氧化物酶

硒谷胱甘肽过氧化物酶(glutathione peroxidase,GSH-Px)与 CAT 结构类似,也为一四聚体蛋白,但其亚基的金属辅基为原子硒。GSH-Px 主要分布在胞质和线粒体的基质中,在清除 H_2O_2 方面和 CAT 有协同作用。脑浆和精子中 CAT 较少但 GSH-Px 较多。GSH-Px 越纯性质越不稳定,冷冻使其活力降低,但对氰化物和叠氮化物可以耐受。

4.谷胱甘肽转硫酶

谷胱甘肽转硫酶(glutathione-S-transferases,GSTe)又名不含硒谷胱甘肽过氧化物酶,是一种多功能酶,和 SeGSHPx 有协同作用,在肝脏和睾丸中活性较高。紫外辐射可使皮肤中的 GSTs 活性显著降低。

其他还有多种过氧化物酶,如磷脂氢过氧化物谷胱甘肽过氧化物酶,曾被称为过氧化抑制作用蛋白、细胞色素 c 过氧化物酶、NADH 过氧化物酶与氧化酶、乳过氧化物酶、髓过氧化物酵、甲状腺过氧化物酶、子宫过氧化物酶等。这些酶在紫外辐射中的作用尚有待研究。

(二)抗氧化剂

人体内的抗氧化剂分为脂溶性抗氧化剂和水溶性抗氧化剂,前者主要有维生素 E、类胡萝卜素及泛醌,在组织中主要存在于细胞膜上,在防护紫外辐射引起的生物膜损伤方面具有重要作用;后者主要有维生素 C,主要分布在血液和组织外液中,是机体抗氧化系统的第一道防线。现简述如下。

1.维生素 E

维生素 E 又称生育酚,有 α、β、γ、δ 4 种类型,其活性按 α>β>γ>δ 依次递减。生育酚酯的形式没有活性,只有水解后才显示抗氧化活性。维生素 E 是人类血液中主要的脂溶性抗氧化剂,可清除氧活性基团并阻断脂质过氧化链,对稳定细胞膜所富含的不饱和脂肪酸,从而保护紫外辐射引起的生物膜损伤具有重要作用。维生素 E 可防止紫外辐射所致的晶状体白内障和视网膜退行性病变,防止红细胞的光溶解,防止皮肤的紫外线红斑、老化、外源性光敏感、免疫控制甚至发生癌肿。

必须指出,维生素 E 的紫外线吸收峰值为 295 nm,在受到 UVB 照射后可能产生生育酚羟自由基,后者需消耗体内的"抗氧化池"加以还原。在还原不及时的情况下,维生素 E 可作为一种光敏剂增加光敏氧化损伤。

2. 类胡萝卜素

类胡萝卜素包括 β 胡萝卜素和叶黄素。人体内主要是 β 胡萝卜素,可直接与活性氧起反应,保护细胞免受日光、空气和光敏色素的损伤。除胡萝卜素外,其他胡萝卜素类物质如角黄素和八氢番茄红素等都是自由基的有效猝灭剂,可抑制紫外辐射的致癌效应。

3. 泛酸

泛酸又称辅酶 Q,多以还原形式(氧醌,$CoQH_2$)存在于细胞膜及细胞器的各种膜结构上。辅酶 Q 是一种多功能的抗氧化剂,可直接清除活性氧,也参与脂自由基或脂过氧基的反应,还可以作为生育酚自由基的还原剂和维生素 E 协同作用。

4. 维生素 C

维生素 C 又称抗坏血酸,主要作为还原剂发挥其生物学作用。维生素 C 是血液中最有效的抗氧化剂,可直接清除各种氧活性基团。在组织外液中,维生素 C 作为机体抗氧化系防御系统的第一道防线,可以保护多种组织细胞免受紫外辐射的损伤。实验表明维生素 C 还可以保护紫外辐射对细胞膜及其他酶类的损伤作用。目前认为,维生素 C 主要通过其抗脂质过氧化而发挥抗紫外辐射作用,其本身受到紫外线照射后水平也会大幅度下降。在实际应用中,维生素 C 和其他紫外线防护剂常同时使用,其防护效果可显著提高。

(三)巯基化合物

早在 20 世纪 60—70 年代,人们就发现含硫的化合物特别是某些氢硫基(hydrosulfide group)化合物有很好的防护辐射作用。巯基化合物可作为氢原子和电子供体存在,能增加光毒物质如氯丙嗪的光降解,可通过转移氢原子直接清除自由基;并能抵抗紫外辐射对皮肤免疫系统的抑制作用;还可以增强紫外辐射后 DNA 的损伤修复作用。代表性的物质有以下两种。

1. 谷胱甘肽

谷胱甘肽(glutathione,GSH)是生物体内非蛋白性含硫基化合物中含量最多的物质。GSH 存在于细胞内,是细胞内重要的水溶性抗氧化剂。它是 GSH-Px 催化过氧化物还原和脱氢抗坏血酸还原酶催化脱氢抗坏血酸还原的供体,又是谷胱甘肽转硫酶催化的与电子物质结合的解毒剂;还是各种氧活性基团的清除剂。GSH 能使受到活性氧损伤的巯基酶复活,也可与生育酚自由基偶联,使后者还原成维生素 E。UVA 照射可使皮肤细胞中的 GSH 迅速耗竭。

2.金属硫蛋白

金属硫蛋白(metallothionein,MT)最初从动物组织中提取而来,富含硫和半胱氨酸,能大量结合重金属离子,故命名为 MT。这种蛋白对自由基有很强的清除作用,对紫外辐射损伤的组织细胞能促进其修复,有报道其能力比 SOD 强上千倍。MT 具有很好的抗辐射作用,可保护紫外线照射下的细胞功能。此外。MT 还可以与重金属离子结合成无毒或低毒的络合物,起到解毒的作用。

(四)其他

机体内的雌激素也具有抗氧化活性,可能与其结构中的酚基有关。此外,还有微量元素等,也参与各种抗氧化酶促反应过程。

第二章　防晒化妆品的历史形成与发展

第一节　古代人的防晒用品

从饰物、绘画艺术上可以看出,人类使用防晒品的历史可以追溯到很久以前。大约公元前 5 000 年织物开始出现,埃及人、印第安人用棉花、羊毛和亚麻纤维等织成衣物,当然这些物质的出现在很大程度上是为了抵御风寒及文明装饰,但毋庸置疑也有防晒护肤的作用,如在许多热带国家流行的宽边帽、各种各样的头巾,穆斯林的白色软帽、面纱、宽松的长袍、裙子等。

各种伞的使用也与防晒有关。在中国、埃及等古国,硕大的遮阳伞被王公贵族喜爱,这种伞称作华盖,是一种显贵、权威的象征。18 世纪以后,小型现代伞流行起来,这种伞既可防雨,又可防晒,逐渐成为女性必不可少的随身物品。时至今日。用防晒涂料处理过的织物做成的遮阳伞已经妇孺皆知。在炎炎夏日成为现代人的防晒专用品。

化妆品的起源也和防晒有关。古代人尤其中国、古希腊、古埃及等地的妇女崇尚白皙的皮肤,直至今天东方人仍以白为美。为了达到皮肤美白的目的,人们使用各种各样的粉底类化妆品粉饰皮肤。古代人所用的粉底物常为含砷的毒性物质,这也是最早的化妆品原料。粉底类化妆品通过其物理遮盖作用可起到防晒效果。类似的物理遮盖还有很多例子,如缅甸姑娘把当地一种树的树浆涂在脸上,用于防止面部日晒斑的发生;西藏人把煤焦油和各种植物混合在一起用做防晒品,凯尔特人用一种植物油抹在头面部并按摩皮肤可起到防晒作用,圭那亚印第安人用各种植物提取物装饰皮肤,除了美容装饰之外,也有防晒作用。

第二节 人类对紫外辐射的认识和防护研究

据文献记载,1801 年 Ritter 用低于可见光光谱的波段照射氯化银物质,首次发现并描述了紫外线的存在。但当时并没有引起医学界的重视。在此之前文献上已有一些关于紫外辐射有害影响的记载,如雪盲,现在知道雪盲其实是一种雪反射性紫外线引起的急性角膜类疾病。1798 年 Willan 描述了一种皮肤光敏感性疾病,并称为"日光性湿疹(eczema solare)"。1820 年英国医生 Everard Home 对紫外辐射的生物学影响进行了实验研究,他把自己的双手在日光下曝晒,其中一只手用黑布覆盖,一只手探露。结果发现裸露的手出现了皮肤灼伤,而黑布覆盖的手却安然尤恙,尽管这只手在黑布下的温度要高许多。Home 还让一名黑人受试者把手背置于日光下进行有关日光引起色素沉着的试验,结果没有任何发现。

有关紫外线有害影响的报道在 19 世纪中后期逐渐引起了人们的重视。1858 年 Charcot 注意到电弧光可以导致皮肤和眼睛发炎,他把这种光线性红斑归因于"化学性光线"。Willan(1808)、Raiyer(1835)和 Veiel(1887)等分别对皮肤光敏感问题进行了研究,Veiel 认为是日光中的"化学性光线"引起了所谓的"光线性湿疹",这种疾病可以通过用密集的织物,如红丝面纱覆盖皮肤来防止发作。

Widmark 首次用试验方法证实造成皮肤晒伤的是日光中的紫外线(UVR)。有趣的是他在试验中使用了硫酸奎宁溶液用于阻断紫外线。现在知道硫酸奎宁可吸收紫外辐射而发射绿色荧光。这可能是最早的关于紫外线吸收剂的试验。1891 年 Hammer 就光对皮肤的影响问题进行了文献综述,他积累了大量文献资料证明皮肤的日光性红斑主要是紫外辐射引起的。他也重复了 Widmark 的硫酸奎宁吸收紫外线的试验,并首次提出了使用化学防晒品预防皮肤发生晒伤的概念。到 19 世纪末期,许多其他光敏感性疾病逐渐被人们所认识,如 Bazin 1860 年报道了痘疮样水疱病,Hutchinson 1878 年报道了光线性痒疹或 Hutchinson 夏季痒疹,Anderson 1898 年提出了卟啉病,Rasch 1926 年描述了多形性日光疹等。

第三节 早期防晒制品的探索

Paul Gerson Unna 于1911年就开始进行防晒品的研究。他首先试验了Hammer使用过的硫酸奎宁，但后来转移到七叶苷（aesculin）上来，它是一种栗子的提取物，在当地医药中已经使用了多年。七叶苷是一种6,7-二羟香豆素糖苷（6,7-dihydroxycoumarin glocoside），Unna研究了二甲基、单氧基和二氧基衍生物。当时市场上出售的防晒品Zeozon就是3%的七叶苷混合物，Ultrozeozon是7%的七叶苷混合物。两者都是当时有效的皮肤防晒剂。同年Leopold Freund提出波长短于325 nm的紫外线是引起皮肤晒斑的主要原因，他分别试验了硫酸奎宁、黄瓜染色的甘油柠檬、黄凡士林等，最后发现Unna的七叶苷衍生物防晒效果最好。

在以后的几十年里，又发现了许多新的防晒物质，如Eder和Freund 1922年配制了含2%~4%的2-萘酚基-6,8-二磺酸钠盐的油膏（Antilux）；Meyer和Amster配制了10%的鞣酸酒精溶液，他们认为这种溶液可改变皮肤表面的胶体化学结构；1926年Staphen Rothman观察到局部注射普鲁卡因可以防止紫外辐射引起的红斑和色素沉着，猜测可能因为普鲁卡因可吸收波长300 nm的紫外线；1928年Bohagel等研究了物质的化学结构和选择性吸收紫外线之间的关系，发现对氨基苯甲酸（PABA）及其衍生物可吸收波长为260~313 nm的紫外线，吸收峰值为278.5 nm，而原位（ortho）和甲基化合物则无效，Raabe对比了各种油膏剂的防晒效果，发现Ultroreozon最有效，黄凡士林、羊毛脂、白凡士林等防晒效果中等。

1935年，Eugene Schueller将苄基水杨酸溶解在油性基质中制成了一种新的防晒品，可有效吸收紫外线。Eugene Schueller是今日世界上著名的法国化妆品公同欧莱雅的缔造者。第二次世界大战之后，日光浴流行开来，晒成棕色的皮肤成为健康的代名词。Eugene Schueller曾把穿着比基尼泳装、皮肤晒黑的女郎首次搬上广告牌。日光浴时也需要防晒品，理想的防晒品可阻断中波紫外线（UVB）对皮肤的有害影响，保留加强长波紫外线（UVA）的晒黑效果。20世纪40年代，防晒品在美国风靡一时，当时应用最多的是10%~15%的PABA霜剂或酊剂。60年代苯酮类防晒剂问世，含这种防晒剂的制品对 UVA 有很好的吸收阻断作用。在小鼠实验中,含苯酮类防晒剂的制品对紫外线致癌和补骨脂素诱发的光敏感均有明显的防护效果。70 年代以后,人们对紫外线吸收剂和防晒化妆品有了广泛的认识,对防晒化妆品的效果评价也建立了客观的方法如 SPF 值测定法,美国 FDA、欧盟 COLIPA 等也分别发布了可用作防晒剂的化学物质清单并做出了相应规定。

第四节　现代防晒化妆品的发展

　　现代防晒化妆品的发展和大气环境中紫外辐射的增加以及人们对紫外辐射有害影响的深入认识密切相关,如近几十年来,随着世界范围的工业化发展和航天航空活动的影响,覆盖地球表面的大气臭氧层受到了破坏,太阳辐射中穿过大气层到达地球表面的中波紫外线日益增强。紫外辐射引起的多种光生物学效应也被人类逐渐认识,如皮肤晒伤、晒黑、皮肤光老化、光敏感性皮肤病甚至皮肤癌肿发生率增加等。在这种背景下,为满足人们对防晒用品的迫切需求,防晒化妆品市场迅速发展,各种各样的剂型和品种应运而生,在国际市场上如美国、日本等国,化妆品年销售额逐年扩大,其中防晒化妆品所占的份额也逐渐增加。就产品的防晒效果来看,防晒化妆品的性能也逐渐提高。以 SPF 值为例,早期防晒产品的 SPF 值处于低水平,一般为 4~12,SPF 值不超过 15 即可宣称日光阻断(sunblocks)。这种状况一直持续到 20 世纪 80 年代,90 年代以后有了明显变化。如在德国,1989 年 SPF 值 2~6 的产品占防晒制品销售额 73%(其中 SPF 值为 2~4 的产品占 50%),1994 年这类产品的市场占有率下降至 19%,而 SPF 值 12 以上的防晒制品占有率上升至 30%。近 10 年来,防晒化妆品的 SPF 值一路攀升。在西欧国家的防晒化妆品市场,SPF 值超过 30 的产品屡见不鲜,甚至出现了 SPF 值 60、80、100 以上的防晒化妆品。日本化妆品企业为了提高产品的市场竞争力,竞相开发超高 SPF 产品,在防晒化妆品领域掀起了"高 SPF 值战争"。英国、美国等国家也有类似情况,致使许多国家不得不采取措施,对防晒化妆品 SPF 值的上限做出规定。

　　目前,在国际上广为使用于化妆品的防晒剂按其机制不同大体上可分为两种类型,即紫外线吸收剂与紫外线散射剂。紫外线散射剂主要是利用某些无机物对紫外光的散射或反射作用来减少紫外线对皮肤的侵害。如高岭土、氧化锌、滑石粉、氧化钛及新型有机粉体等。它们主要是在皮肤表面形成阻挡层,以防紫外线直接照射到皮肤上,但这种物质具有用量大、防晒效果差等缺点。过多使用易堵塞毛孔,造成皮肤的新疾病等不良后果。目前所说的防晒剂是指对紫外线具有吸收作用的紫外线吸收剂。它们的分子从紫外线中吸收的光能与引起分子"光化学激发"所需要的能量相等,这点就可把光能转化成热能或无害的可见光发散出来,从而有效防止紫外线对皮肤的晒黑和晒伤作用。

从防晒剂类型来看,美国市场近年来使用频率较高的化学防晒剂依次为甲氧基肉桂酸辛酯、二苯甲酮-4、二苯甲酮-3、辛基二甲基 PABA、水杨酸辛酯和丁基甲氧基二苯甲酰甲烷(parsol 1789)等。而欧洲产品中使用较为频繁的防晒剂品种有:丁基甲氧基二苯甲酰甲烷、A-甲基亚卡基樟脑(parsol 5000)、甲氧基肉桂酸辛酯、TiO2 和辛基三嗪酮等。垄断欧洲防晒品市场的 L. Oreal、Beiersdorf、Sera Lee 和 Johnson& Johnson 四大公司,在他们全部的防晒化妆品中均使用了防长波(UVA)紫外吸收剂(parsol 1789、parsol 5000)。可见,欧洲化妆品市场对长波紫外线日常防护的重视程度。日本资生堂公司和综研化学公司共同开发防长波(UVA)、功能优良的树脂粉末,它是将高吸收系数的二苯甲酰甲烷紫外吸收剂包封在聚甲基丙烯酸甲酯内制成,包封量达 10%(质量分数),防 UVA 的能力较单纯品高 3 倍,配入化妆品中高 0.7 倍,在皮肤上分布均匀、附着性好,透明性高,显示皮肤的自然本色。

上述情形在中国化妆品市场更是如此。国内化妆品行业虽起步较晚,但防晒化妆品市场在近十几年迅速崛起。据香港贸发局经贸研究数据显示,2020 年国内化妆品零售额为 3 400 亿元,其中防晒化妆品进口额 15 899 百万美元,同比增长 35.7%。而防晒化妆品从以往单一的乳液形式发展到多剂型,如防晒油、防晒凝胶、防晒棒、防晒粉底、防晒口红唇膏等。综合看来,国内防晒化妆品市场有许多特点,如:①品种不断增加,剂型多种多样,在化妆品市场中占有份额不断扩大,有调查表明在销售旺季可达 30% 以上;②产品质量不断提高,这主要体现在产品的防晒性能方面,如 SPF 值不断升高,其中也有夸大和不实的宣传因素,这和国际潮流有密切关系;③抗水性能产品增加,约 50% 的产品标识抗水、抗汗功能,其中多数产品对其抗水性进行人体生物测试或仪器模拟试验验证;④强调对 UVA 的防护。

人们逐渐认识到 UVA 对皮肤的长期累积效应,在产品标识上既标 SPF 值又标 PA(＋～＋＋＋),或宣传宽谱防晒、全波段防晒、既防 UVB 又防 UVA 等。

纵观国内外防晒化妆品领域,其发展势头正旺,可谓方兴未艾。防晒化妆品在新世纪的发展表现出以下趋势。

1. 防晒性能普遍增加

表现为:①产品的 SPF 值普遍提高。SPF10 以下的防晒化妆品已经少见,SPF 值 20、30 的产品逐渐成为主流,一部分具有超强防护效果的产品会标识 SPF30+。SPF 值超过 30 的产品有商业竞争意义,但缺乏实际使用根据和价值。②产品的安全性要求增强,如选用物理性防晒剂为主的产品即所谓物理防晒,以减少对化学性紫外线吸收剂的依赖。③产品增强防水、防汗性能,通过改进配方、改进剂型和生产工艺达到这一目的。

2. 天然植物提取物应用增多

许多植物提取物虽然对紫外线没有直接的吸收或屏蔽作用,但加入产品后可通过抗氧化或抗自由基作用,减轻紫外线对皮肤造成的辐射损伤;从而间接加强产品的防晒性能。如芦荟、葡萄籽提取物、燕麦提取物、富含维生素 E、维生素 C 的植物萃取液等。这样的物质现在已经在化妆品中开始应用,随着人们回归自然、排斥化学合成物的心理需求增加,这种应用趋势必然更加流行。

3. 加强产品的抗老化功能

应用防晒化妆品延缓皮肤老化有两种机制,一是加强产品对 UVA 的防护作用或产品具有广谱防晒性能,可减缓皮肤光老化的发生,在皮肤病学研究领域对紫外线引起的皮肤光老化已经有很深的认识,而化妆品美容行业对目前 UVA 的关注主要是其晒黑作用,影响皮肤美白,而对长期 UVA 照射引起的慢性皮肤光老化还缺乏足够的了解。应用防晒化妆品抗皮肤老化的另一种途径是添加皮肤营养物质,除了前述的维生素 E 等抗氧化剂外,还有增强皮肤弹性和张力的生物添加剂、保湿剂、改善皮肤血液微循环的植物提取物等。

4. 开发儿童防晒化妆品

据统计,一个人 20 岁以前,接受紫外线照射的累积量占整个人生剂量的75%。有证据表明,光线性损害大多起始于儿童到 18 岁这一未成年阶段,而从接受日光照射起,皮肤光老化就开始发生了,这和皮肤自然老化截然不同。所以防晒应从儿童做起,这一观点正在逐渐被人们接受。目前已有多家化妆品公司如德国 NIVEA、美国强生等致力于开发适合儿童皮肤特点的防晒化妆品,预计会有一个良好的市场前景。

　　除上述发展趋势外,近年来新开发的防晒化妆品还有一个引人注目的特点,即防晒不再作为产品的唯一功能,而是和其他功能如保湿、营养、抗老化等结合在一起使产品具有多重效果,类似产品还有具有防晒效果或标识有 SPF 值的粉底类、口红唇膏类彩妆品,标识紫外线阻挡效果的化妆水、爽肤水,甚至宣称具有防晒作用的洗发香液、洗面奶等,从另一个角度看,防晒化妆品作为一种独立的产品或许正在消失,而逐渐演变成一种防晒功能融合在未来不同类型的化妆品中。

第三章　防晒剂种类

防晒是预防紫外线对人体造成损害的重要措施。防晒化妆品的防晒机制基于产品配方中所含的防晒功效成分,即防晒剂,是防晒化妆品中起防晒作用的关键物质。防晒化妆品的形成和发展就是防晒剂的研究开发史,作为防晒制品的核心原料,防晒功效成分多种多样,按防护作用机制可分为物理防晒剂(或紫外线屏蔽剂)和化学防晒剂(或紫外线吸收剂)及其各种抗氧化或抗自由基的活性物质组成的植物防晒剂(又称为天然防晒剂)。本章将对防晒剂类型逐一介绍。

第一节　物理防晒剂

物理防晒剂,全称为物理性紫外线屏蔽剂,也称无机防晒剂,是防晒剂划分的一种类型。区别于化学防晒剂,此类物质不吸收紫外线,但能反射和散射紫外线,用于皮肤上能对紫外线起到物理屏蔽作用,且只停留在皮肤表面,不会被皮肤所吸收,可减少对皮肤的过敏性。主要类型有二氧化钛、氧化锌,此外还包括钛白粉、高岭土、碳酸钙、滑石粉、氧化铁等。其中二氧化钛和氧化锌已经被美国 FDA 列为批准使用的防晒剂清单之中,最高配方中用量均为 25%。其他国家包括中国虽然未将上述物质列入防晒剂清单中,但均认可其物理屏蔽作用并广泛用于防晒产品中。

按照我国《化妆品安全技术规范》(2015 版),防晒化妆品的重要成分——防晒剂是准用组分,规范中列出了允许使用的 27 种防晒剂,包括 25 种化学防晒剂和 2 种物理防晒剂,而且对每一种防晒剂在化妆品使用中的最高允许浓度都有明确的规定,以保证防晒化妆品的安全性。我国法规还规定,防晒化妆品作为特殊用途化妆品,在上市前均需要通过国家认定机构的理化、微生物、毒理学、人体安全性和功效性检验,并经过严格的审批程序才能上市。物理防晒剂是一类白色无机矿物粉末,《化妆品安全技术规范》(2015 版)中允许使用的只有二氧化钛和氧化锌两种物质,二氧化钛和氧化锌在化妆品中使用时最大浓度为 25%。

一、物理防晒剂作用原理

物理防晒剂的防晒机制与其粉末粒径大小有关。当粒径较大(颜料级别)时,防晒机制是简单的遮盖作用,这类粉末在皮肤表面形成覆盖层,把照射到皮肤表面的紫外线反射或散射出去,从而减少进入皮肤中的紫外线含量,就像一束光照在镜子上被反射出去一样,属于物理性的屏蔽作用,所以也称为紫外线屏蔽剂,防晒作用较弱。但随着粉末粒径的减小,此类防晒剂对紫外线的反射、散射能力降低,而对 UVB 的吸收性明显增强,当粒径小到纳米级时,防晒机制是既能反射、散射 UVA,又能吸收 UVB,防晒作用较强。

物理防晒剂利用的是纳米材料粒子不透光的特性,当日光照射到纳米粒子时,它能使紫外线反射或者散射于人体皮肤外,从而起到一个减少紫外线进入皮肤的作用,主要包括二氧化钛(TiO_2)和氧化锌(ZnO)。作用原理如下。

(1)二氧化钛的强抗紫外线能力 由于其具有高折光性和高光活性。其抗紫外线能力及其机理与其粒径有关:当粒径较大时,对紫外线的阻隔是以反射、散射为主,且对中波区和长波区紫外线均有效。防晒机理是简单的遮盖,属一般的物理防晒,防晒能力较弱;随着粒径的减小,光线能透过二氧化钛的粒子面,对长波区紫外线的反射、散射性不明显,而对中波区紫外线的吸收性明显增强。其防晒机制是吸收紫外线,主要吸收中波区紫外线。由此可见,二氧化钛对不同波长紫外线的防晒机制不一样,对长波区紫外线的阻隔以散射为主,对中波区紫外线的阻隔以吸收为主。

(2)纳米二氧化钛对紫外线的吸收机制 可能是纳米二氧化钛的电子结构是由价电子带和空轨道形成的传导带构成的,当其受紫外线照射时,比其禁带宽度(约为 3.2 eV)能量大的光线被吸收,使价带的电子激发至导带,结果使价电子带缺少电子而发生空穴,形成容易移动且活性很强的电子空穴对。此类的电子空穴对一方面可以在发生各种氧化还原反应时相互之间又重新结合,以热量或产生荧光的形式释放能量,另一方面可离解成在晶格中自由迁移到晶格表面或其他反应场所的自由空穴和自由电子,并立即被表面基团捕获。

正因为粒径越小的二氧化钛容易产生自由电子,且自由电子很快会被捕获为自由基,所以长期使用以粒径超小的纳米二氧化钛为防晒剂的化妆品,会加速皮肤的老化,对皮肤造成一定的危害,因此我们可以在使用这一类化妆品的同时复配用一些"抗自由基"的产品,来降低其危害性,但仍没有完整的理论去证实。

(3)氧化锌(ZnO)是一种重要而且使用广泛的物理防晒剂 屏蔽紫外线的原理为吸收和散射。氧化锌吸收紫外线的原理来自于它本身,氧化锌属于 N 型半导体,其价带上的电子可以接受紫外线中的能量发生跃迁,而散射紫外线的原理就和材料的粒径相关,当尺寸远小于紫外线的波长时,粒子就可以将作用在其上的紫外线向各个方向散射,从而减小照射在皮肤上的紫外线强度。此外,如果原料的粒径过大,涂在皮肤上会出现不自然的白化现象。因此纳米级氧化锌与通常尺寸相比有着明显的优势,市场上使用的氧化锌几乎都是纳米级的。

(4)纳米氧化锌是稳定的化合物 可以提供广谱的紫外保护(UVA 和 UVB)。在过去,由于它特别小的尺寸,使得它们有更高的化学活性,也可能被人体吸入,从而对人体和环境有着潜在的危害,因此对于纳米级氧化锌的使用还存在着很大的争议。比如欧盟在 2004 年的时候说纳米氧化锌会被人体吸入,而且可能会引起 DNA 损伤。澳大利亚在 2006 年一份综述中称不认为纳米粒子在皮肤中有吸收。而美国 FDA 在 1999 年批准氧化锌的使用,但认为纳米氧化锌存在安全问题而不允许使用,但在 2006 年也批准纳米氧化锌作为一种新的有效成分。经过时间的推敲,纳米氧化锌被证实是安全有效的。

二、物理防晒剂的特点

物理防晒剂通过简单遮盖阻隔紫外线的物理防晒剂(颜料级别)具有安全性高、稳定性好的优点,但由于在皮肤表面沉积成较厚的白色层,所以容易堵塞毛孔,影响皮脂腺和汗腺的正常分泌,且容易脱落,具有增白效果的防晒品中往往都含有这类防晒剂。纳米级的无机防晒剂的粉粒直径在数十纳米以下,已经无遮盖作用,而具有防晒能力强、透明性好的优势,但也存在易凝聚、分散性差、吸收紫外线的同时易产生自由基等缺点,所以需要对其粒子表面进行改性处理以解决上述缺点,这对生产厂家的研发能力要求较高。

三、配方应用

物理防晒剂二氧化钛和氧化锌是广谱防晒剂,可吸收 UVA 和 UVB 双波段紫外线,二氧化钛在 UVB 波段有最大吸收峰,氧化锌在 UVA 波段有最大吸收峰。随着对防晒产品安全意识的提高,逐渐出现了单用物理防晒剂的纯物理防晒配方,尤其是儿童防晒产品,使用纯物理防晒剂渐渐成为一种趋势。在国内也有些知名化妆品企业已经上市了不含化学防晒剂的纯物理防晒的产品。

乳化型配方通常有 3 种类型:水包油型、油包水型和多项乳化型。物理防晒剂在乳化体系中的功效发挥取决于 3 个方面:一是固体颗粒合适的粒径大小;二是固体颗粒在体系中不发生聚集;三是要保证估计颗粒在皮肤表面均匀分布。

1. 水包油型乳化体系

水包油型乳化体系是以油滴为内相,而水为连续相。该乳液涂抹在皮肤后会在皮肤表面留下一层油脂膜,要保证防晒剂尽可能多地留在这层膜上,固体颗粒游离出这层油脂膜会导致粉聚集或降低 SPF 值。物理防晒剂在水包油体系有 3 种分散形式:①固体粉分散在连续相水中;②固体粉分散在内相油滴中;③内外两相都有。

(1)固体粉分散在连续相水中 本体系常使用水分散的钛白粉浆,特点是手感清爽。要保证水分散钛白粉的防晒功能,关键是要确保其在涂抹皮肤上水分蒸发后能迁移到油脂膜并均匀地分布在皮肤表面。亲水性钛白粉被排斥在油脂膜之外,导致在皮肤表面分布不均,降低 SPF 值。水质液晶的薄层网状结构能使水分散钛白粉迁移到油脂膜并均匀地分布在皮肤表面。因此,使用水分散钛白粉浆选用水质液晶乳化剂最佳。液晶是介于晶体(固态)和液体之间的一种呈稳定状态的物质,它既有晶体的性质(如双折射),又有液体的某些性质(如流动性)。这类物质的分子一般都是呈有序排列的晶格结构,如有网状晶格结构和层状晶格结构。油质液晶是网状晶格结构,水质液晶是层状晶格结构。水质液晶是在水相中形成液晶结构,这个结构的存在能防止水相中的固体粉末凝聚,可增加乳化体的稳定性,同时具有优异的肤感,在涂抹皮肤时能容易地将固体粉粒抹开移到油脂膜中,并使之均匀地分布在皮肤上。Arlatone LC 是新一代水质液晶乳化剂。水分散性钛白粉浆可作为单一防晒剂配制成高防晒指数的防晒配方,或可与油溶性化学防晒剂复配,使得油水两相都有防晒活性物,达到协同增效的防晒作用,降低化学防晒剂的用量。钛白粉浆与固体化学防晒剂复配时,油脂选择则要考虑其肤感、溶解性能和对 SPF 值的增效作用,最好是三者兼而有之。

(2)固体粉分散在内相油滴中 使用油分散的钛白粉浆或氧化锌浆,油分散粉浆的特点是抗水性好。使用油分散的钛白粉浆在乳化剂的选择上要求有较强的乳化能力。因为油分散型钛白粉是油包水的助乳化剂,要将其做在水包油乳化体中,需要较强乳化能力的水包油乳化剂。从稳定性考虑,选用液晶乳化剂是佳选,不管是油脂液晶还是水质液晶,其晶格结构都有防止凝聚增加乳化体稳定性的作用。粉浆添加顺序对乳化体的形成也是有影响的。一般有两种添加顺序:一是把油溶性粉浆直接添加到油相中然后与水相乳化;二是油水相乳化后在均质时添加到乳化体中。建议采用后一种方法,因为油分散性钛白粉有一定的油包水乳化能力,在直接添加到油相然后与水相乳化时如果搅拌能力不够或不均匀或水包油能力稍弱,就有可能发生转相,表现为膏体突然变稠或破乳析出粉末变粗。后一种添加顺序是在乳化体形成后添加,是将粉浆分散在乳化体中,避免了转相。悬浮剂建议采用汉生胶或汉生胶与硅酸镁铝复配使用。油脂可选择肤感清爽、具有 SPF 值增效作用的油脂,同时在油相中添加些成膜剂或蜂蜡可提高体系的 SPF 值。油分散性钛白粉浆的使用组合有:单用油分散的钛白粉浆,或油分散的钛白粉浆+油分散的氧化锌粉浆复配使用,或与化学防晒剂复配使用。油分散的钛白粉+水溶性化学防晒剂复配使得油水两相均有防晒活性成分,达到协同增效的防晒作用。油分散的钛白粉同样可以和油溶性化学防晒剂复配达到协同增效的作用。

(3)固体粉分散在内外两相 物理防晒剂分散在油水两相的特点是油水两相都有物理防晒剂,达到协同增效作用,单用物理防晒剂就可获得高SPF 值。使用组合有:水分散的钛白粉+油分散的钛白粉,或水分散的钛白粉+油分散的氧化锌。

在水包油体系中使用油分散的氧化锌粉浆关键是要防止氧化锌迁移到

水相。尽管油分散的氧化锌比未经过包裹处理的氧化锌粉末更不容易发生迁移,但是一旦发生迁移,就会导致体系 pH 值升高,氧化锌发生凝絮聚集,体系电解质含量增加,如果体系是液晶结构,液晶结构就会遭到破坏。为防止这些情况发生或把迁移影响降到最小,可采取如下措施:复配疏水性乳化剂以增加界面厚度,如 Span80 等;也可复配些阴离子乳化剂;减少极性油的用量,在油相中添加3%~5% 的丙二醇;增加汉生胶的用量,再次悬浮游离的氧化锌;控制 pH 值,用柠檬酸把 pH 值调到 7 左右。

2. 油包水型乳化体系

采用油包水体系配制防晒产品具有抗水性好、保湿持久、膏体外观光亮等优势。物理防晒剂在油包水体系中也有 3 种分散形式:①固体粉分散在连续相油中;②固体粉分散在内相水滴中;③内外两相都有。

油包水乳化剂可选用传统的聚氧乙烯 30-二聚羟基硬脂酸醚,也可采用清爽型乳化组合,即聚氧乙烯 30-二聚羟基硬脂酸醚+聚甘油-3 双异硬脂酸酯复配,或二聚甘油单异硬脂酸酯+二聚甘油三异硬脂酸酯组合,或用聚氧乙烯 30-二聚羟基硬脂酸醚+硅油包水乳化剂复配。为使含粉的油包水配方更稳定,设计合适的相比例是很重要的,一般油分要比不含粉的高,由于油的吸油性,即使高些的油分也不会使得肤感油腻。

亲油的物理防晒剂分散在连续相油中,能获得高效的 SPF 值,如 10 份油分散的钛白粉浆(钛白粉活性物 5 份)和 7 份有机防晒剂甲氧基肉桂酸异辛酯复配可制得 SPF30 的配方(表 3-1)。

表 3-1 防晒霜

	成分	质量分数/%		成分	质量分数/%
A 相	Arlace P135	2.0	B 相	Solaveil CT-200（油分散性钛白粉浆）	10.0
	SF 1214	0.5	C 相	去离子水	至 100.0
	Parsol M CX	7.0		7-水硫酸镁	0.7
	DC200	5.0		AtlasG-2330	3.0
	Prisorine2021	3.0		甘油	3.0
	DC245	3.0	D 相	防腐剂	0.3
	蜂蜡	1.0			

　　在油包水体系中使用水分散的钛白粉浆,可使物理防晒剂分散在内在相水中,制得手感清爽的防晒产品。但是要注意选择对电解质耐受性好的钛白粉浆,因为在油包水配方中常用电解质来增稠。钛白粉浆 Solaveil CT-10W 对电解质耐受性好且适用 pH 范围广,在国外常用于油包水配方中。

　　亲油和亲水的物理防晒剂复配便可获得双相防晒的产品(表 3-2)。

表 3-2　双相物理防晒霜

	成分	质量分数/%		成分	质量分数/%
A 相	Arlacel P135	3.5	B 相	7 水硫酸镁	0.7
	Arlamol HD	14.0		甘油	4.0
	Estol 3609	14.0	C 相	Liquid Germall Plus	14.0
B 相	去离子水	至 100.0		香精	0.1

　　配制过程:分别混合 A、B 两相并加热到 80 ℃;在搅拌下把 B 相加入 A 相中,在 14 000 rpm 的速度下均质 5 min,然后把该乳化体放在 80 ℃ 的水浴中保温;在常温下把汉生胶分散在水中,然后加入 Arlatone LC 并加热到 80 ℃,在 6 000 rpm 速度下均质 0.5 min,然后继续保持在 80 ℃ 中搅拌 25 min,在 800 rpm 转速下把 Tioveil AQ-G 加到热的 C 相中;在 800 rpm 转速下把 AB 乳化体加入到 C 相中,并在 10 000 rpm 下均质 1 min;冷却到 40 ℃ 时加入 D 组分;在 50 rpm 下搅拌到室温;用柠檬酸中和至 pH 值在 7 左右(表 3-3)。

表 3-3　W/O/W 防晒霜

	成分	质量分数/%		成分	质量分数/%
A 相	Arlacel 1690	2.50	B 相	GemabenII	0.50
	Arlamol HD	2.50		Arlatone LC	5.00
	Estasan 3575	7.00		水	39.10
	Tioveil 50FCM (油分散性钛白粉浆)	5.00	C 相	汉生胶	0.40
	去离子水	31.25		TioveilAQ-G (水分散性钛白粉浆)	5.00
B 相	TioveilAQ-G (水分散性钛白粉浆)	1.25	D 相	杰马Ⅱ	0.50

目前在国内,推荐在水包油体系中使用 Tioveil AQ 系列(水分散型钛白粉)和 Tioveil50FCM(油分散型钛白粉浆);在油包水体系中推荐使用 Solaveil CT-10W(水分散型钛白粉)和 Tioveil 50FCM(油分散型钛白粉浆);氧化锌推荐使用油分散型的 Spectraveil FIN 和 Spectraveil MOTG。Tioveil 二氧化钛的预分散浆是为高 SPF 值产品而设计的。这类产品将会提供高 UVB 防护及有效的 UVA 段防护,同时产品在皮肤上涂抹后不会有白化现象。Spectraveil 预分散氧化锌能够提供 UVA 部分的防护,适用于日常的皮肤护理。相比较 Tioveil 产品,它对 UVB 的防护能力较弱,但能提供更广谱的防晒。并在可见光的区域内,氧化锌比 Tioveil 二氧化钛透明性更好。Tioveil 和 Spectraveil 产品,因为它们对 UV 衰减的不同特性,可以将两者相互补充来获得高 SPF 值和宽谱防护。

一般在配方中的使用方法为:用液体油相与二氧化钛和氧化锌进行均质预分散,在高速剪切下,与水相完成乳化,即可得到防晒乳或霜。二氧化钛和氧化锌的预分散程度与粉体的粒径和液体油相的极性有关,当粉体粒径越小,所需均质时间和力度越小,得到的产品更细腻;当粉体粒径越大,所需均质时间和力度越大,产品可能会有粗糙感,当然也与液体油相的极性存在一定的关系。

在纯物理防晒产品中,二氧化钛和氧化锌一般都是同时复配使用。因为单一使用二氧化钛,只能提供较好的 UVB 段保护(即提供 SPF 值),而单一使用氧化锌,也只能提供较好的 UVA 保护(即提高 PA 值),两者按照一定比例复配使用,才能同时达到最好的 UVA 和 UVB 保护效果。

四、物理防晒剂的优缺点

1. 优点

1)安全性高、稳定性好,只要不出汗或者擦拭,涂抹在皮肤表面,立即就产生防晒的效果,可以保持相当长的一段时间。

2)在皮肤上不发生化学反应,对皮肤较温和。

2. 缺点

1)纳米微粒可能会释放出自由基,增加氧化压力。

2)质地稍显厚重,涂抹在皮肤表面容易泛白。

此外,无机防晒剂粒子的直径大小直接影响其紫外线屏蔽作用。日本资生堂公司曾对比了超微粒子和普通粒子的二氧化钛、氧化锌对紫外线的阻隔作用。通常所谓的纳米级材料粒子直径应在数十纳米以下，这种规格的二氧化钛或氧化锌对 UVB 有良好的屏蔽功能，对 UVA Ⅱ 区也有一定的阻隔作用，超细氧化锌可滤除波长 370 nm 以下的紫外线。但单独使用无机防晒剂对 UVA 的防护效果较差，且影响产品的外观。

与化学性紫外线吸收剂相比，物理性屏蔽剂具有安全性高、稳定性好等优点，不易发生光毒反应或光变态反应。某化妆品公司曾以此为切入点，专门推出仅含无机防晒剂的防晒产品，称之为"物理性防晒霜"。当然，物理性防晒剂也可以发生光催化活性而刺激皮肤。用各种材料如聚硅氟烷、氧化铝、硬脂酸及表面活性剂等对超细无机粉体进行表面处理，一方面可降低无机粉体的光催化活性，另一方面可防止无机不溶性粒子的析出或沉淀，改善产品的理化性状和使用者的肤感。

物理防晒剂的弊端包括刺激皮肤、易氧化变质，导致过敏及堵塞皮肤毛孔等潜在问题。它们的使用安全性近来受到世界广泛的关注。

随着人们对紫外线防护意识的增强，对紫外线吸收剂的要求也不断提高。为满足人们的需求，各国科研工作者正不懈地致力于新型防晒剂的开发与研究。物理防晒剂中二氧化钛、氧化锌的纳米化、超细化、在粉体表面包覆具有亲水、亲油功能基团的表面化处理以提高粉体的适配性以及在不降低透明度的情况下提高纳米二氧化钛、氧化锌的 UVA 屏蔽效果将是未来物理防晒剂的重要研究方向。

第二节　化学防晒剂

一、化学防晒剂的概念及作用机制

（一）化学防晒剂的概念

化学防晒剂，又称为紫外吸收剂或有机防晒剂，是指对紫外线有选择性吸收作用而起到防晒作用的物质，这类物质的分子结构一般具有羰基共轭或杂环的芳香族有机化合物，又称化学吸收剂。它们能吸收紫外线的光能，并将其转换为热能或分子的震动能释放出来，从而保护人体皮肤免受紫外线的伤害,由于分子结构内部电子基态和激发态间的能级转移,还可产生荧光或磷光,但本身结构不发生变化。

(二)化学防晒剂的作用机制

化学防晒剂的作用机理与其自身的分子结构密切相关。一般防晒剂化合物的分子内都包含有苯环,其苯环结构上因为羟氧基和羟氢基还有苯环上的氢键使整个分子内部结构形成了一个闭合环,而且各基团之间产生了螯合作用。此螯合状态下的分子结构性质并不稳定,能够从外界吸收热能而使自身结构产生剧烈震动,在此过程中处于螯合状态的苯环会产生裂解现象,氢键和羧氧基、羧氢基间的作用力会被打断,从而裂解为各种带离子基团的带有高能状态的化合物。这种带有离子基团的化合物因为高能状态的影响而化学稳定性很差,会自动向外界释放能量从而使内部自身能量消耗而使自身结构不断趋向稳定,慢慢恢复到稳定的低能状态,螯合环在整个能量循环的过程中不断开合,正因为这个不断循环的开闭过程从而起到紫外光的保护作用。另外,防晒剂自身结构内的羰基也会因为能量激发的作用从而发生分子互变和分子异构现象,称为烯醇化过程。这一过程中分子自身也会向外消耗部分能量。

二、化学防晒剂的分类及缺点

(一)化学防晒剂的分类

到目前为止,国际上已经研究开发的有机防晒剂有60多种,但出于安全性考虑,各国对紫外线吸收剂的作用有严格限制。如美国FDA 1993年批准使用的防晒剂有16种(14种有机防晒剂、2种无机防晒剂),欧盟2000年版化妆品规程中允许使用的防晒剂清单有24种,日本2001年修改化妆品管理体制后允许使用的防晒剂有27种,中国2015年版化妆品卫生规范中等同采用了欧盟规定使用的防晒剂清单,即25种防晒剂。

我国卫生部颁布的《化妆品卫生规范》(2015版)(中华人民共和国卫生部,2015版,268号)中规定的化妆品准用化学防晒剂共25种(表3-4)。

表3-4　化学防晒剂列表

序号	物质名称			化妆品使用时的最大允许浓度/%
	中文名称	英文名称	INCI名称	
1	3-亚苄基樟脑	3-Benzylidene camphor	3-Benzylidene camphor	2
2	4-甲基苄亚基樟脑	3-(4'-Methylbenzylidene)-dl-camphor	4-Methylbenzylidene camphor	4
3	二苯酮-3	Oxybenzone(INN)	Benzophenone-3	10
4	二苯酮-4 二苯酮-5	2-Hydroxy-4-methoxy-benzophenone-5-sulfonic acid and its sodium salt	Benzophenone-4 Benzophenone-5	总量5（以酸计）
5	亚苄基樟脑磺酸及其盐类	Alpha-(2-oxoborn-3-ylidene)-toluene-4-sulfonic acid and its salts		5
6	双-乙基己氧苯酚甲氧苯基三嗪	2,2'-[6-(4-Methoxyphenyl)-1,3,5-triazine-2,4-diyl]bis{5-[(2-ethylhexyl)oxy]phenol}	Bis-ethylhexyloxyphenol methoxyphenyl triazine	6
7	丁基甲氧基二苯甲酰基甲烷	1-(4-Tert-butylphenyl)-3-(4-methoxyphenyl)propane-1,3-dione	Butyl methoxydibenzoyl-methane	7
8	樟脑苯扎铵甲基硫酸盐	N,N,N-trimethyl-4-(2-oxoborn-3-ylidenemethyl)anilinium methyl sulfate	Camphor benzalkonium methosulfate	
9	二乙氨羟苯甲酰基苯甲酸己酯	Benzoic acid, 2-[4-(diethylamino)-2-hydroxybenzoyl]-,hexyl ester	Diethylamino hydroxybenzoyl hexyl benzoate	

续表 3-4

序号	物质名称			化妆品使用时的最大允许浓度/%
	中文名称	英文名称	INCI 名称	
10	二乙基己基丁酰胺基三嗪酮	Benzoic acid, 4, 4'-[6-[[[(1,1-dimethylethyl)amino] carbonyl] phenyl] amino]1,3,5-triazine-2,4-diyl]diimino bis-, bis-(2-ethylhexyl) ester	Diethylhexyl butamido triazone	
11	苯基二苯并咪唑四磺酸酯二钠	Disodium salt of 2,2'-bis(1,4-phenylene)1H-benzimidazole-4,6-disulfonic acid	Disodium phenyl dibenzimidazole tetrasulfonate	10（以酸计）
12	甲酚曲唑三硅氧烷	Phenol, 2-(2H-benzotriazol-2-yl)-4-methyl-6-{2-methyl-3-[1,3,3,3-tetramet-hyl-1-(trimethylsily)oxy]-disiloxanyl}propyl	Drometrizole trisiloxane	15
13	二甲基 PABA 乙基己酯	4-Dimethyl amino benzoate of ethyl-2-hexyl	Ethylhexyl dimethyl PABA	8
14	甲氧基肉桂酸乙基己酯	2-Ethylhexyl 4-methoxy-cinnamate	Ethylhexyl methoxycinnamate	10
15	水杨酸乙基己酯	2-Ethylhexyl salicylate	Ethylhexyl salicylate	5
16	乙基己基三嗪酮	2,4,6-Trianilino-(p-carbo-2'-ethylhexyl-1'-oxy)-1,3,5-triazine	Ethylhexyl triazone	5
17	胡莫柳酯	Homosalate(INN)	Homosalate	10

续表3-4

序号	物质名称			化妆品使用时的最大允许浓度/%
	中文名称	英文名称	INCI名称	
18	对甲氧基肉桂酸异戊酯	Isopentyl - 4 - methoxycin-namate	Isoamyl *p* - methoxycin-namate	10
19	亚甲基双-苯并三唑基四甲基丁基酚	2,2' - Methylene - bis [6 - (2*H*-benzotriazol-2-yl) - 4-(1,1,3,3-tetramethyl-butyl)phenol]	Methylene bis - benzo-triazolyl tetramethylbu-tylphenol	10
20	奥克立林	2 - Cyano - 3,3 - diphenyl acrylic acid,2-ethylhexyl ester	Octocrylene	10 （以酸计）
21	PEG-25 对氨基苯甲酸	Ethoxylated ethyl-4-ami-nobenzoate	PEG-25 PABA	10
22	苯基苯并咪唑磺酸及其钾、钠和三乙醇胺盐	2 - Phenylbenzimidazole - 5-sulfonic acid and its po-tassium, sodium, and tri-ethanolamine salts		总量8 （以酸计）
23	聚丙烯酰胺甲基亚苄基樟脑	Polymer of *N*-{(2 and 4) - [(2 - oxoborn - 3 - ylidene) methyl]benzyl} ac-rylamide	Polyacrylamidomethyl benzylidene camphor	6
24	聚硅氧烷-15	Dimethicodiethylbenzalma-lonate	Polysilicone-15	10
25	对苯二亚甲基二樟脑磺酸及	3,3' - (1,4 - Pheny-lenedimethylene) bis (7,7-dimethy)		总量10 （以酸计）

1. 对氨基苯甲酸及其衍生物

对氨基苯甲酸类紫外线吸收剂是以对氨基苯甲酸(PABA)为骨架的一

类紫外线吸收剂。它能有效地吸收280～300 nm的紫外线,是最早上市使用的一类紫外线吸收剂,它作为UVB吸收剂,对皮肤刺激性较大。为了改进这一点,以后又合成了吸收性能较好的同系物如二甲基氨基苯甲酸酯类。后来经过改进,出现了它的同系物——对二甲氨基苯甲酸酯类。在为了防止紫外线红斑、皮炎的防晒化妆品中,主要是选用它们作为紫外线吸收剂。我国《化妆品卫生规范》(2015版)规定可以使用3种对氨基苯甲酸类紫外线吸收剂:二乙氨基羟苯甲酰基苯甲酸己酯(限量10%),PABA乙基己酯(限量8%)、PEG-25对氨基苯甲酸(限量10%)(表3-4)。国外的重要产品有对氨基苯甲酸PABA、对氨基苯甲酸甘油酯、对氨基苯甲酸乙氧乙酯和对二甲氨基苯甲酸戊酯等。但据美国皮肤癌基金会报告,对以这类紫外线吸收剂为原料制得的化妆品进行分析,发现其中可能含有致癌物质,此物质可能是紫外线吸收剂的分解产物。因此,现已限量使用。

2. 肉桂酸酯类

肉桂酸酯类防晒剂为UVB吸收剂,能防止280～310 nm的紫外线,且吸收率高,因此各国应用比较广泛。欧洲批准过17种肉桂酸的衍生物作为紫外线吸收剂。我国《化妆品卫生规范》(2015版)规定可以使用3种肉桂酸类紫外线吸收剂:4-甲氧基肉桂酸-2-乙基己酯、p-甲氧基肉桂酸异戊酯(混合异构体)、2-氰基-3,3-二苯基丙烯酸-2-乙基己酯(奥克立林)。4-甲氧基肉桂酸-2-乙基己酯代表了当今紫外线吸收剂设计的最高水平,它不仅具有很高的UVB区紫外线吸收效率,还具有很好的安全性,对皮肤无刺激,是一种理想的防晒剂。它是目前使用频率最高的紫外线吸收剂,大约70%的防晒化妆品都添加了这种紫外线吸收剂。试验表明,当该防晒剂在醇溶液中含量为0.5%、1.0%、2.0%,厚度为0.01 mm时,可吸收308 nm紫外线,吸收率分别为62.4%、85.9%和98.0%。

3. 水杨酸类

水杨酸类也是较老的一类UVB紫外线吸收剂,能防止280～330 nm的紫外线。水杨酸类紫外线吸收剂在使用中比较温和、稳定,有较好的安全性。价格便宜,毒性低,与其他成分相溶性好。该试剂能提高二苯酮类防晒剂的溶解度,故可复配使用。缺点是紫外线吸收率低,吸收波段较窄(340 nm以下),本身对紫外线不甚稳定,长时间照射后发生重排反应,而明显的吸收可见光,使之带有颜色。可根据要求添加1.0%～10.0%的浓度于防晒霜、防晒油中。我国《化妆品卫生规范》(2015 版)规定可以使用 2 种水杨酸类紫外线吸收剂:水杨酸-2-乙基己酯(水杨酸辛酯)、胡莫柳酯。

4. 苯酮类化合物

苯酮类紫外线吸收剂由于其最大吸收波长在 330 nm,对整个紫外光区域(UVB 和 UVA)几乎都有较强的吸收作用,一度被广泛使用,欧洲曾批准过 12 种苯酮类衍生物作为紫外线吸收剂。此类化合物对光和热较稳定,耐痒性一般,需要加抗氧化剂。但由于其本身是固体,在一般化妆品中没有很好的溶解性,加之近年发现苯酮类能产生一定的皮肤变态反应,故苯酮类紫外线吸收剂目前可以使用的种类不是很多。我国《化妆品卫生规范》(2015版)规定可以使用 2 种苯酮类紫外线吸收剂:二苯酮-3、2-羟基-4-甲氧基二苯甲酮-5-磺酸和它的钠盐(二苯酮-4 和二苯酮-5)。

5. 樟脑衍生物类

樟脑衍生物类为 UVB 吸收剂。樟脑衍生物具有六环结构,一般都具有很高的紫外线吸收率,是国内使用最多的一类紫外线吸收剂。欧盟化妆品卫生规程批准了 6 种樟脑衍生物作为紫外线吸收剂,但美国 FDA 还未批准任何一种樟脑衍生物可以作为紫外线吸收剂。我国《化妆品卫生规范》(2015 版)规定可以使用 6 种樟脑衍生物类紫外线吸收剂:3-亚苄基樟脑、4-甲基苄亚基樟脑、亚苄基樟脑磺酸、樟脑苯扎胺甲基硫酸盐、聚丙烯酰胺甲基亚苄基樟脑、对苯二亚甲基二樟脑磺酸。此类防晒剂稳定性和化学惰性比较好,皮肤吸收少,因此刺激性小,无光致敏和致突变变性。性能比二甲基氨基苯甲酸酯类稍差,与水溶性防晒剂如 2-苯基苯并咪唑-5-磺酸性能接近。

6. 二苯甲酰甲烷类

二苯甲酰甲烷类衍生物由于存在酮-烯醇互变异构体,其烯醇式结构在345 nm 处有较大吸收,是一类很好的高效 UVA 紫外线吸收剂。适用于配制高 SPF 产品。但由于其光化学稳定性较差,目前批准可以用于化妆品的二苯甲酰甲烷类紫外线吸收剂只有德国 Givandan 公司研制的 Parsol 1789,即1-(4-叔丁基苯基)-3-(4-甲氧基苯基)丙烷-1,3-二酮(丁基甲氧基二苯甲酰基甲烷)。Parsol 1789 可充分吸收 UVA,但光稳定性差,紫外线照射后会大幅度降解,防护能力很快下降。目前,Parsol 1789 是世界上仅有的少数几种 UVA 吸收剂中最为有效的一种。此类防晒剂合成较困难,对皮肤刺激性较大,致敏性强,微量铁能使产品着色,和甲醛类防腐剂、硬脂酸碱以及碱土金属盐类共用时可形成不溶物,因此使用受到限制。在我国和欧洲批准的最大使用量为5%,而美国只有3%。

7.三嗪类

三嗪类紫外线吸收剂是近年发展起来的一类新型紫外线吸收剂,它具有较大的分子结构和很高的紫外线吸收效率。某些三嗪类紫外线吸收剂具有广谱防晒效果,既防UVB段紫外线,又防UVA段紫外线,是紫外线吸收剂的发展方向。但由于三嗪类紫外线吸收剂分子结构较大,在化妆品中的溶解性是必须解决的问题。我国《化妆品卫生规范》(2015版)规定可以使用3种三嗪类紫外线吸收剂:乙基己基三嗪酮、二乙基己基丁酰胺基三嗪酮、双-乙基己氧苯酚甲氧苯基三嗪。

8.苯基苯并咪唑类

苯基苯并咪唑类也是近几年发展的一类紫外线吸收剂。我国《化妆品卫生规范》(2015版)规定可以使用4种苯基苯并咪唑类紫外线吸收剂:2,2'-双-(1,4-亚苯基)1H-苯并咪唑-4,6-二磺酸的二钠盐,甲酚曲唑三硅氧烷,2-苯基苯并咪唑-5-磺酸及其钾、钠和三乙醇胺盐,亚甲基双-苯并三唑基四甲基丁基酚。

2-苯基苯并咪唑-5-磺酸盐由于其具有良好的水溶性和较高的紫外线吸收效率,被广泛应用于水基防晒化妆品中。另两类苯基苯并咪唑类紫外线吸收剂都具有广谱防晒效果。

据有关统计,使用频率最高的防晒剂有甲氧基肉桂酸辛酯、4-二苯甲酮、羟苯甲酮、二甲基氨基苯甲酸辛酯和水杨酸辛酯。

(二)化学防晒剂的缺点

化学防晒剂可能会表现光毒性和光致敏作用。光致敏作用是一种光的间接反应,即刺激或敏化。临床研究表明,防晒剂的光致敏率较低,为0.1%~2.0%。一些有机化合物类的紫外线吸收剂,它们和其他化妆品添加剂一样(如防腐剂和香精),对皮肤也有一些作用,也可能引起接触致敏作用。在防晒制品中,紫外线吸收剂的用量也较高(质量分数可高达26%),引起接触致敏作用的概率较高。紫外线吸收剂与溶剂和基质的相互作用,会引起交叉致敏作用。有关防晒剂接触致敏和光接触致敏的报道见表3-5。

表3-5 防晒剂的接触致敏和光致敏作用

名称	接触皮炎数/例	光接触皮炎数/例	总计/例
对氨基苯甲酸	49	52	101
对氨基苯甲酸甘油酯	28	6	34
对二甲基氨基苯甲酸戊酯	6	14	20
对二甲基氨基苯甲酸辛酯	11	2	13
甲氧基肉桂酸乙氧基乙酯	5	10	15
二倍酰三油酸酯	1	0	1
2-羟基-4-甲氧基二苯酮	2	12	14
2,2-二羟基-4-甲氧基二苯酮	2	0	2
2-二羟基-4-甲氧基二苯酮-5-磺酸	3	2	5
水杨酸高孟酯	2	2	4
2-苯基苯并咪唑-5-磺酸	4	26	30

三、晒黑剂

UVA 区段波长为 320～400 nm,它不会对皮肤产生红斑,只是皮肤晒黑。如果防晒剂只能吸收 320 nm 以下的紫外线,这种防晒剂称为晒黑剂。这种既能防止晒伤,又能达到适度晒黑的防晒剂,添加于化妆品,叫作晒黑化妆品。

除上述 UVB 吸收剂外,还有二羟基丙酮、甘油醛、赤藓酮等作为辅助成分应用于晒黑化妆品中。

四、防晒制品配方设计中有机防晒剂的选择

各国化妆品法规都列出允许使用的防晒剂的清单及其最高允许含量。不同国家和地区销售的产品,在选择防晒剂时首先考虑这个问题。各国法规允许使用防晒剂数量和最高允许用量是不同的:我国 28 种、美国 16 种、欧盟 29 种、日本 34 种、澳洲-新西兰 31 种、南非 49 种、东南亚国家联盟(ASEAN)29 种。在众多的防晒剂中常用的只有十几种。根据美国 FDA 自

愿注册登记计划统计的 2003 年 17 907 种配方中,防晒剂使用频度很集中(表 3-6)。

表 3-6　美国 FDA 自愿注册登记计划统计的 17 907 种配方中,防晒剂使用频度(2003)

防晒剂 INCI 名	使用频度	防晒剂 INCI 名	使用频度
甲氧基肉桂酸乙基己酯	903	PABA	38
二苯酮-3	449	二苯酮-5	20
二苯酮-4	400	苯基苯丙咪唑磺酸	18
二苯酮-2	367	PABA 乙基二羟丙基酯	15
二甲基 PABA 乙基己酯	165	胡莫柳酯	13
二苯酮-1	132	二苯酮-6	11
水杨酸乙基己酯	99	西诺沙酯	11
丁基甲氧基二苯甲酰基甲烷	62	PEG-25 PABA	10
二苯酮-9	47	4-甲基苄亚基樟脑	8
DEA-甲氧基肉桂酸酯	43	樟脑苯扎胺甲基硫酸盐	8

甲氧基肉桂酸乙基己酯、二苯酮-3、丁基甲氧基二苯甲酰基甲烷和水杨酸乙基己酯仍然是主流的防晒剂。奥克立林和苯基苯并咪唑磺酸开始较广泛应用。二甲基 PABA 乙基己酯和 PABA 已较少在防晒产品中使用。

追溯至 20 世纪 60 年代或更早期,传统防晒剂已不能满足日益增加的消费者对有害阳光射线防护要求。相对分子质量较小的传统的 UVB 防晒剂如肉桂酸酯类和 PABA 衍生物,它们都有增加皮肤渗透的作用,因而引起了人们对其安全性更多的关注。对其他存在光不稳定问题的分子,需要在配方中特别注意,并需要添加抑制分子来使其稳定。显然,在皮肤上涂抹这类活性的化学物质越少越好,这样促使人们研究开发更有效的紫外线吸收剂。出现了一些新的防晒剂。

1. 亚甲基双-苯并三唑基四甲基丁基酚

亚甲基双-苯并三唑基四甲基丁基酚(Tinosorb M,Ciba)是一种有机粒子防晒剂。市售产品是 50% 微细粒子(200 nm)表面活性剂稳定的水分散液。在 305 nm 和 360 nm 波段处有两个紫外线吸收峰值,比消光系数(1%,

1 cm)分别是 400 和 495,该分散液显示出异常的光稳定性。

2.分子质量接近 500 u 的分子

在医药工业中认为分子质量接近 500 u 的分子对皮肤渗透作用下降,因而提高了安全性和功效(称为 500 u 规则)。根据这一规则合成的防晒剂已获得成功,并且已被介绍到欧洲。

3.将聚合物的主链接支在 UV 防晒剂上　这类防晒剂主要如下。

1)已在欧洲上市 L'Oreal 拥有专利权的甲酚曲唑三硅氧烷(Mexoryl XL)。它是一种光谱防晒剂(λmax = 303 nm 和 341 nm),比消光系数分别为 309 和 317,分子质量 501u。

2)聚硅氧烷-15(Parsol SLX):λmax = 312 nm,比消光系数 190,分子质量大于 6 000 u。实际上不会渗透入皮肤,十分安全,具有成膜特性,适用于头发防晒护理产品。

4.新 UVA/UVB 防晒分子

1)乙基己基三嗪酮(Uvinul T150,BASF):UVB 防晒剂,λmax = 314 nm,比消光系数 1 450,分子质量 823 u。

2)二乙基己基丁酰胺基三嗪酮(Uvasorb HEB,3V-Sigma):一种油溶性 UVB 防晒剂。λmax = 312 nm,比消光系数 1 460,分子质量 766 u。

3)苯基二苯并咪唑四磺酸二钠(Neoheliopan AP,Haarmanm and Reimer):水溶性 UVA 防晒剂。λmax = 334 nm,比消光系数 775,分子质量 675 u。

4)对苯二亚甲基二樟脑磺酸(Mexoryl SX,Chimex):水溶性 UVA 防晒剂。λmax = 345 nm,消光系数 775,分子质量 607 u。

5)二乙胺基羟苯甲酰基苯甲酸己酯(Uvinul A Plus,BASF):油溶性 UVA 防晒剂,λmax = 354 nm,消光系数 900,分子质量 398 u。

6)双-乙基己氧苯酚甲氧苯基三嗪(简称 BEMT,Tinosorb S,Ciba):油溶性 UVA 和 UVB 防晒剂,双吸收峰,λmax = 310 nm(消光系数 745),λmax=343 nm(消光系数 820),分子质量 629 u。BEMT 与一些 UVB 有机防晒剂和无机防晒剂复配使用有协同作用,BEMT 与乙基己基三嗪酮、二乙基己基丁酰胺基三嗪酮、二氧化钛等有十分强的协同作用。例如单独使用 BEMT(质量分数 3%),SPF=7;单独使用 TiO_2(质量分数 5%),SPF=6,复配使用 SPF=18。改善 UVA 防护作用。覆盖 UVA/VB 光谱防晒剂。

这些新防晒剂价格较传统防晒剂昂贵,一般两者复配使用,更能发挥其功效。

五、防晒剂的光稳定性研究

本部分将以阿伏苯宗为例来说明防晒剂光稳定性的研究。

随着阿伏苯宗(又称 Parsol 1789,丁甲氧基二苯甲酰甲烷或 BMDM)在20 世纪 80 至 90 年代被引入欧洲和美国,光稳定性成为防晒剂行业关注的问题。光稳定性成分是有效保护皮肤免受长波长 UVA 辐射(320~400 nm)伤害的 UV 过滤剂的主要成分,而 UVA 是引起早期皮肤老化和一些皮肤癌发生的首要原因。

阿伏苯宗在阳光下降解迅速,并可能与其他有机化合物发生化学反应。这引发了 UV 过滤剂供应商和防晒剂制造商之间竞相发现稳定阿伏苯宗光稳定性或替换阿伏苯宗的方法。欧洲的科学家们专注于开发光稳定的可以与阿伏苯宗相竞争的其他 UV 过滤剂,而美国和欧洲的其他科学家则关注于开发新的光稳定剂。结果两组科学家都获得了成功,即开发了新型 UVA 过滤剂,也使光稳定剂在全球得到广泛应用。

几个欧洲的对光稳定的 UVA 过滤剂已提交证据给美国 FDA,包括 OTC类防晒剂药品产品专著中包含的种类。在 2014 年,因安全有效性的数据不足而被 FDA 退回,要求申请者提供补充信息。这标志着光稳定剂在防晒产品中的持续作用,特别是那些在美国市场上销售的产品,以及在那些需要受众接受和成本考虑的其他地区仍需要继续使用廉价的阿伏苯宗作为主要的UVA 过滤剂。

1. 阿伏苯宗(Parsol 1789)的光化学

对这一重要的防晒剂成分最早的认识是由 1995 年 Schwack 和 Rudolph及 1997 年 Andrae 出版的,具有开创性的研究。

为了研究阿伏苯宗的光降解,Schwack 和 Rudolph 使用太阳模拟器滤过大于 260 nm 或 320 nm 的辐射,对 3.5 mmol 的阿伏苯宗溶液在未除氧的环己烷、异辛烷、异丙醇和甲醇中辐照达 8 h 进行光降解。利用 HPLC 检测光降解过程,GC-MS 检测光产物,确认了 12 种光产物,所有产物均产自两种自由基前体中的一个:苯甲酰自由基或苯甲酰甲基自由基。光降解在非极性溶剂环己烷和异辛烷中可进行,而在极性、质子溶剂异丙醇和甲醇中则不行。在非极性溶剂中,短波辐照(>260 nm)的光降解速度几乎是长波辐照(> 320 nm)的两倍。为了找出为什么阿伏苯宗在环己烷和异辛烷中是光不稳定的,在异丙醇和甲醇中是光稳定的,Schwack 和 Rudolph 对溶于环己烷–$d12$ 和异丙醇–$d8$(0.03 mol)中的阿伏苯宗溶液进行了 ^{1}H NMR 测量。在环己烷–$d12$ 中,阿伏苯宗表现出 3.5% 的酮式,而在异丙醇–$d8$ 中未检测到酮式。基于这些数据,Schwack 和 Rudolph 得出结论,阿伏苯宗光降解很大程度上取决于 1,3–酮式的存在。因此,发现酮式结构的形成和该结构在照射下的行为成为研究人员的主要兴趣。

Andrae 等人研究表明,紫外辐射的光解作用促使烯醇互变式转化为酮式(图 3–1)。他们使用高压氙灯和氙气光源对乙腈($10^{-5} \sim 10^{-10}$ M)中的阿伏苯宗进行稳态辐照,观察到 355 nm 处吸光度峰的下降,相应地在 265 nm 处吸光度峰的增加。

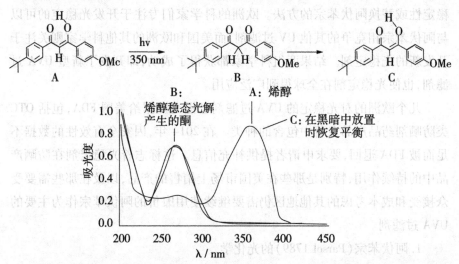

图 3-1　烯醇互变式(A)在稳态照射下生成酮式(B),在黑暗状态下自发地转化为烯醇式(C)

基于 NMR、IR 和 HPLC 的研究,他们将光谱变化归因于烯醇互变异构和酮式互变异构的光诱导转换。Andrae 等人也应用了 14 ns 的 355 nm 的激光脉冲,在溶于乙腈的阿伏苯宗的稀释溶液中观察到在 300 nm 处有峰值吸收的瞬态物质。该小组将瞬时吸光度归因于烯醇的 E-异构体或烯醇旋转剂,它们被认为是转化为酮式结构的中间产物。

对阿伏苯宗在3种环境下的光稳定性研究表明,极性不同的实验溶剂中的稀释溶液、非挥发性溶剂中的浓缩溶液以及商用防晒产品中的光稳定性。对氙测试室的稀释溶液辐照,发现阿伏苯宗在二氧烷、乙腈、乙酸乙酯、四氢呋喃、乙醇、异丙醇和己烷、庚烷和环己烷中具有光稳定性或接近光稳定。光不稳定性表现为在350~360 nm处的吸光度迅速下降,在260~270 nm处的吸光度相应增加。然而,在Bonda等人之前的报道和Huong等人也发现,光解溶液,在将其置于黑暗中,并定时监测紫外吸光度,在350~360 nm处缓慢恢复其初始吸收,而它们在260~270 nm处的吸收值也下降到辐照前的水平(图3.1)。他们也确认了Bonda等人的另一个发现,即仅含1%异丙醇的己烷溶液完全抑制了阿伏苯宗在350~360 nm处辐照时的吸收损失。

在各种化妆品油(矿物油、异硬脂酸异硬脂酯、酒石酸烷基、乳酸烷基)2%和4%的浓缩溶液中,阿伏苯宗的光降解似乎相对独立于溶剂,80%的阿伏苯宗可转化为光产物。11种欧洲商业防晒剂产品经在聚甲基丙烯酸甲酯(PMMA)板上涂上一定数量的防晒剂,并在氙测试室中进行辐照测试。辐照后防晒剂被溶液提取后用HPLC分析。研究发现,阿伏苯宗在这些防晒剂中的行为高度可变,成分丢失程度为3%~90%。SPF丢失范围为0~50%。

Mturi和Martincigh用UV光谱学、HPLC、GC-MS和NMR分析阿伏苯宗在不同极性和质子性的溶液中的光稳定性。他们发现阿伏苯宗在极性质子溶剂甲醇中具有光稳定性。在极性的、非质子的DMSO溶液中,吸光度的损失归因于烯醇式到酮式的光异构化。然而,在非极性非质子的环己烷中,吸光度的损失主要是由于光降解。在中等极性、非质子的乙酸乙酯中,会发生光异构和光降解。然而,光异构化只发生在氧存在时,而光降解发生与氧无关。

2. 其他UV过滤剂的光稳定性

阿伏苯宗不是应用于防晒剂中的唯一的光不稳定性UV过滤剂。实际上,没有特别好的光稳定的UV过滤剂。

Tarras-Wahlberg等人对甲氧基肉桂酸乙基己酯(OMC)与凡士林混合物进行20 MED(最小红斑量)的UVB辐照,后进行100 J/cm^{2}的UVA辐照。他们观察到UVB剂量辐照后的吸收峰的微弱缺失和UVA剂量辐照后的吸收峰的大量缺失。辐照后样品的HPLC分析呈现一个新的峰的形成,研究者把它归于OMC的顺式异构体作用的结果,提示辐照促使正常的反式异构体转换成其顺式配对物,在紫外线波段有相似吸收峰,但摩尔消光系数显著下降。其他学者发现当高浓度时,OMC 能与它自身发生两个分子的[2+2]环加合反应。

表3-7 中 18 种 UVB 过滤剂的光稳定性被批准用于欧洲防晒产品,Couteau 等人对其进行了体外研究。每种 UV 过滤剂被加入其标准化水包油乳化液中。研究者用每种配方的 30 mg 加入表面粗糙的 PMMA 平板。平板在氙气测试室辐照以阻挡小于 290 nm 的紫外线。SPF 用 UV 透光率分析仪定时测定。每种配方的光解用 3 种方式表示:引起涂抹板损失 50% 的 SPF 值的辐照分钟数($t_{50\%}$),引起涂抹板损失 10% 的 SPF 值的辐照分钟数($t_{90\%}$),根据公式 $SPF/SPF_0 = e^{-kt}$ 得出的光衰减速率常数(k)。表3-7 列举了按光稳定性从最高到最低的顺序排列的研究结果。

表3-7　UVB 过滤剂的光稳定性

UVB 过滤剂(光稳定性从高到低排列)	光衰减的速率常数/k)
二苯并噻吩(DBT)	.000 08
PABA	.000 1
二氧化钛(MBBT)	.000 4
氧苯酮(OXY)	.000 5
苯基苯丙咪唑磺酸/恩索利唑(PBSA)	.000 5
苯甲酮-5	.000 6
奥克立林/氰双苯丙烯酸辛酯(OC)	.001 4
恩扎卡明(4-MBC)	.002 1
辛基三嗪(EHT)	.002 2
胡莫柳酯/水杨酸三甲环己酯	.002 3
3-亚苄基樟脑	.003 1
甲氧基肉桂酸乙基己酯(OMC)	.003 1
有机硅聚合物-15	.003 8
anisotriazine	.004 4
阿米洛酯	.005 9
PEG-25 PABA	.006 1
辛基二甲基对胺基苯甲酸/帕地马酯 O	.006 2
辛水杨酯	.007 5

这 18 种 UV 过滤剂按照光稳定性从高到低排列,每种过滤剂加入各自标准水包油的乳液中,再加入底物,在氙气测试室中进行辐照。定时测定,光衰减的速率常数(k)用公式 $SPF/SPF_0 = e^{-kt}$ 计算。

Herzog 等人研究了甲氧基肉桂酸乙基己酯(OMC)、辛基三嗪(EHT)、阿伏苯宗、双-乙基己氧苯酚甲氧苯基三嗪(BEMT)和奥克立林(OC)。他们将每一个紫外线过滤剂放入其自身的水包油乳剂中,并将其涂在石英石板材上,然后在氙测试室中进行辐照。每间隔一段时间,他们用溶剂从石英石板材中提取了含有紫外线过滤剂的残余乳剂,并用高效液相色谱法对其进行分析。50 MED 后,发现 OC 和 BEMT 具有光稳定性。OMC 和阿伏苯宗强烈分解(分别有<20% 和<1% 被恢复),EHT 少量降解(大约 50% 可恢复)。研究者表示 OMC 的降解在低浓度乙醇溶液中观察不到。最初快速的吸收损失是由于顺式和反式异构体之间的平衡变化(向顺式),这种变化迅速稳定,之后不再发生进一步的下降。

3. 防晒产品和 UV 过滤剂的组合

紫外线过滤剂几乎从不单独用于防晒产品,防晒产品中可能含有多达 6 个紫外线过滤剂。相同或不同种类的紫外线过滤剂分子之间,或 UV 过滤剂和与之配对的非活性成分的分子间相互作用,可以对防晒霜的光稳定性产生积极的、消极的影响或没有影响,如下面的研究所示。

美国最大的防晒剂制造商和销售商给 FDA 的 2007 年和 2008 年后续补充的研究报告中对众多防晒产品的光稳定性进行了研究。在其中一项研究中,在显微镜载玻片中涂抹一定量的商用防晒产品,并暴露在自然阳光下至 7.5 MED(最小红斑量)(通过辐射计测量)。之后,紫外线过滤剂用 HPLC 分析。澳大利亚悉尼、北卡罗来纳州温斯顿-塞勒姆和佛罗里达州奥蒙德比奇的独立实验室参与了实验。其中一些产品由所有 3 个实验室进行了测试,其他产品则由两个实验室进行了测试。这 14 种产品的防晒系数从 30 到 80 不等,包括 10 种乳液、一种乳液喷剂、两种连续喷剂和一种贴片产品。其中 4 个产品含有 OMC 与阿伏苯宗复合,9 个产品含有 OC 与阿伏苯宗复合,其中 2 个产品也含有 OMC。其中 3 种含有阿伏苯宗,没有 OC 或 OMC。结果可在表 3-7 中找到,它将测试的产品按有无 3 种紫外线过滤剂进行分组。显然,在测试的产品中,光稳定性最好的产品都是那些含有 OC 和阿伏苯宗而不含 OMC,或者根本不含阿伏苯宗的产品。在 12 种产品中,含有 2 种水杨酸盐、水杨酸辛酯和同磷酸盐的产品均表现出显著的光不稳定性,平均下降约24%和15%。

Beasely 和 Meyer 测定了阿伏苯宗的光不稳定性对 SPF 和 UVA-PF 的影响。他们开始使用防晒系数为 50 的防晒产品,其中含有 3% 的阿伏苯宗,并在 7% 的 OC 下光稳定。他们随后制备了一系列的 4 种新型光稳定性相同的配方,配方中仅阿伏苯宗的浓度不同,分别减少 20%、33%、67% 和 100%(无阿伏苯宗),以模拟相应程度的阿伏苯宗因光降解而损失的程度。然后这些产品在志愿者身上进行了测试,分别测定了它们的 SPF 和 UVA-PF 值,并与原产品进行比较。正如预期的那样,研究人员发现减少阿伏苯宗浓度对 UVA-PF 的影响最大,尽管 SPF 值也有显著下降。少量的阿伏苯宗损失(20%)对 SPF 或 UVA-PF 都没有什么影响。然而,33% 和 67% 阿伏苯宗浓度的下降导致 SPF 值分别从 51 降至约 48 和 45,UVA-PF 值分别从约 18 降至约 14 和 12。不含阿伏苯宗的配方模拟了由于光降解的 UVA 过滤剂的完全损失,防晒指数达到了 SPF40 和 UVA-PF8。

截至 2017 年,FDA 还不允许阿伏苯宗与 TiO_2 或 ZnO 联合使用于美国市场销售的防晒霜中。但这两种组合在世界其他各地都是允许的。尤其是二氧化钛已广泛地与有机紫外线过滤剂联合使用。

二氧化钛在自然界中以 3 种晶体形式存在:金红石、锐钛石和板钛矿。防晒剂中使用的二氧化钛是由金红石或锐钛矿制成的。两种形式的颗粒大小从纳米到微米。一般来说,颗粒越大,对皮肤的美白效果越好。TiO_2 和 ZnO 都是在太阳紫外线范围内具有带隙的半导体。这些金属氧化物具有光催化性能,可以作为氧化剂或还原剂产生活性氧(ROS),如羟基自由基(OH)和超氧阴离子(O^{2-})。这些活性氧反过来会与包括 UV 过滤剂在内的防晒霜中的有机成分发生反应,导致其降解。在二氧化钛晶体中,锐钛矿被认为具有更强的光催化活性。因此,最近有人呼吁限制源于金红石的 TiO_2 在防晒霜中的使用。

4.光稳定性防晒剂

2014 年 11 月进行的一项互联网搜索显示,世界各地使用的防晒霜中有 12 种光稳定剂,其中 3 种紫外线稳定剂 BEMT、4-MBC 和 OC 都具有光稳定性能。其中,只有 OC 是全球认可的,另外两种在美国不允许用于防晒霜中。本章讨论的光稳定剂和其他化合物的分子结构见图 3-2。

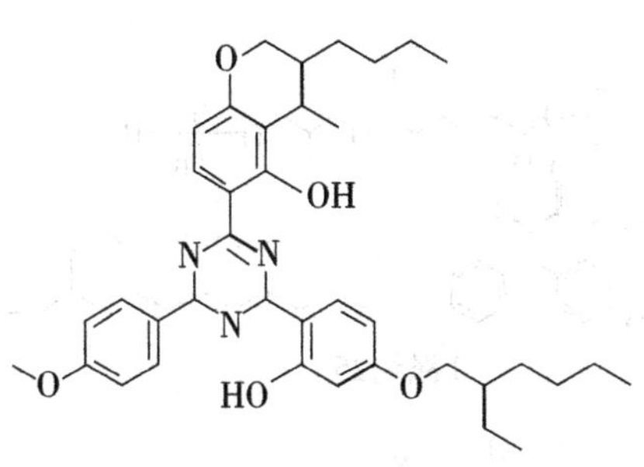

a.双-乙基己氧苯酚甲氧苯基三嗪（BEMT）

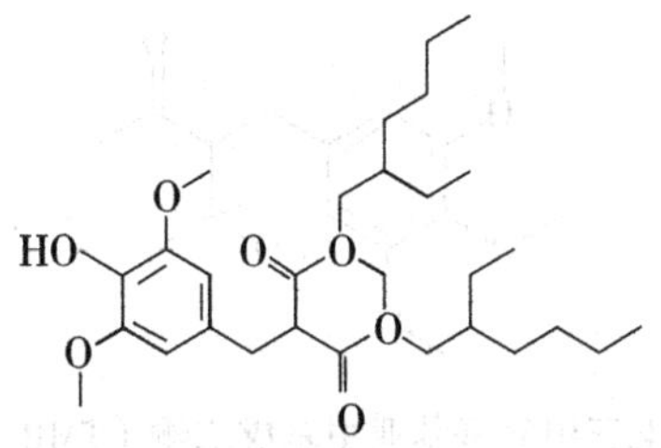

b.双乙基己基羟基二甲氧基
苯基丙二酸酯（HDBM）

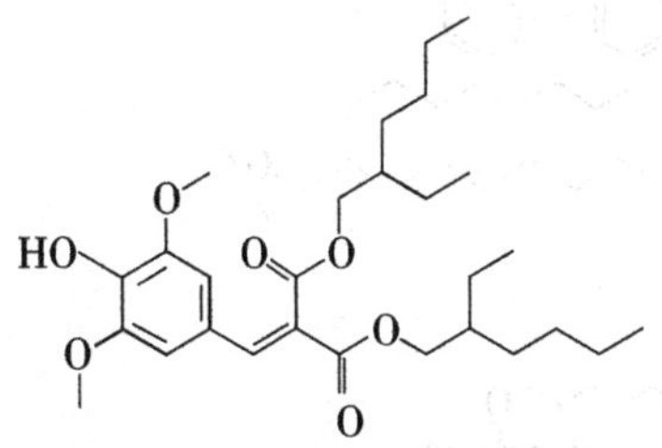

c.二乙基己基丁二烯丙二酸酯（DESM）

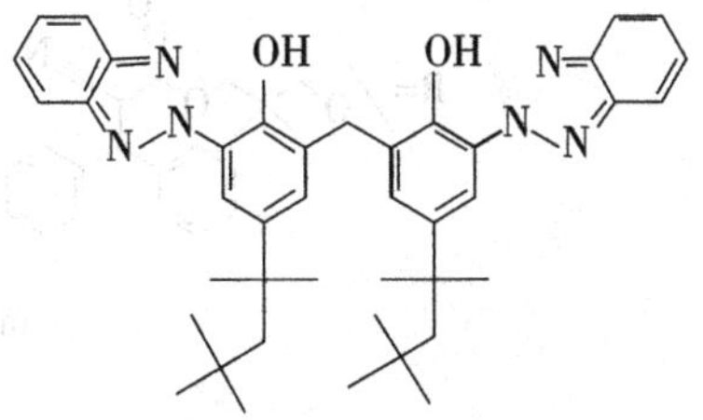

d.双辛唑；亚甲基双苯并三唑
基四甲基丁基苯酚（MBBT）

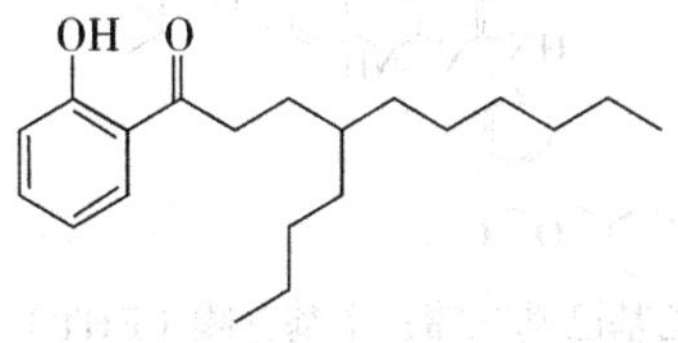

e.水杨酸丁辛酯

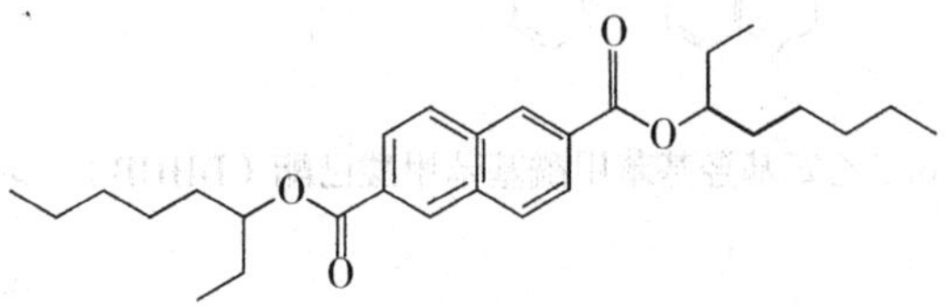

f.2,6-萘二甲酸二乙基己酯

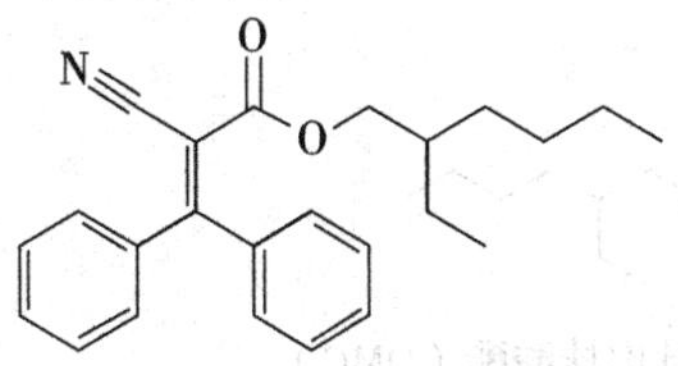

g.奥克立林（OC）

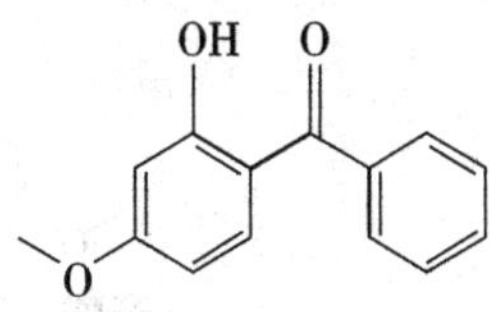

h.氧苯；苯甲酮（OX）

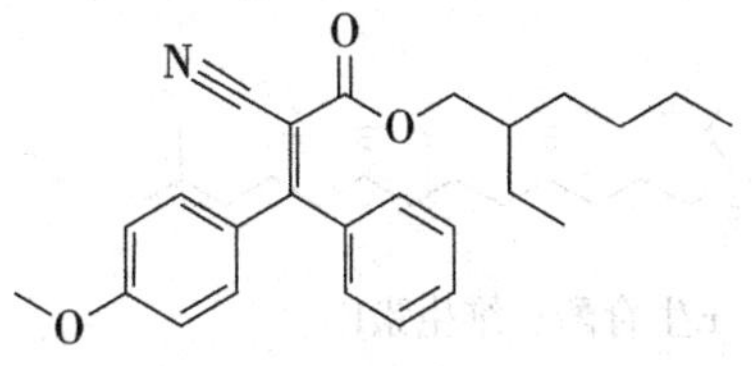

i.乙基己基甲氧基丙烯（EHMC）

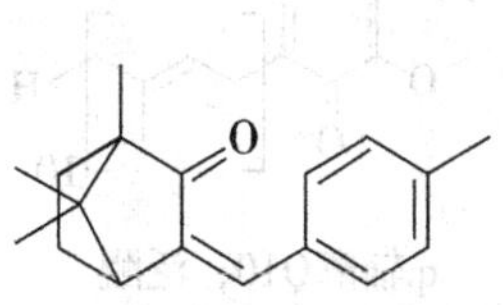

j.4-甲基亚苄基樟脑（4-MBC）

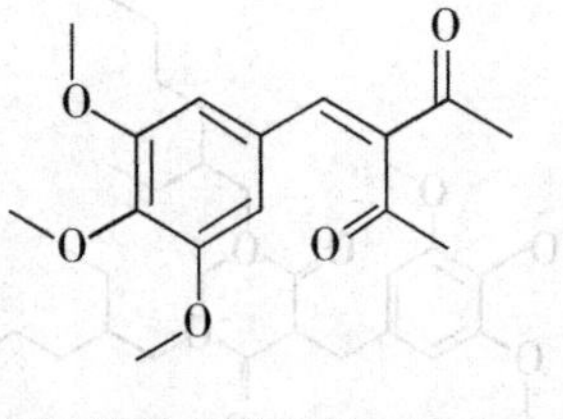

k.三甲氧基苯亚甲基戊二酮（TMBF）

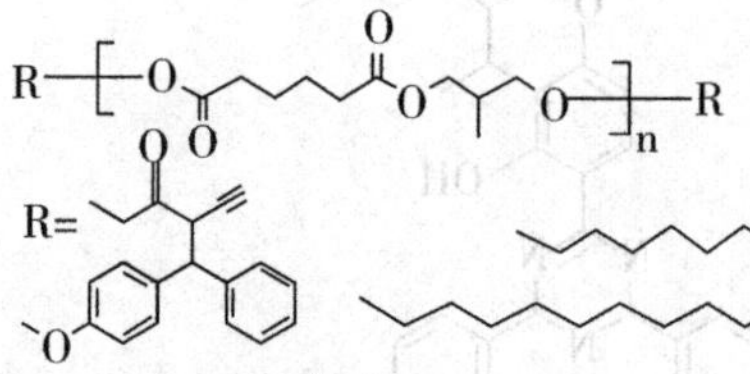

l.涤纶25

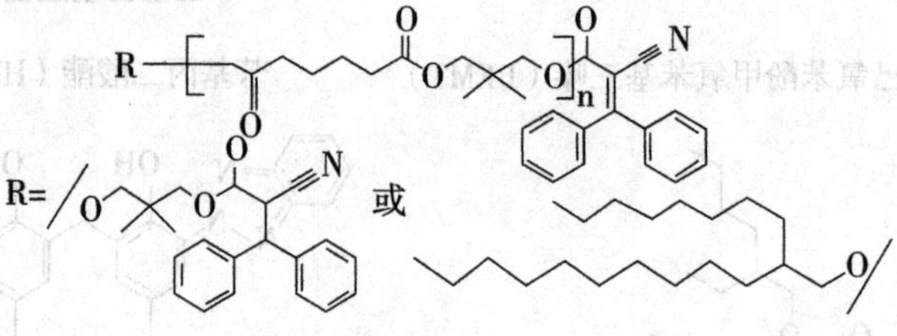

m.涤纶8

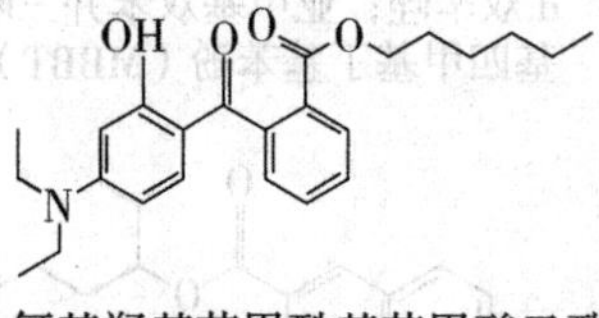

n.二乙氨基羟基苯甲酰基苯甲酸己酯（DHHB）

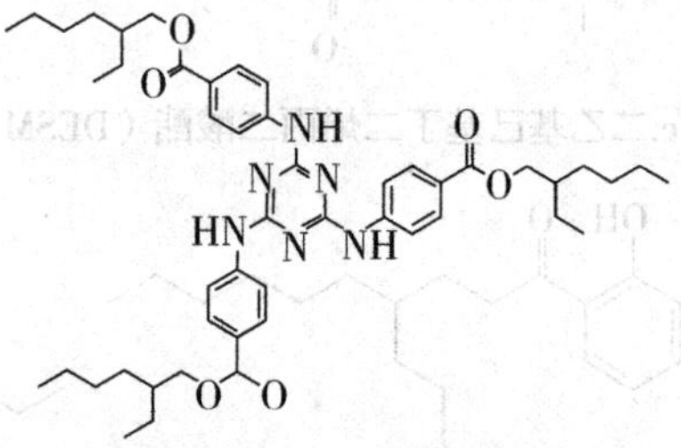

o.乙基己基三嗪；辛基三嗪（EHT）

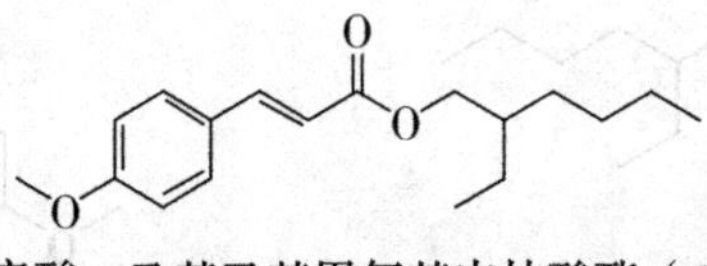

p.辛酸；乙基己基甲氧基肉桂酸酯（OMC）

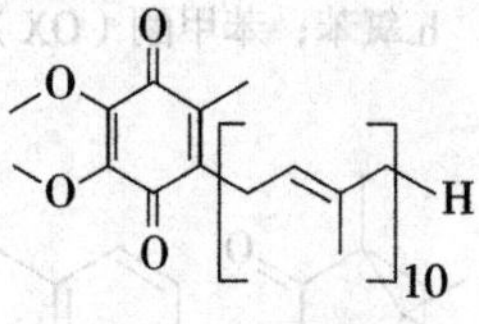

q.辅酶Q10；泛醌

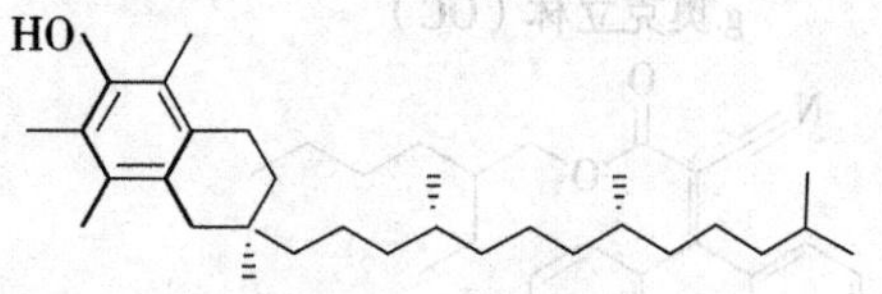

r.生育酚；维生素E

a～m.光稳定剂，包括光稳定UV过滤剂；n～p.其他UV过滤剂；q、r.抗氧化剂。

图3-2 光稳定剂等化合物的分子结构式

Herzog 等人的研究表明,提高像阿伏苯宗这样的光不稳定性 UV 过滤剂的一个方法是增加系统的光密度,有效提高其对相同光子的竞争。其原理是,被光不稳定性的 UV 过滤剂吸收的光子越少,其光降解率就越低。他们通过比较低光密度和高光密度 EHT 的乙醇溶液来说明这一点。在相同剂量的辐射下,低密度溶液的半衰期为 61 min,而高密度溶液的半衰期为 210 min。这种策略只在增加光密度不增加双分子化学反应速率的情况下有效。

Herzog 等人也对比了 OC(一种光稳定性 UVB 过滤剂,其可猝灭阿伏苯宗的三态激发态)与 BEMT(一个宽带的 UVA 和 UVB 过滤剂)。发现 OC 和 BEMT 对阿伏苯宗的猝灭速率常数是 BEMT 在稳定的阿伏苯宗中猝灭速率常数的 2.5 倍。另一种与阿伏苯宗的吸收光谱有很大重叠的紫外过滤剂是氧苯宗(二苯甲酮-3)。

如今(2014 年)市场上大多数光稳定剂的功能均为阿伏苯宗三重激发态的猝灭剂。OC 长期以来一直被认为是阿伏苯宗的三重态猝灭剂。Mendrok-Edinger 等 2009 年报道,在阳光下,防晒乳液中 3.6% 的 OC 加入 4% 的阿伏苯宗中,可使防晒乳液有 90% 的光稳定性。Lhiaubet-Vallet 等人测试了单独使用阿伏苯宗及与其他 6 种紫外线过滤剂组合,通过 HPLC 测定太阳模拟器照射 4 h 后回收的阿伏苯宗和紫外线过滤剂的量。测试的紫外线过滤剂为 OMC、OC、BEMT、二乙氨基苯甲酸羟基苯甲酰己酯(DHHB)、EHT 和丁二酰三氮杂二辛基(DBT)。OC 和阿伏苯宗的组合无疑是赢家,回收 84% 阿伏苯宗和 100% 的 OC。接下来是 BEMT 和阿伏苯宗,回收了 72% 的阿伏苯宗和 96% 的 BEMT。没有光稳定性的阿伏苯宗仅回收了 41%。

涤纶 8(聚酯 8)是一种低分子量(约 1 900 Da)的有机聚合物,末端含有氰基二苯基丙酸,发色团与 OC 相同。它通过三重猝灭机理保留了 OC 对阿伏苯宗的光稳定性,尽管效率较低。十一烷基二甲苯聚二甲基硅氧烷(UCD)是一种结合了 OC 发色团的有机硅聚合物,它通过猝灭三重激发态而增强了 UVA 过滤剂阿伏苯宗的光稳定性。

乙基己基甲氧基丙烯(EHMC)是一种商业化妆品成分,通常作为阿伏苯宗和其他光不稳定性成分的光稳定剂销售。加州大学河滨分校的研究人员证实 EHMC 有猝灭阿伏苯宗单线态激发态的能力。研究人员用条纹示波器

(也称为条纹相机)来测量在无 EHMC 和不同浓度 EHMC 下的阿伏苯宗的荧光寿命,阿伏苯宗的单重激发态寿命在 EHMC 浓度为 10 mmol 时从 1.3×10^{-11} s 减少到 1.86×10^{-12} s,缩短约一个数量级。

Bonda 等 2010 年比较了 EHMC 和 OC 组合与阿伏苯宗和 OMC 组合的光稳定性。研究人员制备了含 3% 阿伏苯宗和 7.5% OMC 的 3 种乙酸乙酯溶液。一种溶液含有 3% 的 EHMC,一种含 3% OC,一种以无光稳定剂溶液为对照。将溶液涂到 PMMA 板上,并在用太阳模拟器照射之前使其干燥。25 MED 后,无光稳定剂的对照保留了 44.5% 的 UVA 吸光度,而 3% OC 组的 UVA 吸光度为 53.9%,含 3% EHMC 组为 83.7%。

4-甲基亚苄基樟脑(4-MBC;USAN Enzacamene)是一种 UV 过滤剂,几乎可以肯定的是其通过三重态猝灭机制而起到阿伏苯宗光稳定剂的作用。尽管在美国不允许使用,但已在欧洲用于浓度高达 4% 的情况下持续数十年。Mendrok-Edinger 等人 2009 年制备了 4% 的 4-MBC 和 4% 阿伏苯宗的溶液,涂抹到粗糙化的玻璃板上,然后用 25 MED 剂量辐照。再用溶剂回收样品进行 HPLC 分析。结果显示阿伏苯宗回收率为 88%,相比之下,不含光稳定剂的溶液中阿伏苯宗的回收率为 23%。

阿伏苯宗的另一种三线态猝灭剂是 2,6-萘二甲酸二乙基己酯(DEHN)。Mendrok-Edinger 等人 2009 年发现 DEHN 的作用效果是比较温和的。实验表明,在辐照 25 MED 后,阿伏苯宗回收率不到 50%。Bonda 和 Steinberg 报告称含有 3% 的阿伏苯宗和 0% 或 4% DEHN 的防晒霜暴露于 10 MED 的太阳模拟辐射下,然后在紫外线透射分析仪上进行分析。在不含 DEHN 的防晒霜中,UVB 和 UVA 分别衰减至 77% 和 64%。而在含有 4% DEHN 的防晒霜中,UVB 和 UVA 衰减但仍分别保持在 92% 和 91%。

涤纶 25(聚酯 25)是一种低分子量聚合物,以阿伏苯宗的光稳定剂形式销售。根据对其结构成分的测试,期待其将以类似于 EHMC 作用机制而起作用。

三甲氧基亚苄基戊二酮(TMBP)也是一种光稳定剂。制造商测试了含有 3% 阿伏苯宗、5% 辛基磺酸盐和 15% 均乳酸盐、4% OC、2% DESM 或 2% TMBP 的乙醇溶液,测定辐照前后的 UVA 吸收。辐照 100 J/cm² 后,含有 TMBP 的溶液保留了约 70% 的 UVA 吸收量,相比之下,含 OC 溶液 UVA 吸收量为 60%,含 DESM 的溶液 UVA 吸收量约 30%。

泛醌(辅酶 Q-10)和生育酚(维生素 E)作为抗氧化剂使阿伏苯宗光稳定。Afonsoet 等把以不同比例泛醌和生育酚与阿伏苯宗配合加入模型防晒乳液中。结果当阿伏苯宗与泛醌的比例为 2∶1 时,阿伏苯宗的光稳定性增加了 62.2%,当阿伏苯宗与生育酚以 1∶2 的比例混合时,阿伏苯宗的光稳定性增加了 15.3%。

羟乙基二甲氧基丙二酸双乙基己酯(HDBM)作为抗氧化剂也可改善阿伏苯宗的光稳定性。根据制造商介绍,HDBM 的三重态能量太高,无法猝灭阿伏苯宗的三重态激发。Rudolph 等人测试了 2% HDBM 和 2% 阿伏苯宗的肉豆蔻酸异丙酯溶液,将其涂抹在 PMMA 板上。板子在相当于 5 MED 的氙气测试室中辐照,然后用溶剂萃取样品,并测量溶液的吸收率。在阿伏苯宗峰 355 nm 处,样品的吸光度损失了 41%,与对照组相比,2% 的阿伏苯宗损失了 58%。还测试了一个结构类似物 DESM。DESM 在市场上是以抗氧化剂和阿伏苯宗三重态猝灭剂而销售的。辐照后,2% DESM 和 2% 阿伏苯宗溶液损失了 355 nm 处吸光度的 29%。

Chatelain 和 Gabard(2001)研究了 BEMT 使 OMC-阿伏苯宗复合物光稳定的能力,发现 BEMT 对两种紫外线过滤剂均有保护作用。在含有 5% 的阿伏苯宗和 OMC 的防晒霜中,加 5% 的 BEMT 将 OMC 的光降解从大约 65% 降低到大约 48%,阿伏苯宗的光降解率从 45% 降至约 35%。如何保持 OMC 和阿伏苯宗组合的光稳定性是防晒霜配方面临的巨大挑战之一。

5. 测试防晒霜的光稳定性

本节仅讨论用于测量完全配方的防晒霜光稳定性的方法,而不是包含一两个紫外线过滤剂的溶剂体系。

测试防晒霜光稳定性的最简单方法之一就是监控 UVR 辐照下涂有待测防晒霜产品的透明板(例如石英或 PMMA)的透射率。在这种方法中,将涂层板和合适的对照置于紫外线光束路径中,在板子的另一侧在光束上用检测器监测透光率。通过检测器可看到,对于光不稳定产品,其紫外线透过率的变化可能非常快。例如,如果输出太阳模拟器为 150 MED /h,太阳模拟器的发射量约为每秒 0.042 MED 或每 24 s 约 1 MED。理论上,如果使用 SPF30 防晒霜,则通过产品覆盖板的初始输出速度为 5 MED /h。对于光不稳定产品而言,每小时的 MED 将迅速上升,其吸收紫外线的能力迅速下降。这种方法的优点是简单快速。第二个优点是它在某种程度上模仿了 SPF 测试。防晒剂产品在光稳定性测试中看到的光谱与实际 SPF 测试中的光谱相同。如果在光稳定性测试中发现产品迅速变质，则本质上，该产品必须配制有大量的防晒活性物质，才能达到与光稳定的产品相同的 SPF。缺点测试的结果是：①产品在阳光下的光稳定性可能比在太阳模拟器下更差；②测试未识别出哪种成分或哪些成分可能会降解。

第二种方法是扫描 UV 透明板如 PMMA 板或石英上涂了防晒霜的斑点，然后照射平板，再重新扫描在完全相同位置上的点。扫描应使用专为此应用设计的分光光度计。业内大多数公司为此使用紫外线透射率分析仪。它是建议在板上的不同位置进行几次扫描。辐射源可以是发射紫外线能量的任何设备。如果使用太阳模拟器，建议其发出的光束足以覆盖整个平板。当然，自然的阳光可以用作紫外线光源。无论哪种情况，辐射计或分光辐射计均可用于测量所采用的辐射量。该方法优点：①相对简单；②可以利用多种紫外辐射源；③很多通常用于测试此类样品的分光光度计配有软件可自动计算诸如 SPF、临界波长、UVA-PF 等；④不同波长的吸收峰的变化均可看到。这为 UV 过滤剂可能降解提供了一些指导。例如，阿伏苯宗是美国唯一批准的紫外线过滤剂，其在 360 nm 附近具有最大吸光度。如果在这个波长附近吸收损失更大，那么可以合理地假设阿伏苯宗是降解。同样，此方法的主要缺点是，它仅显示吸收丢失的位置，并不能识别每个单独的防晒霜。

第三种方法是将涂有防晒霜的板用溶剂萃取后暴露于 UVR 并通过 HPLC 分析，以便定量测量剩余的每个紫外线过滤剂的量。这种方法比前两种更精确。它还具有可利用广谱 UVR 源和自然阳光照射的优点。它也有一个明显的缺点，即需要进一步完善对不同的紫外线过滤剂组合经过验证的分析方法。困难之处在于，HPLC 中的不同化合物的峰之间经常会相互重叠或完全遮盖，因而不可能量化。必须将峰分开才有意义，这是一个耗时和消耗资源的过程。

第四种方法是体内方法。这也许是最有启发性的，但也是最难执行的。它类似于以前分析哪些防晒霜会降解的 HPLC 方法。一个可定量的防晒产品用于人志愿者。照射后，用合适的溶剂(例如乙醇或异丙醇)清洗涂抹点，所得溶液用 HPLC 分析。优点是对紫外线照射后涂于皮肤上的防晒产品进行了真实的评估，可使用广谱紫外线源进行辐照，也可以使用自然阳光。缺点是这种方法比较困难，需要掌握最多的涉及多学科的技能。分析方法必须经过验证。能够从皮肤上擦拭大部分防晒霜的能力必须是已验证的。从拭子材料中提取防晒霜的能力必须达到已验证。测试的所有阶段中,需要训练有素的临床人员来应用产品并监控产品。在开始测试之前可能需要机构审查委员会的批准。

6.小结

有机 UV 过滤剂为光化学物质,通过转化其为电子激发能而吸收紫外辐射能。在分子水平上,可理解为促进一个电子在一个从其最低能量状态到先前未被占用的外层或价轨道较高能量的轨道,称为激发态。随后,物理过程会消耗掉多余的能量,因此该化合物的所有分子回到基态,则该化合物就是光稳定性化合物。但是,如果多余的能量燃烧化学反应,改变一些或全部的化学分子,则化合物为光不稳定性的。光不稳定性成分暴露于 UVR 中将失去其作为 UV 吸收剂的有效性。因此,防晒霜中不仅含有防晒剂,也含有一些有机发色团。

随着人们逐渐认识到 UVA 辐射对皮肤的伤害作用,防晒剂科学家和光化学家们越来越多地将注意力转向对全世界范围内唯一批准使用的有效的有机 UVA 防护剂阿伏苯宗。在研究了 20 年后的今天,一副阿伏苯宗复杂光化学的全图已呈现,尽管还不够完善。简而言之,UVR 暴露诱导碎片化和自由基形成呈现剂量相关性。但究竟如何发生的尚未完全了解。已知的是将阿伏苯宗与复合物组合使用时可减轻或减少其光降解,消除其激发态。将阿伏苯宗与 TiO_2 或 ZnO 联用,涂覆好于未涂覆,金红石的比锐钛矿好。

所有紫外线过滤剂均显示出一定程度的光不稳定性,尽管在实际使用条件下,许多可以认为是光稳定的。相反,世界上使用最广泛的 UVB 过滤剂 OMC 在低浓度乙醇中测试时是光稳定的,但在实际使用浓度和配方产品中其光稳定性却是相当差的。当 OMC 和阿伏苯宗联用,UVR 催化降解两种成分的光化学反应,这继续困扰着防晒剂的配方设计师,因为尽管 BEMT 和 EHMC 报道有助于防晒剂的光稳定性,但依然没有非常完美的方法保持阿伏苯宗的光稳定性。

目前已开发了大量的光稳定剂,或多或少地有助于保持阿伏苯宗不被光降解。质子性溶剂通过增加光密度也有帮助。最好的光稳定剂可以猝灭阿伏苯宗的激发状态。其中大多数是三重态猝灭剂。其中一种显示可猝灭阿伏苯宗的单重激发态。

测试防晒霜的光稳定性很简单:将一定量的产品放在基材上,并将暴露于 UVR 前后的结果进行分析比较。理想情况下,太阳可充当辐射源。

防晒霜光的稳定性已经产生了持久的双重意义:对于消费者而言,世界上大多数地方都可以买到耐光的防晒霜,而对防晒霜科学家而言对防晒霜光稳定性有了新的更深刻的了解。就像前者承诺为数以百万计的人提供更好的健康一样,后者预示着皮肤光保护的持续改进的未来。

第三节　植物防晒剂

一、植物防晒剂发展简史

全球防晒类产品占护肤品市场份额的 10%,并以平均每年 9% 的速度增长,防晒已经成为护肤品中不可或缺的一部分。近年来,随着对植物资源的深入研究与开发,天然绿色等概念已成为化妆品发展的趋势之一。有些化学防晒剂因光稳定性差,易氧化变质,引起皮肤过敏的现象近年频频发生,而天然植物紫外线吸收剂因防晒性能稳定、作用温和、刺激性小,部分含有物理化学防晒剂也具有的吸收紫外线的化学成分而起到抗紫外辐射作用,还兼有良好的抗氧化或抗自由基活性,进而预防和修复 UVB 对皮肤的氧化损伤和炎症损伤,从而减轻紫外线对皮肤造成的辐射损伤,间接加强产品的防晒性能。此外,植物防晒剂还兼有晒后修复、营养美白、抗菌等功能而成为人们关注的焦点。因单一的植物紫外线吸收剂具有防晒波段窄、防晒效果差等问题而限制了其在化妆品中的应用,筛选和开发温和有效、新型光稳定、全波段高吸收型的天然广谱复配型植物防晒剂具有重要的意义,且复配型植物防晒剂的协同增效以及低刺激性的独特优势也决定了它将成为防晒化妆品的发展趋势。植物防晒剂属植物化妆品,现就植物化妆品先做以简要的介绍。

二、植物化妆品的选用及生理功能

(一)植物化妆品的特点及成分

随着社会的进步以及人民生活水平的提高,人们追求天然、绿色、健康与安全的意识日益增强。由于植物活性成分具有功效好、副作用小的特点，以植物活性成分为主的天然美容日化产品越来越受到消费者的青睐。因此，化妆品植物原料顺应了"崇尚绿色，回归自然"的潮流，目前已成为化妆品领域研究开发的热点。

我国疆域辽阔，河流纵横，湖泊众多，气候多样，自然地理条件复杂，为生物及其生态系统类型的形成与发展提供了优越的自然条件，形成了丰富的野生动植物区系，是世界上野生植物资源最众多、生物多样性最为丰富的国家之一。我国约有30 000多种植物，仅次于世界植物最丰富的马来西亚和巴西，居世界第三位。然而并不是所有的植物资源都能用于化妆品当中，国家食品药品监督管理总局在2014年6月30日公布了8 783种已使用化妆品原料，其中植物原料占2 000多种。从数据来看，植物原料在使用原料中占比较高，但已使用于化妆品的植物原料相对于总量来说还偏少，我国的丰富植物资源有待进一步开发利用。

植物化妆品以其含有植物生物活性成分为特点，对皮肤及其附属器官的生理功能起到平衡、调节作用。植物化妆品属于功能性化妆品，而且由于毒副作用小，受到男女老少各类人的欢迎。但在选择植物化妆品时应因人因事而异，人的皮肤千差万变，由于皮肤代谢类型不同，其含水量和油分也有很大差异，普通皮肤和干燥性皮肤含皮脂量小，保湿能力小；油性皮肤油脂量大，保湿能力大。普通皮肤可以适当地使用油性少的植物润肤霜，油性皮肤应使用含水性较大的植物化妆水和收敛水，干性皮肤可使用植物保湿霜和保湿乳，干燥性油性皮肤可适当地使用水性植物保湿化妆品。季节不同，皮肤的水分和皮脂量也会有变化，北方春季风大，南方秋季干燥，需适当补充皮肤水分和油分；夏日炎热，皮肤中黑色素沉着，皮肤晒焦受伤，需在外出时涂些植物防晒化妆品。

植物化妆品以其独特的植物精华，制造出多种生理功能化妆品，给化妆品注入了新的内容，赋予新的生机，一扫人们对化妆品副作用的担心，植物化妆品迎合了人们回归大自然的心态。从人们的消费来看，随着人民收入的增加，生活水平的提高，已经从温饱型走向小康型，人们在吃饱、穿好的同时，也在追求个人形象的修饰，化妆品既要美容，同时要求对人的皮肤等起到保健和消除生理缺陷的作用。植物化妆品具有多种生理功能，适应了人们的需要。从目前化妆品市场来看，人们对具有皮肤、毛发保湿，皮肤增白和改善肤色,防紫外线,防衰老,增加细胞活力等功能的植物化妆品感兴趣。

在开发新型的植物化妆品时,植物提取物的生理活性测定很重要,因为植物提取物的生理活性是植物化妆品生理功能的反映,开发特定生理功能的植物化妆品时,必须先对多种植物提取物的生理活性进行筛选,选取生理活性高、安全无毒副作用的植物提取物供植物化妆品使用。

当前世界多采用生物试验测定生理活性,特别是体外方法和酶活性测定方法,这些方法用很少的植物提取物,经过生物试验就可评价其生理活性,从而预测这种植物提取物配制的植物化妆品的生理功能。

对植物化妆品成品的安全性试验,各国都有相应的卫生标准,包括单次和反复投予毒性试验,皮肤敏感性试验,变异原性试验,皮肤光毒性试验,眼睛一次刺激性试验,致畸、致突变、致癌等试验。除此之外,植物化妆品的美白效果、抗炎症作用、防御紫外线效果、养生效果、吸湿性、保湿性效果进行药理作用测定,其他的还有对化妆品的降脂作用、防止动脉硬化作用、改善肝损伤和抑制变异原作用进行检验。当然通过以上的试验,对植物化妆品的安全性和生理功能的预测,最后还要有人体试用的报告加以验证,因此植物化妆品的研究开发必须有科学依据,一个好的产品应该体现其深厚的科学内涵,这点应该成为从事植物化妆品开发和研究的人们的共识。

功能性植物化妆品的销售不断增加,特别是发达国家,各种系列有植物精华素配制的功能植物化妆品,给植物化妆品市场带来了生机和活力。以日本为例,1980—1990 年,10 年销售额增加 178%,1990 年功能性化妆品销售总额为 5 067 亿日元。在日本,功能性化妆品的发展趋势是抗衰老(防皱)、青春驻颜和除色素。目前植物化妆品的生理功能研究是以抗衰老为中心,皮肤抗衰老是 21 世纪的重要课题,现在已经知道皮肤的老化与紫外线有关,与游离基、活性氧有关,与皮肤水分有关,以及与新陈代谢的改善,促进血液循环,细胞赋活都有密切关系,因此开发以上各种功能植物化妆品,逐渐向以防衰老为中心多功能的植物化妆品发展,其中抗紫外辐射成为抗衰老的重要环节。

化学紫外吸收剂与物理紫外屏蔽剂应用于防晒化妆品时,对皮肤的刺激性及安全性是需要考虑的一个重要因素,因此,天然防晒剂是化妆品行业非常关注的一类原料。天然防晒剂具有防晒性能持久、作用温和、安全性高等特点。

有很多植物包括中药已被发现具有吸收紫外线的能力,具有广谱防晒剂的性能。例如槐米中的芦丁、黄芩中的黄芩苷、芦荟中的芦荟苷、绿茶中的茶多酚、苹果中的苹果多酚(主要是单宁酸、儿茶素以及鞣花酸)、枸杞子中的糖缀合物、黄芪中的总黄酮、草果药和红豆蔻的提取物、藏药镰形棘豆中的黄酮类化合物、苁蓉中的肉苁蓉苷、黄蜀葵花提取液等,都具有一定的紫外线吸收性能。

(二)防晒植物的功效结构

1.黄酮类化合物

黄酮类化合物(flavonides)是指存在于天然界的,具有 2-苯基色原酮(flavone)结构的一类酚类化合物,是一类最主要的抗紫外辐射化合物。黄酮类化合物广泛存在于植物界,尤其在双子叶植物中更为常见,低等植物中却少见。含黄酮类化合物的中药很多,它们分布在植物的各部分,如花、果、叶、籽、心材中,在植物体内往往与糖结合成苷的状态。

(1)黄酮类化合物的抗紫外辐射机制　黄酮类化合物由于其结构的共轭性,对紫外光和可见光均显示强烈的吸收,并且在可见和紫外区域内高度稳定。与普通使用的合成防晒剂如水杨酸类衍生物、肉桂酸类衍生物等相比较,黄酮类化合物有宽阔的吸收范围,在 220~300 nm 范围中的吸收由 A 环(苯酰系统)产生,300~400 nm 范围内的吸收由 B 环(肉桂基系统)产生,加上苯环上若干羟基取代基团的助色效应,使吸收区域更广。另外,黄酮类化合物吸收能力强,用量为常用防晒剂的1%即能达到相当效果。

黄酮类化合物的防晒机制如下。① 通过共轭体系吸收紫外线:黄酮基本共轭结构(母核)的共振式分为两部分,一部分可看作是苯甲酰基的衍生物,光谱中的带 I (220~280 nm)是由其电子跃迁而将光能转化成热能;而一部分可看作是桂皮酰基的衍生物,带 II (300~400 nm)紫外线吸收是由其电子跃迁产生的。② 抗氧化作用:近年来,国内许多研究者对银杏、葛根、甘草等的研究证明,这些物质的黄酮提取物,对各种氧自由基均有较好的清除作用,进而阻断由自由基激活的信号传导,保护皮肤免于光损伤。黄酮类化合物的抗自由基能力完全依赖于其特殊的结构,即酚羟基与氧自由基反应生成共振稳定的半醌式自由基,从而终止自由基链式反应。也有研究者将柚皮素、芦丁等黄酮类化合物加入一些常见的防晒剂中,发现黄酮类化合物可以有效抑制防晒剂自身的光分解,同时增强其防晒效果。

黄酮化合物为黄色色素,因有羰基所以称之为黄酮,黄酮本身为天然黄色素,可以用于化妆品调色。不仅如此,黄酮化合物有多种生理功能,在植物化妆品中占有很重要的地位,可作为抗菌消炎剂、抗氧化剂、抗衰老剂、紫外线吸收剂、亮肤剂,应用于植物化妆品中。如黄芩苷具有消炎作用;黄酮醇类芸香苷和槲皮素对皮肤有保护作用,能吸收紫外线,起到防晒作用,同时还有清除超氧化物的作用;银杏黄酮在植物化妆品中作为防衰老剂使用;异黄酮类化合物具有抗衰老作用,由鸢尾中提取的鸢尾苷有防老化、促进皮肤细胞生长作用,鸢尾苷还具有透明质酸酶的作用;葛根中的异黄酮葛根素及其衍生物具有增白皮肤、保湿、防晒等多种功能;柚皮中的柚皮苷属双黄酮苷化合物,是一种毛发保护剂;紫衫叶素及其苷落新妇苷是活性氧清除剂。随着植物化妆品研究的深入,黄酮类化合物在植物化妆品中将得到广泛的应用。

(2)举例

1)槲皮素:槲皮素及其苷类是植物界中分布最广的黄酮醇化合物。槲皮素(Quercetin)主要存在于中草药问荆(Equisetum arvensel.)、紫菀等植物中,槲皮苷是槲皮素的3-位鼠李糖苷,它来自连翘(Fructus Forsythiae)全草。

槲皮素(图3-3)为黄色针状结晶(稀乙醇),1 g可溶于290 nm无水乙醇,紫外吸收特征波长(吸光系数)为258 nm(560)和375 nm(560);槲皮苷(图3-4)为黄色叶片状结晶(稀乙醇),在乙醇中溶解度比槲皮素大,但几乎不溶于冷水。它的紫外吸收特征峰波长(nm)和吸光系数为350 nm(15 140)和258 nm(20 000)。槲皮素可降低血压。增强毛细血管抵抗力。减少毛细血管脆性等,强烈吸收紫外线,用作防晒型化妆品(图3-5)。

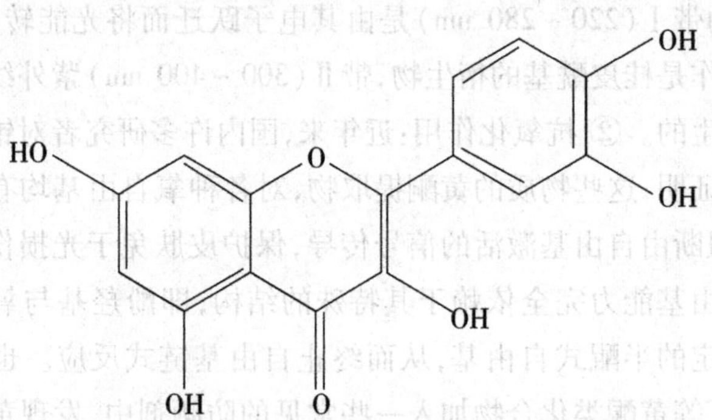

图3-3　槲皮素

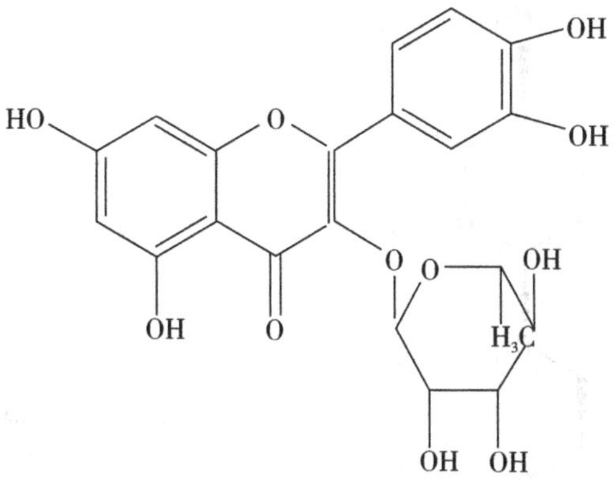

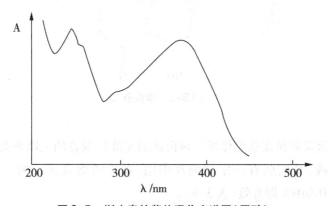

图 3-4 槲皮苷

图 3-5 槲皮素的紫外吸收光谱图(甲醇)

2)橙皮苷:橙皮苷(陈皮苷)为二氢黄酮的芸香双糖苷,是芸香科植物酸橙皮的主要有效成分,在橘皮、柠檬皮、枳壳、桔实、佛手中均大量存在。橙皮苷为针状结晶,在 260～290 nm 之间有强烈的紫外吸收峰(图 3-6)。研究表明,橙皮苷可显著降低 UVA 诱导的氧化损伤和炎症反应,从而使表皮对 UVA 辐射损伤起到保护作用。

3)杨梅黄酮:杨梅黄酮(Myricetin)为 5,7,3',4',5'-五羟基黄酮醇,主要来源于杨梅科杨梅(Myricaceae rubra)的树皮。杨梅黄酮是黄色针状结晶(稀乙醇),略溶于沸水,溶于乙醇,几乎不溶于氯仿和醋酸,紫外吸收特征峰波长为 255 nm 和 375 nm。杨梅黄酮是 B 环上临三羟基结构(图 3-7),因此

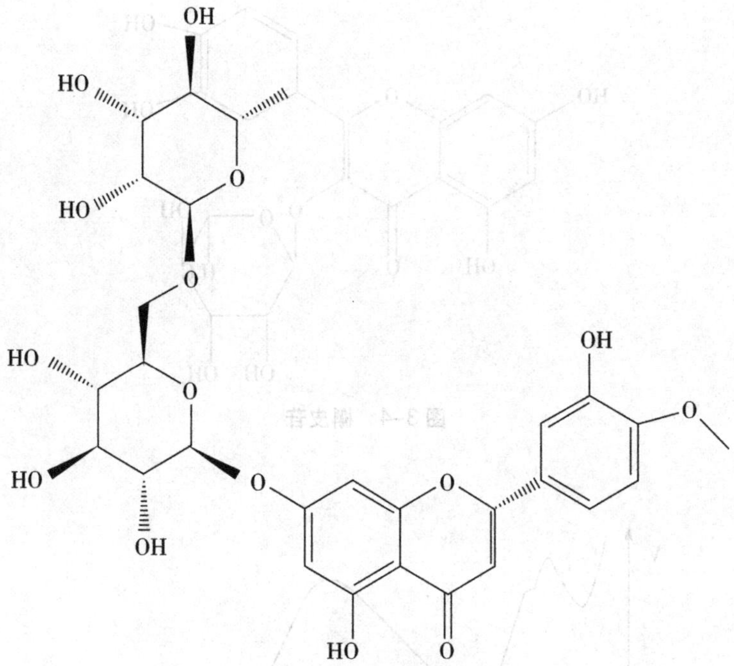

图 3-6　橙皮苷

有很强的抗炎和抗皮肤癌作用。杨梅黄酮在波长很宽的范围内都能强烈地吸收紫外线,对皮肤有一定的调理作用,在防晒型乳液中的一般用量为0.001%~0.010%即有效(表3-8)。

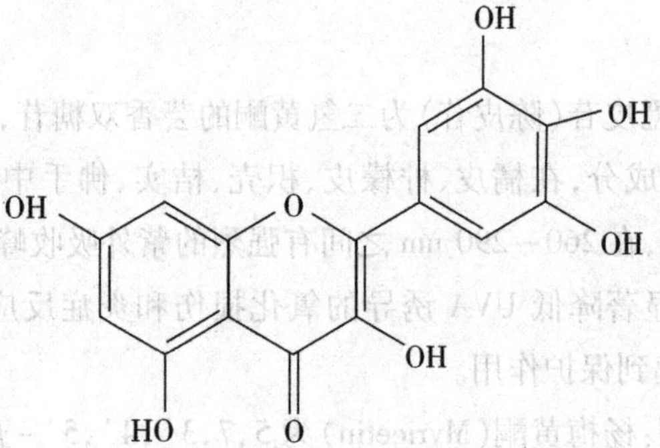

图 3-7　杨梅黄酮

表3-8 含杨梅黄酮防晒液的组成

成分	质量分数/%	成分	质量分数/%
杨梅黄酮	0.005	丙二醇	8.000
甘氨酸	0.200	乙醇	5.000
维生素 B6	0.050	香精	适量
酚磺酸锌	0.300	精制水	适量

(3)黄酮化合物的提取 黄酮类化合物是植物化妆品中的重要原料,如芸香苷(rutin)、黄芩素(苷)(baicaline)、银杏黄酮、葛根黄酮,黄酮类成分可以由植物中提取总黄酮配入化妆品中,这适合于对所有的植物中黄酮成分不太清楚,或此植物中黄酮成分都有类似的作用,将所含黄酮分离成单体就没有必要,而且会增加成本。在天然化妆品中使用黄酮化合物单体,一般是经过实验确认某植物中有效成分为何种黄酮,而且这种黄酮可以比较容易由植物中获得。黄酮类化合物的提取分两个方面:①总黄酮或粗黄酮;②黄酮单体的提取。

1)总黄酮或粗黄酮的提取

•水提取法 一般将植物材料中含可溶于热水而难溶于冷水的黄酮苷先用热水提取,提取液减压浓缩至浓缩液(不能呈膏状),加入95%乙醇(5倍量),使蛋白质、多糖等析出,过滤或离心,滤液减压回收乙醇,趁热过滤,放冷至室温,黄酮苷可自溶液中析出,即为粗黄酮。

•有机溶剂提取法 通常将植物粉末用70%乙醇提取,过滤得到乙醇提取液,反复2~3次,合并滤液,减压回收乙醇,趁热过滤,滤渣反复用热水洗,合并滤液和洗液,再用乙酸乙酯多次萃取,回收溶剂后即可得总黄酮。

•聚酰胺色谱方法 ①将色谱用聚酰胺粉(40~80目)用蒸馏水浸泡,倾出过细的漂浮的粉,用水装色谱柱。②将用水提取的植物浓缩液加入聚酰胺色谱柱柱顶(注意加样时不要翻动柱体),样品应均匀、界面平整地吸附于柱顶,待浓缩提取液样品加至色带移至近柱子底端,停止加样。③洗脱:先用水洗去在聚酰胺不被吸附的物质,再用乙醇-水混合液由稀至浓(10%、30%、50%、70%、95%)依次洗脱,也可用含量为95%乙醇一次全部洗脱作为总黄酮提取物。

2)黄酮单体的提取

• 芸香苷的提取条件 原料为豆科(Leguminosae)植物槐树(Sophora japonica L.)的未开放的花蕾,含芸香苷可达14%。将槐花末加水及石灰水饱和液,至 pH 值8.5,煮沸10 min,过滤,得石灰水提取液,加盐酸至 pH 值2,放置,待沉淀完全,抽滤或离心,沉淀物用冷水洗,得到粗芸香苷,然后加水,加热溶解,抽滤,滤液静置,冷却,过滤析出物,干燥,使之溶解于无水乙醇,滤除不溶物,溶液加入适量水,蒸去乙醇,趁热过滤滤液,冷却,析出芸香苷单体。

• 黄芩苷提取 将黄芩(Scutellaria baicalensis Georgi.)切碎,加10倍量水,加热煮沸1 h,滤除提取液,按此提取两次,合并提取液,加浓盐酸酸化至 pH 值1~2,加热至80 ℃左右,使析出黄芩苷(baicalin)沉淀,过滤,得黄芩苷粗品,加适量水及浓 NaOH,使其溶解并调节 pH 值至7,加活性炭脱色,过滤,滤液加等量95%乙醇,使黄芩苷成钠盐溶解,过滤滤除杂质,加浓盐酸至 pH 值1~2,充分搅拌,加热至80 ℃,使黄芩苷析出,滤取,以少量50%乙醇洗涤,干燥,得黄芩苷,若再用6~7倍量的95%乙醇洗涤,干燥,可得较纯的黄芩苷。

2.蒽醌类化合物及其衍生物

蒽醌类成分包括蒽醌衍生物及其不同程度的还原产物,如氧化蒽酚、蒽酚、蒽酮及蒽酮的二聚体等。天然中草药中蒽醌母核上常被羟基、羟甲基、甲氧基和羧基取代,形成一系列蒽醌衍生物,羟基蒽醌衍生物及其苷类是中草药中的活性成分。蒽醌成分在自然界植物中分布很广,如芦荟、茜草、决明子、番泻叶等均含有蒽醌类及其衍生物,具有较好的防晒作用。

3.植物多酚类

植物多酚是一类广泛存在于植物体内的多元酚化合物,其结构具有芳香族或酚环结构而在紫外线光区有较强吸收功能。狭义上认为植物多酚是单宁或鞣质,在广义上还包括小分子酚类化合物,如花青素、儿茶素没食子酸等天然酚类。多酚在茶叶、巧克力、咖啡、葡萄酒、蔬菜及水果中含量十分丰富。

(1)多酚的类型 根据多酚在食物中结构不同,分为类黄酮和非类黄酮两大类。类黄酮是最具有代表性的多酚类物质,主要包括黄酮醇类(如槲皮素、山奈酚、杨梅素)、黄酮类(木犀草素、芹黄素)、异黄酮类(大豆苷元、染料木素)、黄烷酮类(柚皮素、橙皮素)、黄烷三醇类(儿茶素、表儿茶素、没食子酸没食子儿茶素酯/EGCG)等;非类黄酮主要包括酚酸类(绿原酸、单宁酸)和芪类(白藜芦醇)。

(2)多酚的功效 车景俊等和马雪颖等分别对植物多酚作为护肤因子在化妆品领域的应用进行了综述,包括其收敛、保湿、防晒、抗皱、抗衰老、美白等作用。植物多酚的美白防晒作用主要依赖于其清除自由基能力、吸收紫外能力和酶抑制能力。通过研究多酚类提取物对人体细胞和紫外辐射细胞的影响,发现多酚类提取物会降低细胞内的 ROS 形成,此外,还可以防止DNA 损伤和减少膜脂质过氧化,有助于保护皮肤成纤维细胞在过氧化氢诱导下的氧化应激。如茶多酚可以减轻长波和中波紫外线导致的人皮肤成纤维细胞的 DNA 损伤,并且植物多酚具有良好的抗氧化作用,可以还原黑色素中间体,使黑色素还原和脱色。

酪氨酸酶会加速黑色素细胞代谢,增加黑色素分泌,过氧化酶会催化脂类过氧化分解 MOA 的过程,加速皮肤老化。因此,酪氨酸酶和过氧化酶活性的增高会导致皮肤黑化、生成雀斑等。研究表明,植物多酚可以作为酪氨酸酶的底物类似物与酶进行结合,降低黑色素的形成。其次,植物多酚也通过抑制酪氨酸酶和过氧化酶的表达,或抑制酪氨酸酶的活性,阻碍黑色素的生成,具有美白作用。已有研究表明儿茶素可直接抑制酪氨酸酶活性并下调酪氨酸酶的表达,具有脱色功能。朱亚新等研究表明富含 42.3% 多酚的核桃种皮提取物对酪氨酸酶活性具有明显抑制作用,且浓度为 3.73 mg/mL时,提取物对酪氨酸酶活性的抑制率可达 50%。因此,多酚类提取物可成为祛斑及防晒类化妆品的有用成分。

过度日晒不仅导致皮肤老化,还会导致皮肤起皱、皮炎、皮肤癌等症状,对皮肤有较大的伤害,其中,黑色素含量增多是引起黄褐斑皮肤病的主要因素。目前的防晒剂很多是油溶性物质,部分对皮肤伤害较大,甚至会引起过敏反应。所以,利用植物多酚作为水溶性防晒剂,不仅可减轻防晒剂对皮肤和黏膜的刺激,而且多酚是在紫外线光区有强吸收的天然产物,对人体无害,不产生毒性。因此植物多酚可以作为防晒、祛斑化妆品的良好原料。

有学者对产于四川会理的石榴皮中的多酚成分进行了测定,发现其多酚含量高,在中波紫外线(UVB)区和短波紫外线(UVC)区的相对透光率小,最大吸收出现在长波紫外线(UVA)区约 375 nm 处。此外,植物多酚还有抑制酪氨酸酶和过氧化氢酶活性的作用,能维护胶原的合成、抑制弹性蛋白酶、协助肌体保护胶原蛋白而改善皮肤的弹性。

(3)苹果多酚　苹果多酚是苹果中所含多元酚类物质的通称,多元酚类物质广泛存在于水果、蔬菜中,其含量因成熟度而异,未熟果的多酚含量为成熟果的 10 倍。该多酚具有阻碍紫外线吸收、抗突变、抗肿瘤、预防高血压等生理功能。

(4)植物多酚类化合物提取方法研究　对于植物多酚提取方法,传统提取方法中最为经典的是溶剂萃取法,新提取方法主要包括超声波提取法、微波提取法、闪式提取法、生物酶降解法和树脂吸附提取法等。

1)超声波提取法原理是利用超声波的机械破碎作用和空化效应,加快提取物向溶剂中扩散的速率,从而缩短多酚的提取时间。对黄秋葵果实中多酚的提取研究表明,其最佳提取工艺条件为:超声温度51.2 ℃,提取时间18 min,料液比为 1∶20(g/mL),此条件下多酚得率为20.43 mg/g。采用响应面法对超声辅助提取红肉苹果多酚,在最优参数条件下红肉苹果多酚得率为 2.135 mg/g。对野樱莓中多酚采用超声辅助提取,同等条件下,其得率是未使用超声波提取多酚得率的 5 倍左右。

2)微波提取法是利用微波使植物细胞产生巨大的热量,使多酚物质从细胞中扩散出去。高磊等利用微波辅助提取核桃中多酚,确定其最佳工艺条件为:乙醇浓度65%,料液比 1∶20(g/mL),微波功率为200 W,微波时间70 min,浸提温度60 ℃,多酚得率为 6.318 mg/g。周芳等通过响应面法对红皮云杉多酚得提取工艺优化,得到最佳工艺条件为:微波功率295 W,料液比1∶31(g/mL),乙醇浓度为40%,提取时间为46s。红皮云杉多酚得率为17.51%。研究比较发现,微波辅助提取法能够显著提高多酚的产量和质量。

3)闪式提取法是近年来兴起的一种提取方法,选择适当的溶剂,将植物置于闪式提取器中,使植物组织快速破碎以达到提取多酚的目的。闪式提取法提取速度是溶剂萃取法的百倍,具有操作简单,提取效率高,多酚结构不易被破坏等特点。李康等用闪式提取法提取红树莓多酚,最佳工艺条件为:电压150 V,乙醇体积分数为65%,提取时间为 63 s,树莓中总多酚得率为51.02 mg/g。

从植物多酚的提取时间、多酚得率、多酚受破坏程度和成本这 4 个方面对不同的提取方法进行比较发现,微波提取法和闪式提取法因其自身的优势使其成为近年来短时间大量提取较常用的方法。

4. 鞣质

鞣质原意是具有鞣皮作用的植物成分的总称,广泛分布在植物中,鞣质一般为淡褐色无定性粉末(很少为结晶),多数有涩味,易溶于水、醇类,难溶于有机溶剂(苯、醚、氯仿)。与铁离子反应显蓝色至污绿色,鞣质易氧化、缩合成为不溶于水的物质。从天然植物中提取有效的鞣质成分作为多效美容化妆品的生物活性成分,具有防紫外线、抑菌消炎、收敛、增白、清除活性氧及有效的 DNA 修复活性,还可作为植物染发剂。

鞣质分类是根据其化学性质和结构来划分的,按鞣质在受到酸、碱和酶的作用下是否能水解,把鞣质分为可水解型鞣质和缩合型鞣质及可水解型鞣质和缩合型鞣质兼备的其他型鞣质。

(1)可水解型鞣质 在酸、碱或酶的作用下加水分解生成没食子酸的没食子鞣质(gallotannin)及生成鞣花酸的鞣花鞣质(ellagitannin)。水解型鞣质(hydroxyzable tannin)在酸、碱或酶的作用下加水分解为多元醇和酚酸结合的酯。构成所谓的多元醇主要为 D-葡萄糖,其他单糖为 D-金缕梅糖(D-hamamelose)、D-木糖(D-oxylose)、1,5-葡糖醇(1,5-anhydroglucitol)、原斛皮醇(protoquercitol)、奎宁酸(quinic acid)、莽草酸(shilimic acid)等,另外有甲基-β-D-葡萄糖、毛柳糖等的配糖体(salidroside)。水解型鞣质中酚酸以没食子酸、鞣花酸最普遍,此外还有脱氢双没食子酸(dehydrodigallic acid)、黄没食子酸(flavogallinic acid)、橡椀酸(valoneacid acid)、地榆酸(sanguisorbic acid)、椀刺酸(trilloic acid)、诃子酸(chebulic acid)。

鞣花鞣质具有 HHDP[六羟二苯酰基(hexahydroxy diphenyl)](图3-8)结构,加水分解生成鞣花酸(图3-9)。HHDP 基由 2 个没食子酰(galloyl)氧化缩合生成。没食子鞣质中没食子酸酰葡萄糖(galloylglucose)是没食子鞣质中分布广、种类最多的一种,中国五没食子、欧美没食子均属此种。

金缕梅叶含有金缕梅鞣质(图3-10~图3-12),属没食子酰金缕梅糖(galloylhamamelose)。没食子酰奎宁酸(galloylquinicacid)、没食子酰原斛皮醇(galloylprotoquercitol)分别存在于壳斗科栎属(Quercus)、豆科云实属(Caesalpinia)、壳斗科栲属(Castanopsis)、漆树科腰果属(Anacardium)等。

没食子酰甲基葡糖苷(galloyl methyl glucoside)由地榆中分得的甲基-2,3,4,6-四-O-没食子酰-β-D-葡萄糖苷(图3-13)。

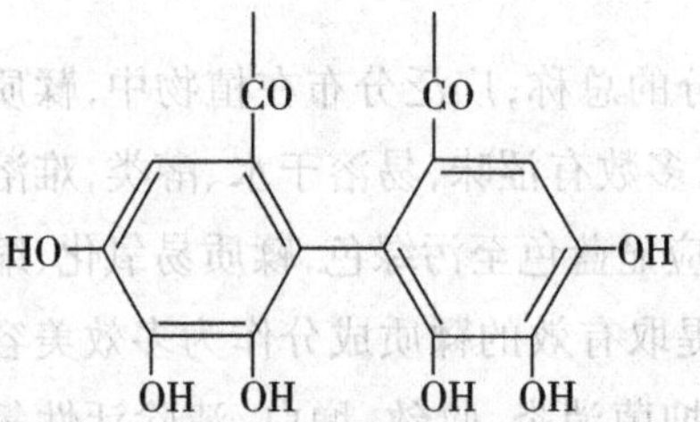

图 3-8　HHDP

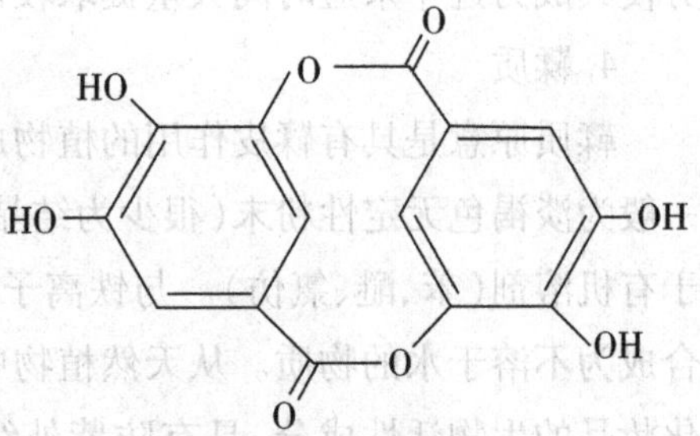

图 3-9　鞣花酸

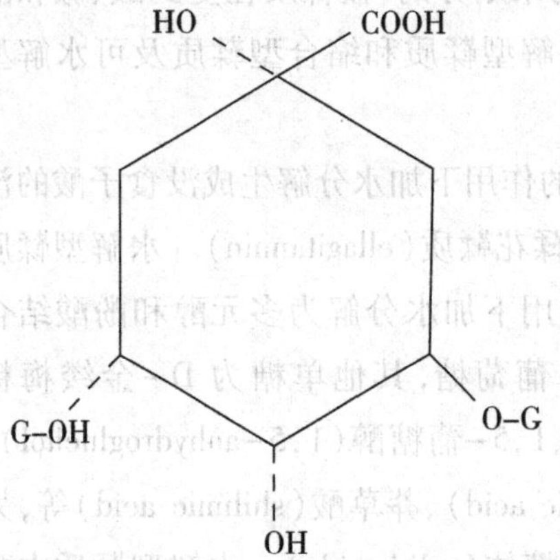

图 3-10　3,5-二没食子酰奎宁酸

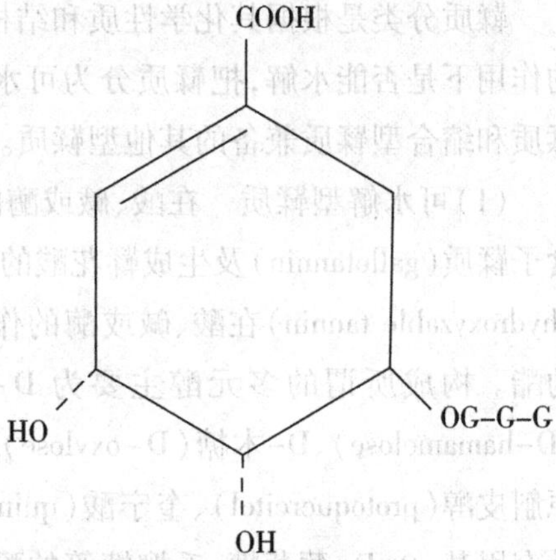

图 3-11　3-O-三没食子酰莽草酸

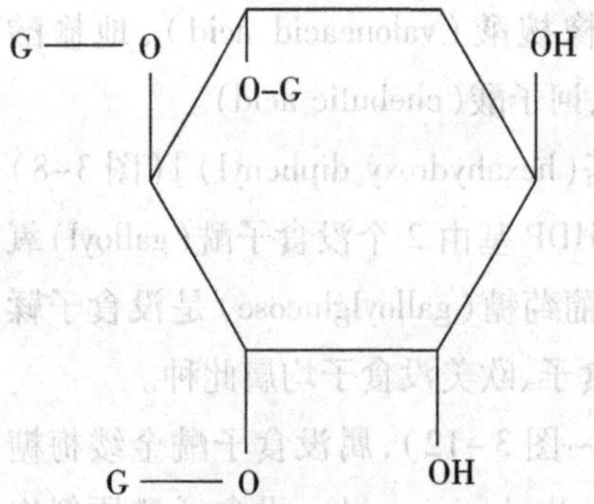

图 3-12　3,4,5-三-O-没食酰原
　　　　斟皮醇

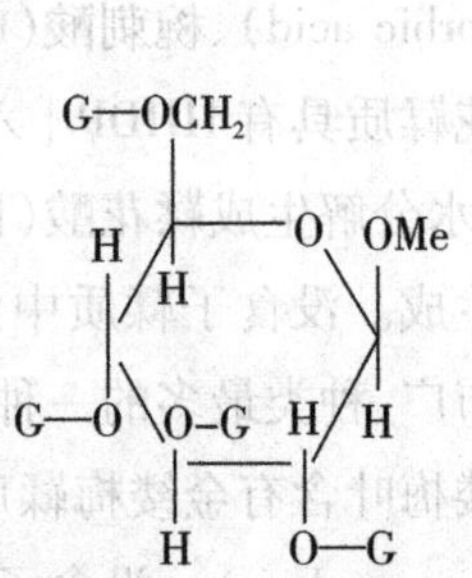

图 3-13　甲基-2,3,4,6-四-O-没食子
　　　　酰-β-D-葡萄糖苷

由青冈栎分出 2',3',4',6'-四-O-没食子酰毛柳苷(图 3-14)。

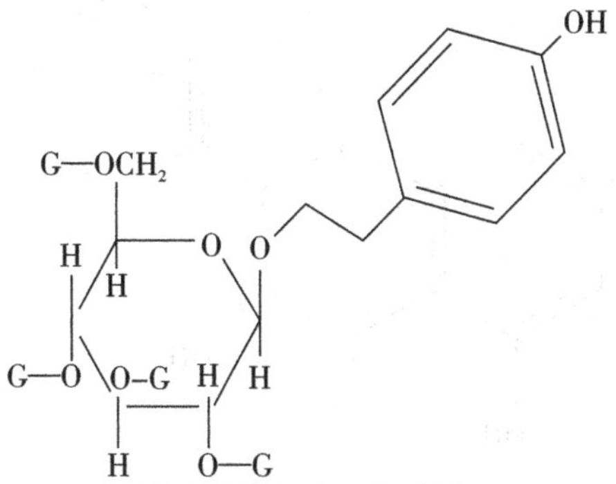

图3-14 2',3',4',6'-四-O-没食子酰-β-D-毛柳苷

鞣花鞣质,由两个没食子酰(galloyl)基氯化缩合生成六羟基二苯酰基(hexahydroxyodiphenyl,HHDP)基的鞣质。加水分解很容易脱水,闭环得到鞣花酸(ellagic acid)。例如:①存在于诃子中的鞣质云实素(lorilagin 1-O-没食子酰-3,6-O-六羟基联苯二酰葡萄糖);②丁香子中丁香子柔花素(eugenin);③牻牛儿素(geraniin)存在于牻牛儿苗科、大戟科和漆树科中;④诃黎勒酸(chebulagic acid);⑤石榴柔花素 C、D(punicalagin C、D)存在于石榴中;⑥地榆中地榆柔花素(sanguiin)等。

(2)缩合型鞣质 缩合型鞣质(condensed tannin)多存在于木本植物的树皮、未熟果实中。由于缩合单位的种类、缩合结合的位置、结合式样不同,有很多种缩合型鞣质。

1)单纯缩合型:即所谓黄烷-3 醇衍生物,最多的为(+)儿茶素、(-)表儿茶素、(+)没食子儿茶素、(-)表没食子儿茶素构成(图3-15 ~ 图3-18)。

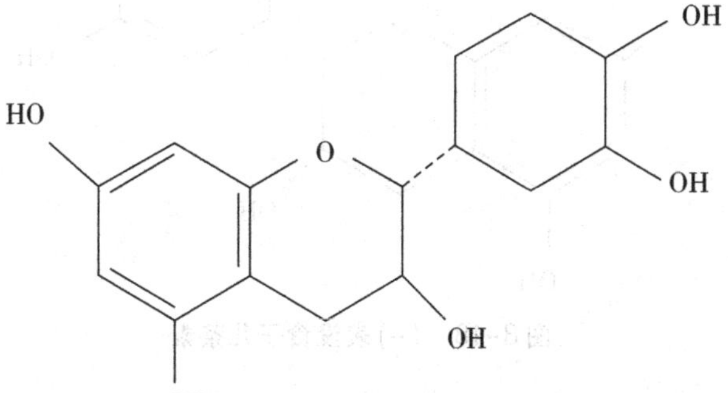

图3-15 (+)儿茶素

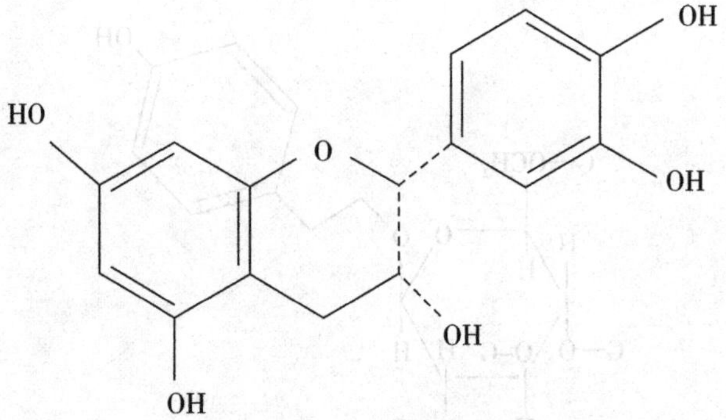

图 3-16　(−)表儿茶素

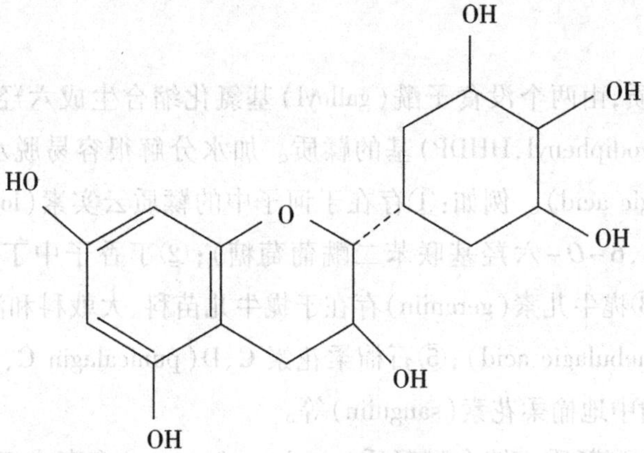

图 3-17　没食子儿茶素

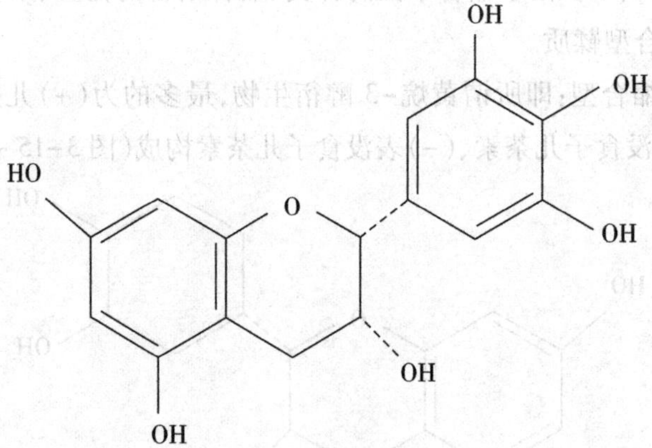

图 3-18　(−)表没食子儿茶素

另外还有 3 位上羟基与没食子酸结合成酯,在植物中有广泛分布。

　　单纯缩合型鞣质,一般以3-羟基黄烷衍生物为单位缩合成二聚体、三聚体,相互间结合以4-8'位或4-6'位,还有在2-7'位以酯形式结合,由于结合式样、组合方式不同,构成结构复杂的一类化合物,隐花青素(图3-19～图3-21)、槟榔子鞣质、桂皮类鞣质、麻黄鞣质、茶鞣质都属于单纯缩合型鞣质。

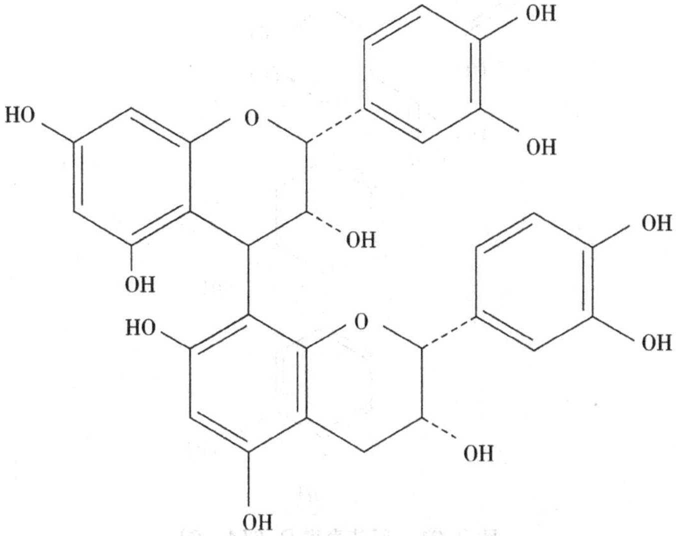

图3-19　原青花素 B-1(4→8)

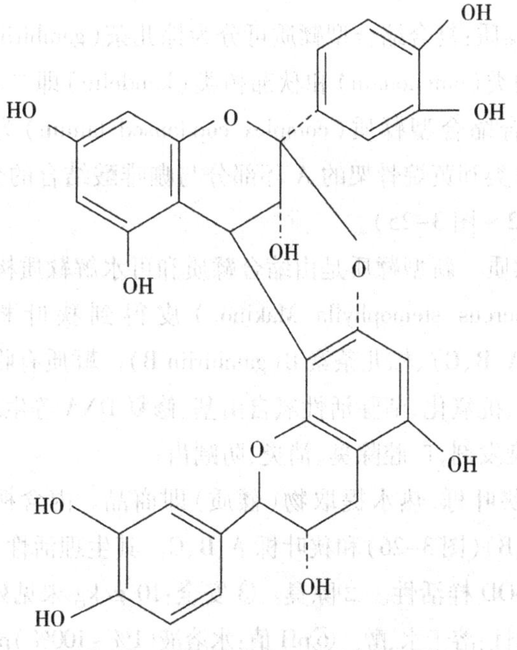

图3-20　原青花素 A1(4→8';2→7')

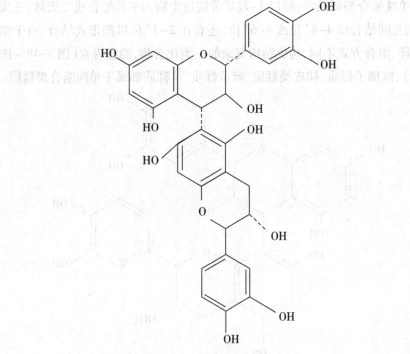

图 3-21　原花青素 B-6(4→6)

2)复合型鞣质:复合缩合型鞣质可分为棕儿茶(gambiriin)类即查耳烷-β-醇类、金鸡纳类(cinchonain)和秋茄树类(kandelin)即二氢咖啡酸(-)表儿茶素类。复合缩合型鞣质(complex condensed tannin)为查耳烷-β-醇(chalcan-β-ol)类和黄烷骨架的 A 环部分与咖啡酸结合的金鸡纳素类鞣质比较多(图 3-22～图 3-25)。

(3)新型鞣质　新型鞣质是由缩合鞣质和可水解鞣质构成的新型鞣质,由狭叶栎(Quercus stemophylla Makino.)皮得到狭叶栎鞣质 A、B、C(stenophylanin A、B、C)、棕儿茶素 B(gambiriin B)。鞣质有收敛、抑菌、消炎、增白、抗紫外线、抗氧化、清除活性氧自由基、修复 DNA 等生理活性。鞣质可作为天然植物染发剂,口腔除臭、消炎、防龋齿。

柳叶栎即狭叶栎,热水提取物(鞣质)即商品。内含柳叶栎鞣苷 A、B(stenophynin A、B)(图 3-26)和狭叶栎 A、B、C。其生理活性表现为以下几个方面。①具有 SOD 样活性。②除臭。③安全:10 g/kg 未见死亡。④外观:褐色液体。⑤溶解性:溶于水、醇。⑥pH 值:水溶液(1%～100%)pH 值 4.5～5.5。

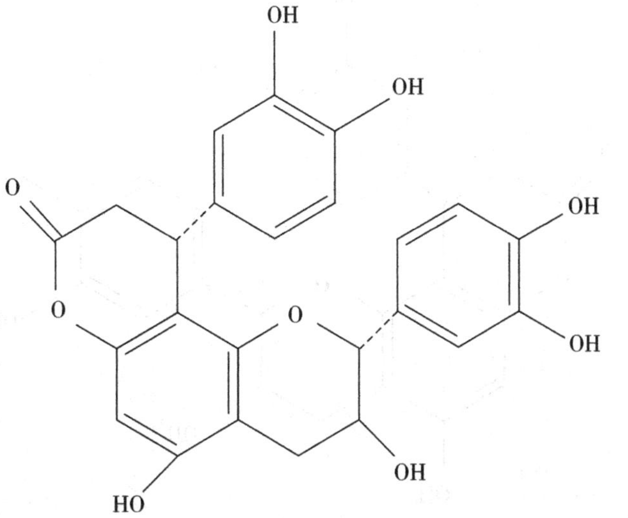

图 3-22　金鸡纳鞣质 1a(cinchonain)

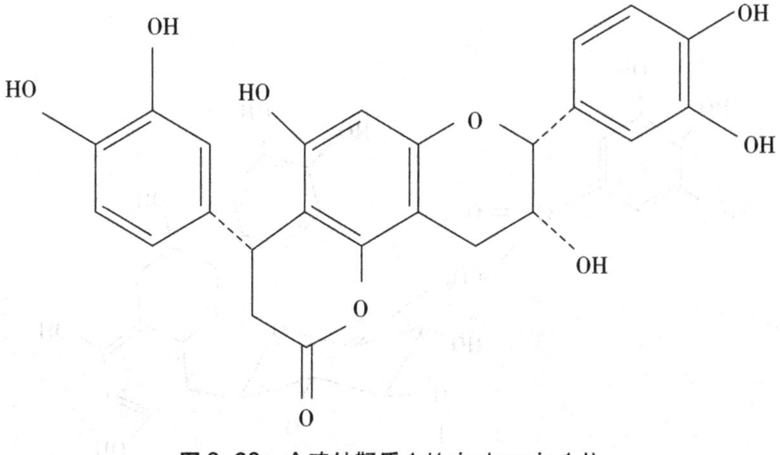

图 3-23　金鸡纳鞣质 1d(cinchonain 1d)

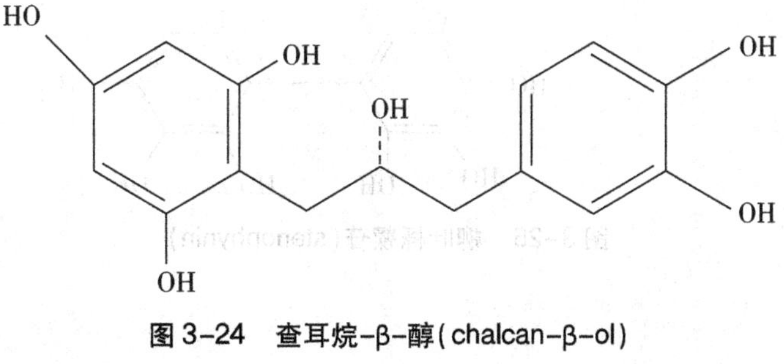

图 3-24　查耳烷-β-醇(chalcan-β-ol)

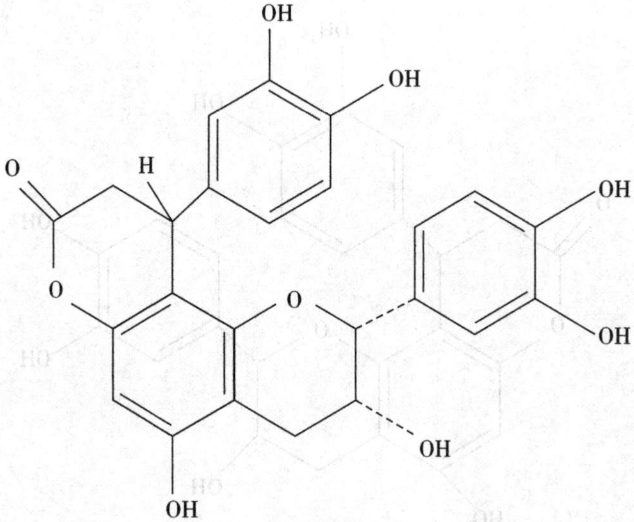

图 3-25　金鸡纳素（cinchonain）

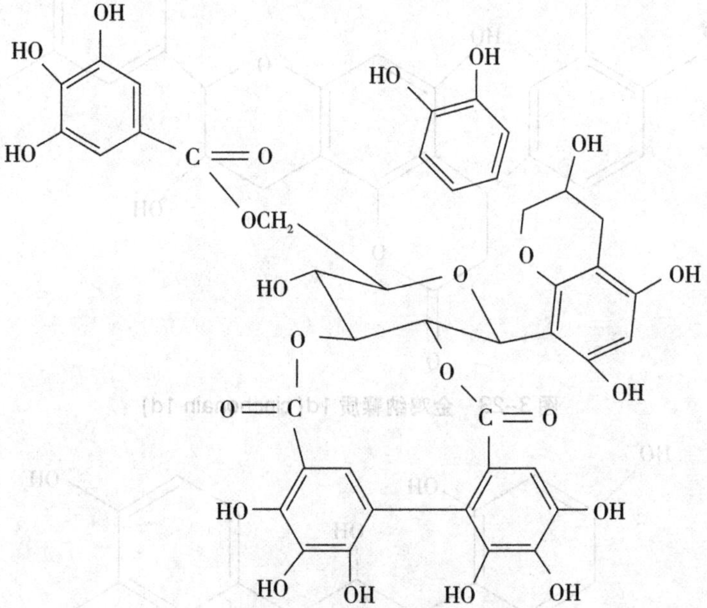

图 3-26　柳叶栎鞣苷（stenophynin）

108

5. 多糖

（1）多糖的抗辐射作用 多糖为一大类天然产物,具有能量储存、结构支持、防御和抗原决定性等多方面的生物功能,有些多糖或其衍生物还有多种药理活性,多糖已成为天然药物研究的一个热点。在研究中发现多种多糖具有明显的抗辐射作用,其机制可能与抗免疫损伤、保护造血系统、清除自由基等方面有关。

近年来从天然药物中寻找无毒或低毒的辐射防护剂成为新的研究热点,多糖作为一类具有生理活性的天然产物,正受到越来越多学者的关注。目前,已有300多种多糖从天然产物中分离出来,多种多糖具有抗辐射作用,是非常有前景的天然辐射防护剂。药理学研究初步显示出多糖良好的抗辐射效应,随着多糖抗辐射研究在生物学、药理学和化学等领域的不断深入,多糖作为新型辐射防护剂将发挥越来越大的作用。

（2）多糖的基本结构与生物学作用 多糖广泛存在于动物、植物、微生物等有机体中,是由许多单糖分子,通过糖苷键连接而成的多于20个糖基的糖链,所以多糖又叫多聚糖,分子量是数万至数百万,多为不定型粉末,无甜味,除多糖链端的半缩醛羟基具有还原性外,一般没有还原性。多糖内同种单糖组成的称为同聚多糖或均质多糖;而由多种类型的单糖组成的称为杂多聚糖或杂多糖。由于连接方式不同,形成直链多糖、支链多糖,有时也可形成环状多糖。多糖的组成因所含单糖的种类、比例及其他原子基团的多少和位置而异,因组成所含糖苷键的类型、糖苷键的比例以及与此相关的支链程度等有所不同。多糖的结构可分为一级结构、二级结构、三级结构和四级结构。多糖具有高分子的聚阴离子,能调节体内的阴离子浓度;能与一些物质结合,调节机体免疫功能,防御细菌或病毒的感染;具有抗凝血活性,对抗血栓的形成;能激活脂蛋白酶,调节机体脂质代谢;血管壁上的多糖具有大的黏滞性,可保持或维持管壁坚韧性和通透性。

在植物化妆品中使用的多糖多为水溶性多糖,包括各种树胶和黏液质、果胶、菊糖、真菌和藻类多糖。存在于低等植物真菌类和藻类,多糖主要为葡聚糖,如香菇多糖一级结构为 β-(1-6)(1-3)葡聚糖,灵芝多糖为 β-(1-3)(1-4)葡聚糖。高等植物中多糖(淀粉、纤维等除外)多为由半乳糖、阿拉伯糖、葡萄糖等多种单糖组成的杂多糖。酸性多糖是多糖分子中含有糖醛酸(uronic acid)。一般真菌中多糖主要是 β-葡萄糖,具有很好的免疫功能,高等植物中的酸性多糖具有很好的护肤保湿功能,常作为化妆品的配方成分。

黏液质(mucilage)是植物器官内存在的黏多糖,它是植物生理性产物,由于它在水中膨胀形成糊状,冷后呈胨状,固有保持水分的作用。它们是由阿拉伯糖、葡萄糖、木糖、半乳糖、鼠李糖或糖醛酸以及甲酯等连接而成,有主链和支链。车前种子含车前子黏质(plantagomucilage),组成为阿拉伯糖:木糖:葡萄糖醛酸:半乳糖醛酸(6:21:5:1),锦葵科植物黏液质有蜀葵黏液质、秋葵黏液质和锦葵黏液质,百合科植物黄精和玉竹中也含有黏液质。黏液质多糖在化妆品中广泛应用。

在化妆品中使用的还有晚香玉中的酸性杂多糖、小脉夹竹桃的胶乳、黄麻叶酸性黏多糖、人参多糖、芦荟多糖、薏苡多糖、稻根多糖、稻糠多糖。植物多糖的功能主要是保湿,改善皮肤粗糙,使头发透润、亮泽,同时还具有免疫和抗衰作用。

紫外线过量照射是产生白内障的重要原因之一。研究证实,晶状体蛋白质在被波长为200~400 nm的光源照射后,蛋白质中的色氨酸不断减少,而光敏产物NFK(N-formytkynurenine)的荧光增强。由于紫外线照射,小分子蛋白质不断交联、聚合,造成高分子蛋白质比例明显增加而使晶状体混浊,产生白内障。1995年研究发现纯化的大蒜硒多糖能够阻止高分子蛋白质的形成,在预防紫外线照射对晶状体的氧化损伤有重要的保护作用,同时,同等浓度的大蒜硒多糖的抗氧化损伤作用比VitC强100倍。

6. 芳香族有机酸

中草药中存在的芳香族有机酸有多种类型,但与化妆品有关的几乎都是酚酸类化合物,分子中既有酚羟基或其苷,又有羧基。

(1)阿魏酸 阿魏酸(Ferulic acid)存在于阿魏(*Ferula assafoetida*)的树脂、单穗升麻(*Cimicifuga simplex*)、半糠等。阿魏酸(图3-27)有顺反异构体,顺式为黄色油状物,反式为正方棱形结晶,能溶于醇、热水和乙酸乙酯,难溶于苯和石油醚。顺式的紫外吸收特征波长为322 nm,反式的为317 nm。在微酸的水溶液中,在光影响下,顺反式异构体能互相转化,达到一个平衡。

阿魏酸可由香兰素和乙酸酐在氢氧化钾作用下缩合制得。人工合成的阿魏酸是顺反异构体的混合物,从植物中提取的阿魏酸为顺式结构。可将单穗升麻根茎粉碎后用甲醇提取,减压回收溶剂至干,残留物加热水处理,趁热过滤,滤液冷却后用乙醚萃取,乙醚溶液中加入足量1%NaHCO₃水溶液萃取分离,分出的碳酸氢钠水溶液加稀盐酸酸化,用乙醚提取游离酸,蒸干乙醚后,残留物在苯中重结晶,阿魏酸从中析出。

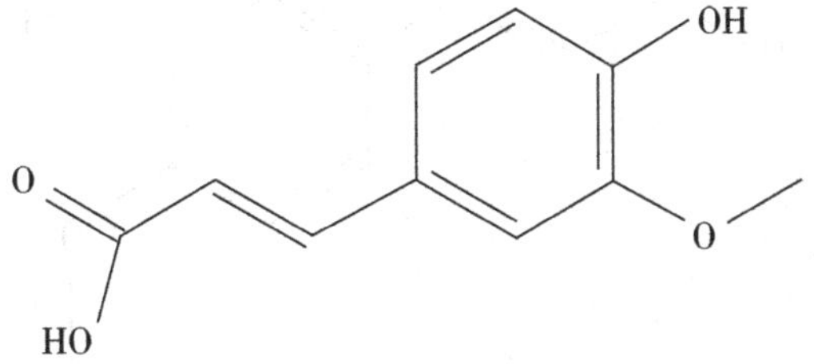

图 3-27　阿魏酸

阿魏酸含有一高度共轭体系,对紫外线有强吸收,可有效俘获氧自由基如·OH。因其有众多的共振变构而作用时间长,添加 5.15 mmol/L 能 70.9% 抑制脂质氧化,与 SOD 有同等活性。阿魏酸可与多羟基化合物生成酯以提高其水溶性,如甘油、环糊精酯等,抗氧化和紫外线吸收功能不变。阿魏酸作为紫外线吸收剂的配方如表 3-9。

表 3-9　含阿魏酸增白乳液的组成

成分	质量分数/%	成分	质量分数/%
鲸蜡醇聚氧乙烯醚	2.00	BHT	0.01
单甘酯	10.00	尼泊尔丁酯	0.10
液体石蜡	10.00	丙二醇	10.00
白油	4.00	阿魏酸甘油酯	0.50
十六/十八醇	5.00	精制水	余量
γ-生育酚	0.05		

(2)异阿魏酸　异阿魏酸(Isoferulic acid)是北升麻(*Cimicifuga dahuria*)根茎、梓白皮、田旋花中的主要药效成分,在植物界普遍存在。异阿魏酸(图 3-28)能溶于醇、乙酸乙酯和热水。稍溶于醚,难溶于苯和石油醚,紫外吸收特征波长为 325 nm。

异阿魏酸有广谱的抗菌性,可用作食品、化妆品和药物的抗菌剂,有抗炎和抗肿瘤活性。对波长在 305~310 nm 范围内的紫外线有强烈吸收,该紫

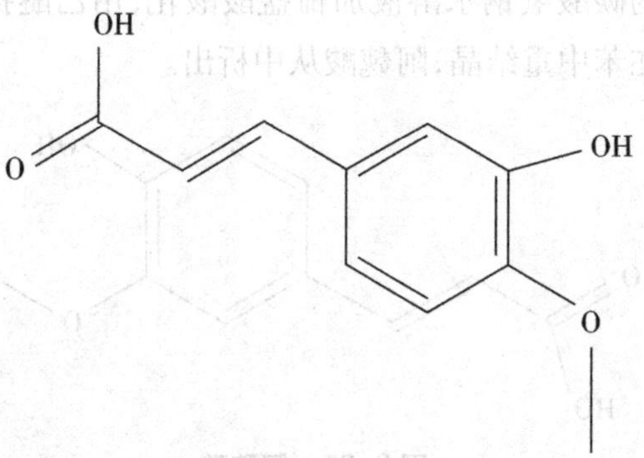

图 3-28　异阿魏酸

外线波长极易导致光敏性红斑的生成,可用作防晒剂,对阳光晒黑型皮肤有增白功效,配方如表 3-10。

(3)胡椒酸　胡椒酸是胡椒属植物种子的芳香酸,常与其甲酯或其他芳香酸衍生物伴存。胡椒酸有强烈的抗氧化性,0.1% 浓度即有效;能宽幅度地吸收紫外线,吸收强度大,光稳定性好。

表 3-10　含异阿魏酸防晒乳液的组成(质量分数/%)

成分	含量/%	成分	含量/%
异阿魏酸钠	2.0	磷酸氢二钠	0.54
1,3-丁二醇	5.0	EDTA	0.1
柠檬酸	0.06	异抗坏血酸钠	0.02
加氢蓖麻油聚氧乙烯醚	1.0	香精	0.1
乙醇	7.0	精制水	余量
石蜡	0.1		

7. 香豆精类活性成分

香豆精类(Coumarins)是具有苯并 α-吡喃酮基本母核的一类化合物,可看作顺-邻羟基肉桂酸失水形成的内酯。

(1)七叶树苷　七叶树苷(Esculin)(图 3-29)是传统中药秦皮的主要有效成分之一,在茜草科土连翘、马栗树树皮中有多量存在,常在其苷元七叶内酯(Aesculetin)(图3-30)伴存。可取秦皮粗皮加95%乙醇加热提取 10 ～ 12 h,减压蒸馏去乙醇,浓缩物加水温热使溶解,放冷后用氯仿萃尽脂溶性物质,水层除去残留氯仿后用等体积乙酸乙酯萃取 2 次,水溶液浓缩至小体积后放置,析出的黄色晶体为七叶树苷粗品。可经热水重结晶提纯。七叶树苷带 1.5 个水,针状体。紫外吸收特征波长(吸收系数)为 224 nm(14 000)和 334 nm(12 300)。

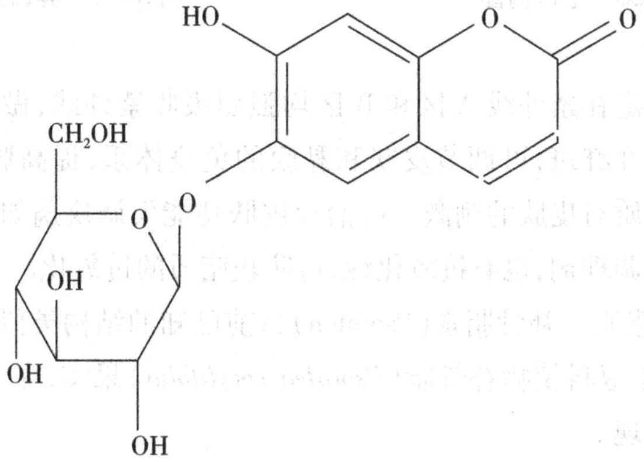

图 3-29　七叶树苷

七叶树苷可强烈吸收紫外线,如与碱性氨基酸如精氨酸或赖氨酸共用,紫外吸收区域更移向 A 区,在皮肤保留时间长,为抗水型防晒剂,可抑制黑素细胞活性,体外试验表明:七叶树苷 15 μmol/L 的抑制率为 63.7%,在增白型护肤用品中用量2%。

(2)异白蜡树定　异白蜡树定(Isofraxidin)(图3-31)及其异构体来源于草珊瑚(*Sarcandra glabra*)全草、五加属植物刺五加(*Acanthapanex senticosus*)的根及蒿属植物。将刺五加根切片后用 70% 的酒精水溶液于 50～60 ℃温浸数小时,重复 3 次,合并浸出液,于 40～50 ℃范围内减压浓缩至干,浓缩物中异白蜡树定的含量5%～8%,纯品需经柱层析分离。异白蜡树定为柱状结晶,溶于沸水,难溶于冷水,易溶于甲醇、乙醇和氢氧化钠溶液。在碱溶液中要引起开环,再酸化可能不复原。紫外吸收特征波长为343 nm。

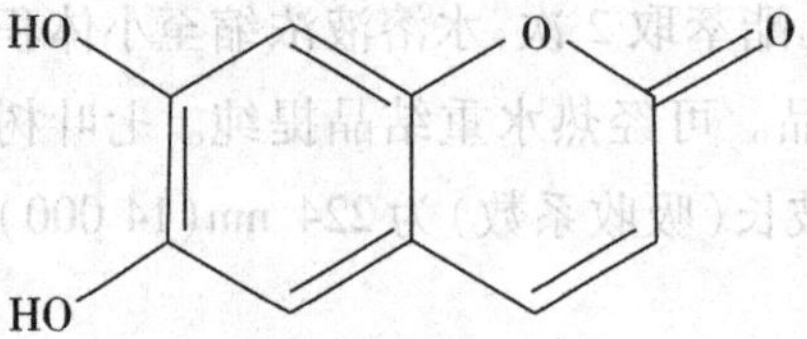

图 3-30　七叶内酯

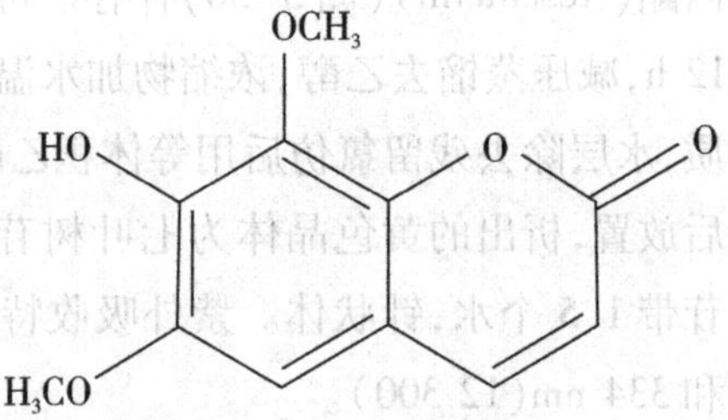

图 3-31　异白蜡树定

异白蜡树定在紫外线 A 区和 B 区均强烈吸收紫外线,做防晒剂用可防止紫外线灼射性红斑;可调节皮肤和黏膜的免疫体系,提高肌肤的抵抗力,并缓和外部物质对皮肤的刺激。可治疗皮肤功能失调疾病如皮疹、湿疹等,化妆品则用作调理剂,也有抗氧化性,可防止脂质的过氧化。

(3)补骨脂素　补骨脂素(Psoralen)目前已知的结构类似物有十几种之多,主要来源于豆科植物补骨脂(*Psoralea corylifolia*)果实,在牛尾独活、软毛独活中均有发现。

补骨脂素(图3-32)为无色针状结晶(乙醇),溶于乙醇、氯仿,微溶于水、乙醚和石油醚。紫外线吸收特征波长(吸光系数)为 247 nm(25 000)和291 nm(10 700)。本品对紫外线吸收强,又有光敏作用,是常用的皮肤科药剂。

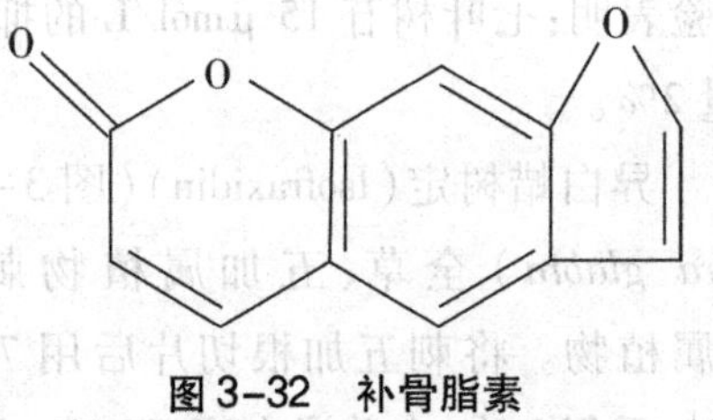

图 3-32　补骨脂素

8.杂环类活性成分

(1)尿刊酸　尿刊酸(urocanic acid)(图3-33)为咪唑型杂环化合物,是动物体内氨基酸分解后的产物。现采用发酵法制取,菌种如大肠埃希菌(*Escherichia coli*),发酵液再经离子交换树脂精制。尿刊酸为无色针状结晶,易结合 2 分子结晶水,100 ℃时失水,在室温中也能风化,能溶于热水和热丙酮,不溶于醇和醚。

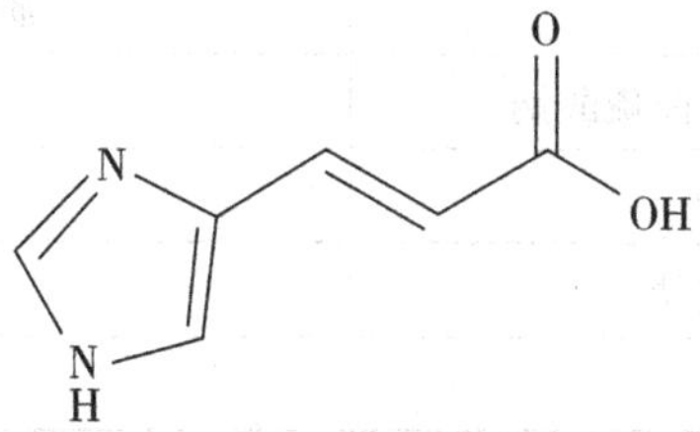

图 3-33　尿刊酸

尿刊酸及其衍生物如盐或酯无毒,对人体无刺激,易被皮肤和毛发吸附,可强烈吸收紫外线,对紫外线 B 区的吸收更强。可使色素保持稳定,如日本蓝 No.205 的水溶液中加入 0.05% 的尿刊酸,在紫外光下 2 h 色泽不变,发乳中用入可防止阳光暴晒引起的头发褪色和损害。有抗氧性,为自由基俘获剂和防晒型增白剂,配方如表 3-11。

表 3-11　含尿刊酸增白乳液的组成

成分	质量分数/%	成分	质量分数/%
尿刊酸	0.05	司盘 60	1.50
二氯乙酸二异丙基酰胺	0.05	吐温 60	1.50
角鲨烷	10.00	甘油	5.00
橄榄油	10.00	尼泊金甲酯	0.10
石蜡油	5.00	水	余量
鲸蜡醇	4.00		

尿刊酸如与紫外线 A 区吸收剂共同使用防晒效果很好。可与高碳脂肪醇结合成酯的形式用入防晒油,吸光能力不变。

尿刊酸也可用作其他活性物质的增效剂,如与磷脂、氨基酸、维生素 E 等配伍有保湿调理作用。有的认为它本身就是一个有效的调理剂。护肤的洁面奶组成(质量分数%)如表 3-12。

表 3-12　含尿刊酸洁面乳的组成

成分	质量分数/%
十二烷基聚氧乙烯醚硫酸钠	15.0
尿刊酸钠	1.0
维生素季铵盐	1.0
水	余量

(2)生物蝶呤　生物蝶呤(Biopterin)(图3-34)是从海藻中分离得到的一种蛋白质类衍生物,可用作化妆品的紫外线吸收剂,紫外吸收特征波长为256 nm 和 362 nm。

生物蝶呤也可抑制酪氨酸酶活性,0.2%浓度的生物蝶呤的体外抑制率为5%,主要用于增白型乳液。配方如表3-13。

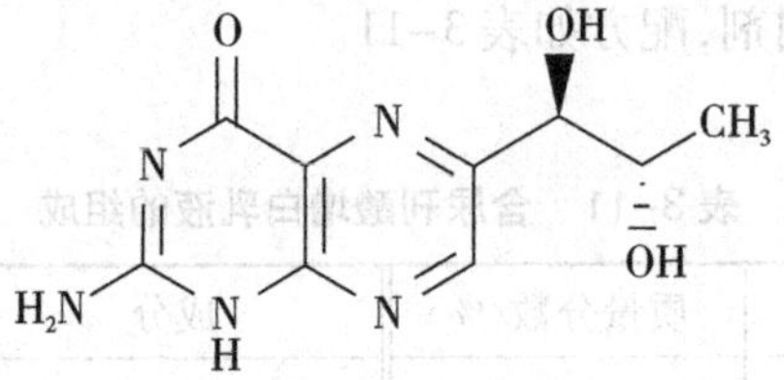

图3-34　生物蝶呤

表 3-13　含生物蝶呤增白乳液的组成

成分		质量分数/%	成分		质量分数/%
油相	角鲨烷	5.00	水相	一缩二丙二醇	5.00
	油酸油醇酯	3.00		乙醇	3.00
	凡士林	2.00		丙烯酸聚合物	0.17
	山梨醇倍半油酸酯	0.80		透明质酸钠	0.10
	油醇聚氧乙烯(20)醚	1.20		生物蝶呤	2.00
	对甲氧基肉桂酸异辛酯	3.00		氢氧化钾	0.08
	尼泊金甲酯	0.15		六偏磷酸钠	0.05
	香精	0.12		精制水	余量

9.维生素类

(1)维生素C 维生素C是一种特别有效的抗氧化剂,具有捕捉游离的氧自由基、还原黑色素、促进胶原蛋白合成的作用。皮肤的颜色主要取决于肌肤中黑素的含量。而黑色素生成的根源在于酪氨酸酶。黑素细胞内的酪氨酸在它的作用下转换为多巴醌,再经过氧化形成真黑素,形成的黑素随着肌肤正常的新陈代谢逐步到达肌肤表面,最后和老化的角质一起自然剥落。如肌肤代谢不顺畅,则会导致大量的色素沉着,并在局部聚集,皮肤的颜色就会加深或形成斑点造成肌肤颜色不均匀。因此抑制酪氨酸酶的生物合成和防晒是美白的关键。而维生素C能抑制酪氨酸酶的活性,阻断黑素生成,保护皮肤不受紫外线伤害,将已形成的黑素还原成无色的黑素前体,并改善皮肤暗沉的效果。

(2)维生素A 维生素A能防止结缔组织萎缩,可加快弥补紫外线引起的损伤,改善皮肤组成的作用,防御结缔组织断裂和促进葡萄糖胺聚糖的合成,因此被用于防晒产品。

(3)维生素E 维生素E是一种理想的抗氧化、抗衰老剂,可抑制不饱和类脂的氧化,从而抵御紫外线对皮肤的侵害。

10.其他

植物防晒成分中仍然具有与物理防晒剂相似的原理,有效成分在皮肤表面形成膜屏障,起到反射紫外线的作用,包括月见草的γ-亚麻酸、芦荟的芦荟凝胶等。另外,许多植物成分除了物理或化学防晒机制外,也具有生物防晒的功能。

(三)具有防晒作用的天然植物

1.单味天然植物

(1)芦荟 芦荟(*Aloe vera* L.)为百合科多年生常绿草本植物。研究表明,芦荟的各种成分高达200种之多,它主要含有蒽醌类化合物、有机酸、多糖、氨基酸、多肽、少量维生素和多种微量元素成分。现将主要成分简介如下。

1)蒽醌类化合物:切开芦荟叶片时,会从切口处流出一种黄色液体,即为芦荟黄汁。它主要由蒽醌类化合物组成,是芦荟活性成分中的重要组成部分,包括芦荟大黄素苷(aloin,简称芦荟苷或芦荟素)(图3-35)、芦荟大黄素(aloe-emodin)、芦荟大黄酚(chnysophanal)、蒽酚等20余种成分。芦荟苷为芦荟大黄素和异芦荟大黄素的混合物,即芦荟苷存在两种异构体形式

(aloin A 和 aloin B），它们的分子结构相同，只是旋光性不同而已。

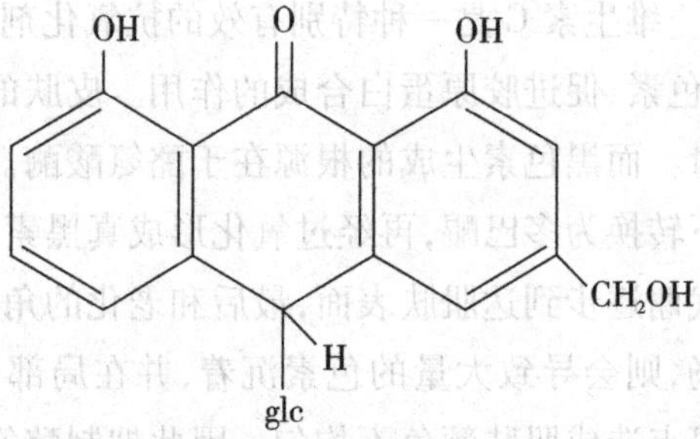

图 3-35　芦荟苷（aloin A）

2）糖类物质：芦荟中的糖类物质包括单糖和多糖，是芦荟中一种主要的化学成分。单糖主要有葡萄糖、甘露糖、阿拉伯糖、鼠李糖、半乳糖和果糖等。在芦荟凝胶的固形物中单糖是主要成分，占总质量的 0.28%，占总固形物的一半。在单糖中，95% 是葡萄糖，5% 是果糖，它们的含量几乎占了单糖的全部，其他糖如甘露糖、木糖、树胶醛糖和鼠李糖只占非常少的一部分。单糖多作为蒽醌类化合物的配糖基形成苷。

多糖是芦荟中主要的糖类化合物，并且也是芦荟中主要的生理活性物质。从芦荟凝胶中提取的芦荟多糖、糖蛋白和蛋白聚糖具有强大的生物医疗功效，而在化妆品中发挥着抗衰老、防皱、增加皮肤弹性作用的功效。芦荟多糖一般由葡萄糖与甘露糖构成，总体上葡萄糖与甘露糖的比率为 1:6，个别多糖中它们的比率从 1.5:1 到 1:19 不等。芦荟中多糖种类较多，主要存在于芦荟凝胶的黏液部分，通常也被称为黏多糖。

芦荟胶中的黏多糖、芦荟苷（芦荟素）等成分在皮肤表面形成一层无形的薄膜，可以有效屏蔽和隔离紫外线。同时芦荟中的蒽醌、肉桂酸酯及香豆酸酯等成分对 UVA 和 UVB 均有一定的吸收作用，防止皮肤红、褐斑产生。

实验研究表明，芦荟多糖具有增强和调节免疫功能的作用。因此在化妆品中，含有足够浓度的芦荟凝胶，能起到防晒的作用，并能使晒伤获得治疗，阻止癌变。芦荟凝胶涂于伤口表面，形成薄层，能阻止外界微生物的侵入。它能使干燥的伤口保持湿润，凝胶内的生长因子能直接刺激纤维细胞，使其获得再生和修复。芦荟凝胶能增进疮伤的拉伸强度，促进疮伤治疗和愈合。美国普渡大学的药物学教授 Tyler 证明，称为 Brandykinine 的一种肽，它能产生类似于烧伤疼痛的物质,芦荟凝胶能抑制 Brandykinine 的作用,因此芦荟凝胶能减轻和消除疼痛。

3)有机酸和氨基酸:芦荟汁中已检出的有机酸包括琥珀酸、苹果酸、乳酸、对香豆酸、酒石酸、丁二酸、异柠檬酸、柠檬酸、乙酸、辛酸、壬烯二酸、月桂酸、十三烷酸、十四烷酸、十五烷酸、十六烷酸、十七烷酸、十八烷酸、油酸、亚油酸和亚麻酸等。

氨基酸是构成皮肤天然保湿因子的主要成分,芦荟独特的保湿效果与芦荟中含有的氨基酸有直接的关系。

研究发现芦荟提取物可以明显抑制 UVB 引起的大鼠角质形成细胞白细胞介素 IL-10 的分泌,并阻断由 T 细胞介导的皮肤迟发性超敏反应和速发性超敏反应,从而起到防护紫外线的辐射损伤作用。芦荟凝胶中含有一种小分子量的免疫调节剂能通过修复 UVB 引起的表皮朗格汉斯细胞的损害从而减少皮肤损伤。芦荟苷可以抑制 UVB 引起的肿瘤坏死因子(TNF-α)、IL-1β 的分泌及 mRNA 表达。芦荟苷素能抑制由紫外线引起的黑色素沉着。芦荟苷可以显著抑制酪氨酸酶活性和黑色素的合成。此外,芦荟含有多种抗氧化成分,如超氧化物歧化酶、过氧化物酶、维生素 A 和 B 族维生素、胡萝卜素等。

美国德克萨斯大学癌症中心 Faith Strickland 博士指出,芦荟凝胶不但是阳光的屏蔽,而且能阻止紫外线对免疫系统产生的危害,并能恢复被损伤的免疫功能,使晒伤获得痊愈,阻止皮肤癌的形成。它不仅在实验室而且在临床试验,用芦荟凝胶治疗晒伤,都得到了惊人的效果。

4)芦荟提取物配方:芦荟提取物配方见表 3-14 和表 3-15。

表 3-14　芦荟防晒霜配方

成分	质量分数/%	成分	质量分数/%
芦荟提取物	1.0	单硬脂酸甘油酯	3.0
聚氧乙烯(2)硬脂醇醚	2.0	硬脂酸	4.0
聚氧乙烯(21)硬脂醇醚	3.0	肌酸	0.2
霍霍巴油	4.0	乙醇	1.0
十六十八醇	3.0	水	余量
尼泊金甲酯	0.5		

表 3-15 芦荟去色素霜配方表(EP 218441)

成分	质量分数/%	成分	质量分数/%
液体石蜡	5.9	聚氧乙烯(20)失水山梨醇单月桂酸酯	2.0
角鲨烷	15.0	对羟基苯甲酸甲酯	0.3
鲸硬脂酰醇	5.0	山梨酸	0.1
蜂蜡	2.0	丙二醇	3.0
单硬脂酸甘油酯	2.0	精制水	加至 100.0
芦荟提取物	1.0		

(2)绿茶 绿茶(*Green tea* P. E.)中所含物质相当丰富,多酚类物质茶多酚(tea polyphenol,TPP)占茶叶的 22%～30%,是茶叶中最具特征性的次生代谢产物,主要由儿茶素、黄酮类、酚酸类、花色素等四大类物质组成。茶多酚能够吸收紫外线,对皮肤具有光保护作用。研究结果显示,其对 UVB 和 UVA 辐射引起的 HaCaT 细胞和成纤维细胞的损伤均起到了明显的保护作用。绿茶中多酚抗氧化剂-表没食子儿茶素-3-没食子酸酯(epigallocatechin-3-*O*-gallate,EGCG)能够阻断 UVB 诱发的人皮肤白细胞浸润,进而减少皮肤氧自由基的产生;抑制基质金属蛋白酶(matrix metalloproteinases,MMPs)的产生以及增加其抑制剂(TIMP-1)的表达。绿茶提取物还减少紫外线诱导的角质形成细胞 p53 的表达,减少表皮细胞死亡。因此,利用 TPP 及 EGCG 的抗氧化作用,抑制 UV 辐射后细胞膜的脂质过氧化和产生活性氧自由基或抑制活性氧,可能是绿茶防治紫外线引起皮肤损伤的一条途径。绿茶防晒液配方如表 3-16。

表 3-16 绿茶防晒液配方(DE19827624)

成分	质量分数/%	成分	质量分数/%
石蜡油	20.00	α-生育酚乙酸酯	1.00
矿脂	4.00	甘油	5.00
葡萄糖倍半异硬脂酸酯	2.00	防腐剂、色素、香精	适量
硬脂酸铝	0.40	绿茶提取物	0.50
α-葡萄糖基芸香苷	0.30	蒸馏水	加至 100.00

（3）黄芩 黄芩（*Scutcllaria baicalensis* Georgi）含有丰富的黄酮类化合物，其主要成分是黄芩苷，具有抗氧化等生物学效应，对紫外线引起的红细胞膜氧化损伤有保护作用。黄芩苷具有抗过敏、抗炎、防紫外线、抗癌、抗氧化、清除异菌等功效。黄芩苷对紫外线吸收能力很强，吸收范围远超过维生素 P，是一种无毒、无害的天然紫外线吸收剂，其紫外吸收光在 290～400 nm 的近紫外区。黄芩苷具有光保护性能，并且能抑制炎症细胞因子 IL-6、TNF-α 的分泌，这可能是其减轻紫外辐射损伤的机制之一。黄芩防晒化妆水配方如表 3-17。

表 3-17 黄芩防晒化妆水组成

成分	质量分数/%	成分	质量分数/%
丙二醇	6.0	十六醇	3.0
橄榄油	3.0	羊毛脂	3.0
黄芩提取物	0.5	对羟基苯甲酸甲酯	0.5
硬脂酸	7.0	玫瑰香精	适量
十四烷酸异丙酯	6.0	精制水	适量

（4）紫草 紫草（*Lithospermum erythrorhizon* Sieb. et Zucc.）为多年生草本植物，含有萘醌类色素，具有抗炎、抗菌和抗肿瘤以及清除活性氧等作用。国内许多研究显示其具有较好的紫外线吸收性能。国外研究显示其能抑制 UVB 导致的角质形成细胞 IL-1α，IL-6，IL-8 和 TNF-α 的表达，降低细胞凋亡蛋白酶 Caspase-3 的活性以及 p53 的表达，减少细胞凋亡的发生。

（5）黑莓 黑莓（Blackberry）也称为露莓，属蔷薇科悬钩子多年生藤本植物，原产北美，在欧美国家被誉为"生命之果""黑钻石"。黑莓叶提取物可以减少非照射和紫外线照射的人体皮肤成纤维细胞的基质金属蛋白酶-1 蛋白水平，减少暴露于紫外线的人成纤维细胞的基质金属蛋白酶-1 mRNA 表达，抑制白细胞介素-1α。

（6）青石莲 青石莲（*Rhizoma Polypodiodis Nipponicae*）是生长在中南美洲的一种热带蕨类植物，当地人长期用来治疗炎症性疾病和皮肤病。目前青石莲及其提取物已作为防晒剂在美国上市。报道显示，其通过以下途径发挥防晒作用:①抑制紫外线诱导的活性氧、脂质过氧化反应、减轻红斑以及皮肤过敏、提高人体皮肤即刻色素沉着的紫外线剂量、提高最小红斑量和补骨脂素引起的最小光毒量。体外研究显示,它可以保护 UVA 辐射下的人成纤维细胞及人角质细胞系 HaCat,提高其增殖和存活率。此外,青石莲提取物可抑制紫外线诱导裸鼠的血液和表皮中谷胱甘肽的氧化,阻止朗格汉斯细胞(Langerhans cells)的衰竭,同时能降低 UVB 导致的裸鼠皮褶厚度,减少真皮弹性组织变性,降低紫外线引起的皮肤癌概率。②青石莲能适度抑制 Th1 细胞的免疫反应,而炎症细胞因子 IL-6 则完全被清除,从而起到免疫抑制、抗炎作用。青石莲提取物可以抑制 UVA 和 UVB 诱导的存在于角质层的光感受器——反式尿苷酸的光异构化,直接参与皮肤免疫监视保护皮肤细胞和内源性分子。

(7)石榴 石榴(*Punica granatum* L.)又名安石榴、榭榴、若榴等,属石榴科石榴属。研究显示,石榴提取物可以降低 UVA 和 UVB 引起的成纤维细胞凋亡,这可能与其降低 NF-κB 活性、下调促凋亡蛋白 Caspase-3、增加 G0/G1 期细胞与 DNA 修复有关。同时石榴树皮含有丰富的色素苷和可水解鞣质,具有较强的抗氧化及抗癌活性,可抑制 UVB 导致的细胞氧化,减少 UVB 诱导的表皮细胞基质金属蛋白酶(MMP-1,MMP-2,MMP-9,MMP-3)、弹性蛋白酶(MMP-12)等产生,加速细胞修复,减少原癌基因 *c-Fos* 的表达和 c-Jun 的磷酸化,减少皮肤癌的发生。

(8)猫爪草 猫爪草(catclaw buttercup root)为毛绒钩藤(Uncaria tomentosa)植物的块根,形似猫爪因而得名。生长在南美洲秘鲁亚马逊河流热带雨林。研究发现猫爪草水溶性萃取物(C-MED-100)具有 DNA 修复作用,能减少暴露于紫外线的皮肤细胞死亡(体外细胞培养)。

(9)当归 当归是我国传统中草药,为伞形科当归 *Angelica sinensis* (Oliv.)Diels 的干燥根。味甘、辛,性温。具有补血、和血、调经止痛、润肠通便之功效。其主要成分为挥发油和有机酸,有机酸主要为阿魏酸。而阿魏酸是科学界公认的美容因子,能改善皮肤质量,使其细腻、光泽、富有弹性,同时因具有 4-羟基-3-甲氧基苯基结构而对酪氨酸酶具有抑制作用,有美白功能。

(10)槐米 槐米为豆科(*Leguminosae*)槐属植物槐(*Sophora japonica* L.)的干燥花蕾及花,全国各地均有栽培。干燥槐花蕾中含有丰富的黄酮化合物芸香苷(rutin,芦丁)、三萜皂苷、水解后得白桦脂醇(butulin)、槐花二醇(sophoradiol)、葡萄糖、葡萄糖醛酸(glucuronic acid)。槐豆(种子)含有槐胶和油酸、亚油酸和亚麻酸等脂肪酸。芸香苷是其主要的有效成分,具有抗菌消炎、防止血管破裂、止血和对紫外线具有极强的吸收及很好的抗氧化作用。芸香苷能强烈吸收280~335 nm的紫外线,因此槐米是理想的广谱防晒剂之一,其在紫外线3区(UVA:320~400 nm)的平均紫外线吸收率均在90%以上,防晒作用较强,可用于防晒增白型化妆品防紫外线,增白皮肤作用。槐豆胶为黏性多糖胶,有很好的保湿效果。槐米护肤化妆水配方见表3-18,槐米增白防晒霜配方见表3-19,含芦丁的防晒配方见表3-20。

(11)山奈　山奈(*Kaempferia galangal* L.)为姜科(*Zingiberaceae*)山萘属(*Kaempferia*)植物,包括同属的 *K. gibertii* Bull.,*K. pulchra* Ridl.,*K. roscoeana* Wall. 和 *K. rotunda* L.。山奈产于我国台湾、广东、广西和云南等省区。

表3-18　槐花护肤化妆水组成(JP 03255015)

成分	质量分数/%	成分	质量分数/%
乙醇	10.0	对羟基苯甲酸甲酯	0.1
槐花蕾黄酮提取物	1.0	精制水	88.9

表3-19　槐花增白防晒霜组成(CN 1081102A)

	成分	质量分数/%
A相	单硬脂酸甘油酯	5.00
	十八醇	2.50
	凡士林	6.00
	防腐剂	适量
B相	石蜡油	6.00
	甘油	3.05
	槐花(65%~95%)乙醇提取物	适量
	维生素E	适量
	乳化剂吐温-80	适量

续表 3-19

	成分	质量分数/%
C 相	丙二醇	4.00
	聚乙二醇 400	3.50
	香料	适量
	去离子水	适量

注:将 A 加热到 70 ℃,溶解后加入 B,升温至 95 ℃,保持一定时间,降温至 65 ℃,与除香精外的 C 混合、搅拌,保持 65 ℃ 10 min,冷却至 45 ℃,加入香精、搅拌,冷却至室温。

表 3-20　含四羟乙基芦丁的防晒凝胶组成

成分	质量分数/%	成分	质量分数/%
四羟乙基芦丁	4.0	乙醇	15.0
Carbopol 934	0.8	三乙醇胺	0.5
甘油	12.0	精制水	余量

山柰中主要含有山柰素和山柰酚。山柰中含有山柰素,山柰挥发油的成分主要有莰烯、桉油素、龙脑、对甲氧基桂皮酸钾、对甲氧基苏合香烯等。山柰根乙醇提取物中的对甲氧基肉桂酸乙酯等成分在 280 ~ 320 nm 区域有宽而强的吸收,对皮肤无刺激,安全性好,是一种理想的防晒剂。山柰酚是 5,7,4'-三羟基黄酮醇,是一种黄色针状结晶,微溶于水,溶于热乙醇、乙醚和碱,其主要紫外线吸收波长(吸光系数):368 nm(24 000)、266 nm(22 400)。山柰酚及其苷均能清除氧自由基,同时抑制酪氨酸酶活性。山柰可作为紫外线吸收剂,配制防晒化妆品(表 3-21)。

表 3-21　山柰防晒霜配方

成分	质量分数/%	成分	质量分数/%
硬脂酸	4.0	山柰提取物	0.3
硬脂醇	4.0	丁二醇	10.0
单硬脂酸甘油酯	8.0	丙二醇	8.0
维生素 E 醋酸酯	0.5	甘油	2.0

续表 3-21

成分	质量分数/%	成分	质量分数/%
对羟基苯甲酸乙酯	0.1	氢氧化钾	0.4
对羟基苯甲酸丁酯	0.1	香料	0.2
对羟基苯甲酸丙酯	0.1	精制水	加至 100.0

（12）栗　栗［*Castanea mollissima* Blume.（*C. bungeana* Blume.）］属壳斗科（*Fagaceae*）植物,中国板栗和欧洲栗（*Castanea sativa* Mill.）花和栗壳的提取物可以用于化妆品,板栗花含有多种黄酮类化合物,栗壳含黄酮和鞣质。提取物中的黄酮和单宁成分,为抗氧化剂,可去皱、祛斑、抗老,同时能够防晒,用于海滨化妆品。栗壳海滨防晒霜配方见表 3-22。

表 3-22　栗壳海滨防晒霜配方（RO 99-791-A）

成分	质量分数/%	成分	质量分数/%
植物油	2.00 ~ 5.00	硅油	2.50
栗壳提取物	7.00 ~ 12.00	对羟基苯甲酸甲酯	0.05 ~ 1.00
乙氧化十六醇-5'-硬脂酸甘油酯	2.50 ~ 5.00	对羟基苯甲酸丙酯	0.15
凡士林油	16.00	羊毛脂	3.50
山梨醇	3.50 ~ 13.50	凡士林	5.00
蒸馏水	65.40 ~ 48.50		

（13）春黄菊　春黄菊（*Anthemis tinctoria* L.）为菊科（*Compositae*）植物,主要产在欧洲,全草含挥发油,其中生物活性成分为薁和 α-红没药醇,前联邦德国底古萨有限公司在中国申请了用鲜春黄菊提取有效成分的工艺专利（专利号:8517994）,用 84% 的乙醇提取生物活性成分,配入化妆品中,具有防晒、亮肤、消炎功能,可治皮肤病和头发损伤。春黄菊中提取物（cremogan）作为护肤品,一般用量为 1% ~ 10%（表 3-23）。

表3-23　春黄菊美肤防晒霜(防晒、亮肤、消炎)(JP 0326322)

成分	质量分数/%	成分	质量分数/%
聚乙烯单硬脂酸酯	2.0	春黄菊提取物	1.0
甘油单硬脂酸酯	5.0	忍冬花提取物	0.4
硬脂酸	5.0	紫草提取物	0.1
山嵛醇	0.5	曲酸	0.5
角鲨烯	15.0	胶原蛋白溶液	0.2
十六烷基异柠檬酸酯	5.0	香料	适量
对羟基苯甲酸丁酯	0.1	精制水	加至100.0
1,3-丁二醇	5.0		

(14)胭脂树　胭脂树(*Bixa Orellana* L.)为红木科(*Bixaceae*)植物,原产热带美洲,我国台湾、广东、广西、云南等省区有栽培,果实含红色树脂红木素(bixin)、纯红木素(reinbixin)属胡萝卜素类化合物,胭脂树油可配制防晒化妆品,红色树脂可治皮肤病。胭脂树防晒油配方见下表3-24。

表3-24　胭脂树防晒油(FR 255447)

成分	质量分数/%	成分	质量分数/%
胭脂树油	3.0~5.0	分馏椰子油	40.0~45.0
金盏花油	3.0~5.0	帕司防晒剂	0.4
玉米胚油	40.0~45.0	维生素E	0.4
香精、防腐剂	1.8		

(15)鳄梨　鳄梨(*Persea Americana* Mill.)为樟科(*Lauraceae*)植物,也叫油梨、樟梨,原产热带美洲,我国广东、广西、福建、台湾、云南、贵州都有少量栽培,美国在20世纪30年代已用于化妆品,鳄梨是营养丰富的水果,含维生素 A_1、B_2、B_6、C、D,蛋白质,甾醇和卵磷脂,含油率为50%~70%,鳄梨油对皮肤渗透性好,适合化妆品使用。鳄梨防色素沉着面霜配方见下表3-25。

表3-25 鳄梨防色素沉着面霜(JP 0725741)

成分	质量分数/%	成分	质量分数/%
曲酸	1.0	丙三醇三辛酸酯	10.00
鳄梨提取物	0.5	对羟基苯甲酸乙酯	0.20
狗尾草提取物	0.1	1,3-丁二醇	5.00
PEG 单硬脂酸酯	2.0	EDTA 二钠	0.01
丙三醇单硬脂酸酯	5.0	亚麻籽油	0.40
硬脂酸	5.0	杏仁油	0.03
二十二碳醇	1.0	精制水	加至 100.00
液体石蜡	10.0		

(16)葛藤 葛藤[*Pueraria lobata*(Willdenow)Ohwi]属豆科(*Fabales*)葛藤属(*Pueraria*)藤蔓类植物。葛藤乙醇提取物用于防晒乳液配方见表5-19,该配方具有防紫外线伤害、细胞活化、抗氧化、保湿作用(表3-26)。

表3-26 葛藤防晒乳液(JP 2001220340)

成分	质量分数/%	成分	质量分数/%
葛藤乙醇提取物	4.0	胎盘提取物	5.00
聚氧乙烯失水山梨醇单硬脂酸酯	1.0	防腐剂	0.10
硬脂酸	0.5	羧乙烯聚合物	0.10
山嵛醇	0.5	NaOH	0.05
角鲨烷	9.0	乙醇	5.00
氢化大豆磷脂	0.5	香精	适量
棕榈酸视黄醇酯	0.5	蒸馏水	加至 100.00

(17)水飞蓟 菊科植物水飞蓟(*Silybum marianum*)是欧洲的民间药,长期用来治疗肝病,在我国北京、上海、西安等地均有栽培。水飞蓟素(Silymarin)是以水飞蓟的种子为原料制取的,为其主要有效成分是5,7,3',4'-四羟基二氢黄酮醇与苯丙基衍生物的缩合物(图3-36)。水飞蓟素为不

溶于水的黄色结晶,易溶于甲醇和乙醇,比旋光度$[\alpha]_D^{20}$:+5°(乙醇),紫外线吸收特征峰波长(吸光系数):288 nm(21 900)。

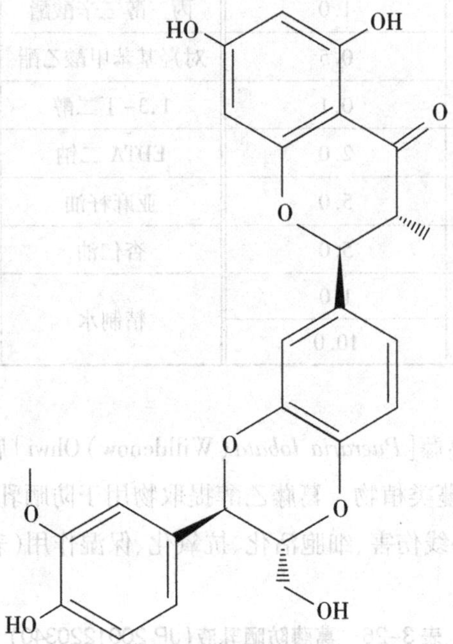

图3-36 水飞蓟素

水飞蓟素有显著的抗氧化性,可有效俘获、中和、消除超氧自由基、氢过氧化物自由基、羟基自由基等多种自由基,这些活性很大的自由基被认为是引起皮肤 DNA 变异,并导致皮肤老化的主要原因。水飞蓟提取物的抗氧化性是维生素的 10 倍,结合它对弹性蛋白酶的良好抑制,以及对皮肤毛孔的收敛作用,可在清除皱纹类的抗衰化妆品中使用。

(18)母菊 母菊属(*Matricaria* L.)为菊科(*Compositae*)黄春菊族(*Anthemideae*)植物。该属有 7 个种,原产欧洲,现广泛分布于欧洲、亚洲(西部、北部和东部)、地中海、非洲南部以及美洲西北部。我国新疆北部和西部有分布,在南京、北京、上海有少量栽培,主要生活在河谷旷野和田边。母菊属植物在欧洲、美国及日本等早已被广泛应用,成为众所周知的药用植物和香料植物。

母菊的花序含有 0.2%~0.8% 挥发油,呈暗蓝色,主要成分是母菊薁(chamazulene)和前母菊薁即母菊素(prochamazulene,matricin),后者为在蒸馏中产生的次生产物。母菊含有黄酮苷、芹菜苷（白花）、槲皮苷（quercimeritrin）（黄花）、芸香苷、金丝桃苷、万寿菊苷（patulituin）、大波斯菊苷等。另外还含愈创内酯类化合物母菊苷（matricarin）。母菊挥发油可以制成油膏和乳脂香皂，具有抗皮肤炎症作用；母菊中的各种黄酮苷对紫外线有吸收作用，可制成防晒化妆品，而母菊苷具有保护皮肤作用和增白效果。

（19）鼠李　药用鼠李草为唇形科植物，原产欧洲，我国有栽培，含鼠李草酚（carnosol），能清除自由基，消炎抗氧化。

（20）黑果越桔　黑果越桔属杜鹃花科越桔亚科，俗称蓝莓。其浆果富含花色苷黄酮、多酚、维生素 A、B 族维生素、维生素 C、维生素 E、多糖、果胶等多种成分。花色苷黄酮具有很强的抗氧化性。研究表明，黑果越桔浆果的水提物对 UVA 和 UVB 均有紫外防护作用。低剂量的提取物能降低 UVB 紫外线诱导的细胞毒性和基因毒性，并降低 UVB 辐射导致的脂质过氧化水平。提取物可降低 UVA 诱导的表皮细胞凋亡。提取物显示了较好的通过清除自由基而降低紫外线对皮肤细胞的氧化损伤，尤其是 UVA 引起的氧化损伤。

黑果越桔叶中含有熊果苷，能够通过抑制体内酪氨酸酶的活性，阻止黑色素的生成，从而减少皮肤色素沉积，祛除色斑和雀斑，同时还有杀菌、消炎的作用。主要用于高级化妆品的制备。

（21）夏枯草　夏枯草（*Prunella vulgaris* Labiatae）为唇形科植物夏枯草的带花的果穗。夏枯草富含酚类，包括迷迭香酸、鞣花酸和咖啡酸等主要成分。

夏枯草乙醇提取物和迷迭香酸可保护皮肤免受 UVA 辐射导致的氧化损伤，也可显著清除 ROS 的产生和减少 IL-6 的释放，也可减少 UVB 辐射对皮肤的损伤。夏枯草中的咖啡酸对 UVA、UVB 和 UVC 引起的皮肤光损伤均有显著的保护作用。

具有强抗氧化性的鞣花酸（ellagic acid）是英国天然有机品牌 Rodial 护肤配方的中流砥柱。Glamotox SPF 18 是日间保湿防晒二合一。

咖啡酸（caffeic acid）可见于芸香科柠檬果皮、败酱科缬草根等多种植物，常与其他芳香族有机酸伴存。咖啡酸微溶于水，易溶于热水和冷乙醇，为黄色结晶，紫外线吸收特征波长是 243 nm 和 326 nm，在紫外线下显蓝色荧光（图 3-37）。药理研究表明低浓度（12.5 μg/g）的咖啡酸在体外试验中可抑制酪氨酸活性并减少黑色素的形成，在增白护肤品中用量为 0.5%～2.0%。

迷迭香酸(rosmarinic acid)从结构上看是咖啡酸的酯(图3-38),是许多芳香类植物如迷迭香草(rosmarimas officinalis)、紫苏(perilla fratescens)全草和蜜蜂花(melissa officinalis)全草的风味物质之一,迷迭香酸可溶于水、甲醇、乙醇,不溶于乙酸乙酯、氯仿和石油醚。

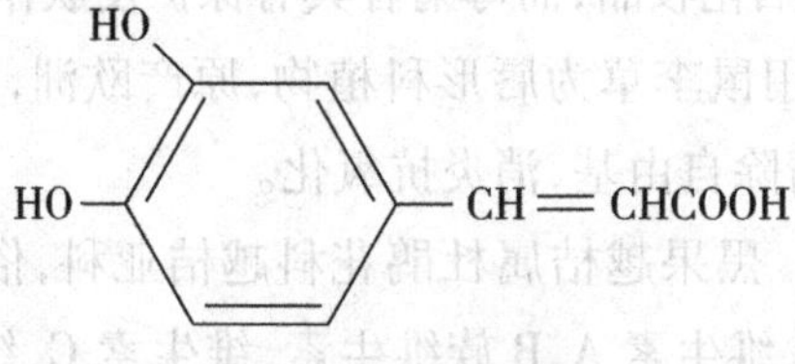

图3-37 咖啡酸

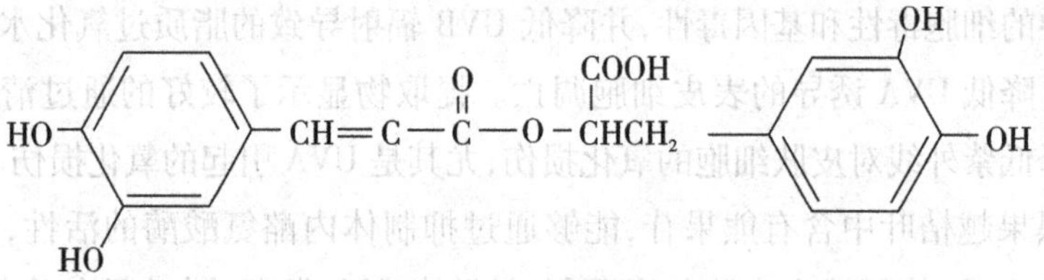

图3-38 迷迭香酸

(22)刺松藻 刺松藻为藻类植物绿藻纲松藻科刺松藻[*Codium fragile* (sur.)Hariot.]的嫩藻体,又名刺海松、软软菜等。其提取物有多种药理活性,包括抗水肿、抗过敏、抗炎、抗分枝杆菌。研究表明,刺松藻的醇提取物和其中单一成分赤桐甾醇可通过降低 COX-2、iNOS 和 TNF-α 水平而对UVB 诱导的皮肤炎症和氧化损伤起到保护作用。

(23)橘子提取物 日本 Pola 化学工业公司的研究人员发现由橘子皮提取的几种成分,如没食子酸、川皮苷等具有生物活性可以吸收 UVA 紫外线并清除 UVA 紫外线引致的活性氧的活性。UVA 紫外线照射皮肤产生的活性氧是引起皮肤光老化的重要因素之一。研究还发现来自橘子果实中的提取物可以抑制皮肤细胞中角鲨烯因 UVA 紫外线照射引起的过氧化作用。同时对由于 UVA 紫外线照射引起的人体皮肤纤维细胞的减少有减轻作用,并可防止 UVA 紫外线对皮肤细胞中过氧化氢酶活性的抑制作用。

Pola 公司的研究还证实采用橘子和薄荷提取物的混合物可以防止皮肤

由于 UVB 紫外线照射引起的红斑。可见橘子提取物在个人护肤品中具有广泛的应用前景。

（24）燕麦提取物　燕麦中的蒽酰胺具有抗辐射、抗紫外线、防晒美容的功效。燕麦中含有大量的抗氧化物质，酚酸类有咖啡酸、阿魏酸、香豆酸、安息香酸、芥子酸、原儿茶酸、水杨酸、没石子酸、丁香酸等；类黄酮化合物包括 5,7,4'-三羟基黄酮、3'4',5,7-四羟基黄酮和 4',5,7-三羟基-3',5'-二甲氧基黄酮，还有维生素 E 等。这些物质都可以有效地清除自由基，减少自由基对皮肤细胞的伤害，减少皱纹的出现，淡化色斑，保持皮肤弹性和光泽。此外，燕麦蒽酰胺，又称为燕麦生物碱，是燕麦特有的物质，燕麦蒽酰胺不仅具有清除自由基抗皱纹的功效，还具有抗刺激的特性，尤其当紫外线照射对皮肤产生不利作用时，它具有有效去除皮肤表面泛红的功能，对过敏性皮肤具有优异的护理作用。

燕麦萃取物可以明显减少刺激性及紫外线引起的皮肤损伤，当其与二氧化钛合用时可使体系的 SPF 值增加近 1 倍。

燕麦中还含有一种高分子 β-葡聚糖，具有高效保湿作用，显著减少皮肤皱纹，抵抗皮肤老化，保护皮肤免受紫外线伤害，并有良好的晒后修复功能，提高皮肤抵抗外界刺激的能力。燕麦葡聚糖应用于各种保湿霜、防晒与晒后护理产品、抗衰老及抗皱产品等。

（25）米糠油　米糠油主要成分是棕榈酸（11.4% ~ 16.4%）、油酸（39.2% ~ 46.0%）、亚麻酸（26.5% ~ 35.1%）的甘油酯，具有丰富的营养成分。米糠油具有高效防晒功能。近年来国外专利中报道它能否吸收可引起皮肤灼伤的 295 ~ 315 nm 范围内的紫外线，不使皮肤得日光皮炎，为此，专利申请者做了一系列试验，实验表明了米糠油具有防晒作用，且对日光照射具有优良的稳定性，数小时后仍有效。由于它是一种天然原料，对皮肤无害、无刺激性，又可与油和普通溶剂相混合，一般做成防晒霜、防晒乳液、防晒美容水及防晒油。

（26）姜黄　姜黄是姜科植物姜黄的干燥根茎，姜黄根茎和块根数千年来用作药材、香料和染色剂。姜黄素是姜黄的主要成分，在姜黄根茎中含 4% 左右，姜黄素为高度共轭的 1,3-二酮结构，该结构的化合物有抑制酪氨酸酶活性作用，姜黄素 50 pmol/L 抑制酪氨酸酶活性有效率为 51.8%；能显著吸收紫外线，作增白剂在护肤品中用量为 0.2% 左右。姜黄萃取液在

320～400 nm 的吸光度随波长的增加而增大,与其他物质复配可提高防晒剂在 UVA 长波区的防护性能。

(27)沙棘　沙棘(Hippophae rhamnoides)又名醋柳,沙棘是植物和其果实的统称。主要成分均在其成熟的果实内,含多量的黄酮化合物如鼠李素、异鼠李素及其糖苷,有吸收紫外线性能。干种子尚含油 8%,其中主要为不饱和脂肪酸如油酸、亚油酸和亚麻酸,可用己烷提取。沙棘油有良好的润滑皮肤的作用。

有关研究已经发现,沙棘叶具有很好地吸收紫外线能力,对 UVC 区,沙棘叶具有较好的防晒性能;对 UVB 区,沙棘叶提取液具有较好防晒性能;而对 UVA 区,沙棘叶、金银花、菊花和金莲花提取液均具有较好防晒性能。就整个紫外线广谱区,沙棘叶、金银花和菊花提取液具有较好的防晒性能,表明沙棘叶、金银花和菊花中含有多种防晒成分,具有较强的紫外线吸收能力,是具有光谱防晒作用的中草药,值得进一步深入研究。沙棘中含有维生素 A、维生素 E、维生素 A 源、黄酮化合物,具有消除和减弱长波段紫外线对皮肤中氧自由基形成的弱光催化作用,以及对皮肤细胞结构中不饱和脂肪酸的氧化作用。

有效成分提取方法:采用超声波提取,分别精确称取 1.0 g 中草药沙棘叶等样品各两份,一份加入 50% 乙醇 50 mL,一份加入蒸馏水 50 mL,浸润 10 min 后,在温度为 50 ℃,超声波功率 80 W 的条件下,超声提取 30 min,提取液过滤后,用相应的提取溶剂定容至 50 mL,冰箱中低温冷藏保存。

(28)金银花　药材金银花为忍冬科忍冬属植物忍冬及同属植物干燥花蕾或带初开的花。金银花提取液浓度为 0.5 g/L 时,对紫外线 3 个波段的紫外线吸收率仍达 90% 以上,具有光谱防晒作用。研究发现,金银花对氧自由基有很强的清除作用,能抗衰老。这种植物药用量少,在各段对紫外线吸收率达 90% 以上时药液色泽浅,具有很高的防晒价值。超声波提取试验中发现,对浓度为 50 g/L 的提取液进行活性脱色,结果其溶液的紫外线吸收率明显下降。如果将中药材提取液浓度稀释至 0.5 g/L 时,颜色几乎接近无色,且金银花在此浓度下对各段紫外线吸收率仍达 90% 以上,是理想的天然防晒剂。

(29)番茄　番茄别名西红柿、洋柿子,古名六月柿、喜报三元,是全世界栽培最为普遍的果蔬之一。番茄是最好的防晒食物,富含抗氧化剂番茄红素,每天摄入 16 mg 番茄红素,可将晒伤的危险系数降低 40%。番茄红素作为强抗氧化剂,可有效清除人体内过量的氧自由基,因此可延缓皮肤衰老,抵抗老化性疾病。此外,番茄红素还能降低眼睛黄斑的退化、减少色斑沉着。番茄富含胡萝卜素和维生素 A、维生素 C,有祛雀斑、美容、抗衰老、护肤等功效。

(30)薏米 薏米属禾本科植物,有消毒、止痛、抗癌作用。其提取液含有糖和氨基酸的混合物,对紫外光的吸收作用甚强,并对酪氨酸酶也有很强的吸收作用,可防止皮肤黑色素的生成。薏米低浓度提取液配入化妆品也具有一定的防晒作用。

(31)金盏花 金盏花属菊科,药用其全草及花。与它在化妆品中的广泛应用不同的是,对它的有效成分知之甚少,感兴趣的组分是十八碳(8,10,12)三烯酸、类胡萝卜素和金盏素(carotenoid,苦味素)等。金盏花萃取物有很强的抗菌性和抗炎性,外用可抗过敏和止痛。在剃须膏中的应用实例如表 3-27。

表 3-27 金盏花提取物配方

成分	质量分数/%	成分	质量分数/%
金盏花萃取物(乙醇)	2.00	椰子油	15.38
鼠尾草萃取物(乙醇)	2.00	香料	1.54
硼酸	0.30	氢氧化钾	1.70
硬脂酸	30.75	氢氧化钠	2.33
甘油	15.54	去离子水	余量

在护肤品中作缓和刺激、活化表面细胞的助剂,在唇膏中加入可防止脆性唇的破裂。

(32)蜂胶 蜂胶又名蜂巢蜂胶,是蜜蜂将花粉、自身分泌物和蜂蜡等混合加工而成的胶蜡状物质,内含黄酮类化合物如槲皮素、山奈酚、黄酮醇等10 余种,酸类物质如咖啡酸、阿魏酸等,维生素 A、B$_1$ 等,目前较为一致的看法是黄酮化合物在蜂胶中含量不低,应是主要有效成分,因此化妆品中常用的是蜂胶的乙醇萃取液。

蜂胶的乙醇萃取物有很强的抑菌性和抗阳性,可用作化妆品的防腐剂,香波和洗发水中用入有护发和去屑作用;对紫外线有良好的过滤作用,可用作护肤品中的防晒剂(见表3-28)。

表3-28 喷洒性防晒霜的组成

成分	质量分数/%	成分	质量分数/%
貂油(低馏分)	3.0~5.0	乙醇胺	0.5~1.5
蜂胶萃取物	0.5~1.5	对氧甲基肉桂酸乙基己醇酯	2.0~3.2
橄榄油	0.5~1.5	香精	0.3~0.6
棕榈酸异丙酯	8.5~10.5	推进剂	5.0~20.0
硬脂酸	5.0~6.0	去离子水	余量

(33)木通 木通(akebia stem),药用藤茎及果实,除去外皮的藤茎主要成分是皂苷,称为木通皂苷,为齐墩果酸和常春藤皂苷元与葡萄糖、鼠李糖等结合的多种苷混合物,有抗炎、抗菌作用。其萃取物(主成分皂苷)对酪氨酸酶有抑制,与紫外线吸收剂共用入化妆品,有增白效果(表3-29)。

表3-29 木通提取物增白润肤霜的组成

成分	质量分数/%	成分	质量分数/%
甘油	5.0	油醇	0.1
丙二醇	4.0	吐温20	1.5
十二烷基聚氧乙烯醚	0.5	紫外线吸收剂	适量
木通萃取物	1.0	防腐剂	微量
乙醇	10.0	去离子水	余量

(34)长春花 长春花(catharanthus roseus)药用全草,含多种生物碱和氢醌的糖苷、黄酮类化合物、肌醇等,但有抑制酪氨酸酶活性的成分为氢醌的糖苷。长春花的乙醇萃取物与紫外线吸收剂相配有增白作用(表3-30)。

(35)接骨木 接骨木(arnica montana)药用其花,主要活性物为接骨木苷(氰酸糖苷)、黏液物质等,其乙醇或水的萃取物在200~360 nm区域有强烈吸收,可用作化妆品的防晒剂。

表3-30　长春花提取物增白霜的组成

成分	质量分数/%	成分	质量分数/%
十八醇	4.0	长春花萃取物	0.01
硬脂酸	5.0	亚硫酸氢钠	0.01
肉豆蔻酸异丙酯	18.0	2,4-二羟基二苯甲酮	0.10
单甘酯	3.0	乳化剂	适量
丙二醇	10.0	去离子水	余量

(36)地榆　地榆(sanguisorba officinalis)为蔷薇科植物地榆的根及根茎,内含鞣质约17%,三萜皂苷2.5%~4.0%,以地榆皂苷为主。地榆萃取物对多种细菌和真菌都有不同程度的抑制作用,有止血和止渗作用,可与壳寡糖组成人工皮膜治疗皮肤烫伤和损伤,有一定的抑制酪氨酸酶活力的功能,可用作化妆品的增白剂。

(37)紫苑　紫苑原名紫菀。味苦辛,性微温。紫苑有化痰降气、清肺泄热、通调水道的作用,是常用的治咳药。《药品华义》中记载:紫苑,味甘而带苦,性凉而体润,恰合肺部血分。近代研究报道,紫苑对实验动物有祛痰作用,并有一定的抑菌作用,对流感病毒有抑制作用。

一种含紫苑提取树脂的天然防晒霜的制作方法(专利)中提供一种含紫苑提取树脂的天然防晒霜,配方如表3-31。

表3-31　紫苑提取物防晒霜配方

成分	质量分数/%	成分	质量分数/%
紫苑提取树脂	6.7~10.0	维生素C	1.0~1.6
天然提取物	3.3~6.7	纳米二氧化硅	1.0~1.6
芦荟凝胶汁	1.6~3.3	肉桂醇	6.7~10.0
2-羟基-4-甲氧基二苯甲酮	1.6~5.0	天然香精	0.67~1.6
维生素E1	4.3~1.6	去离子水	60.0~73.3

紫苑提取树脂:紫苑植株 50 ℃干燥 5 h,粉碎至 60 目以上(总黄酮、皂苷)

紫苑苷是翠菊花中的花青素,在化妆水中用入可提供较好的黏度和柔滑感,配方见表 3-32。

表 3-32　含紫苑苷化妆水的配方

成分	质量分数/%	成分	质量分数/%
甘油	5.00	紫苑苷	0.5
柠檬酸	0.03	2-羟基,4-甲氧基二苯甲酮-5-磺酸钠(抗晒剂)	0.3
柠檬酸钠	0.05	香精	0.1
尿囊素	0.10	色素	适量
酒精(95%)	10.00	防腐剂	0.1
油醇聚氧乙烯醚	1.00	精制水	余量

2. 复方研究

随着化学防晒剂和植物防晒剂开发的不断深入,防晒化妆品发展面临如下趋势。

(1)防晒性能普遍增加　随着环境恶化,大气臭氧层的破坏,日光中的紫外辐射日益增强,防晒化妆品的防晒性能普遍增加。一方面,产品的 SPF 普遍提高,SPF 10 以下的防晒化妆品已经少见,SPF 20、SPF 30 的产品逐渐成为主流,许多产品标注 SPF 30+,具有超强的防护效果;另一方面,产品的防水防汗性能增强,进一步增加了产品的防晒性能,提高了产品的实际应用价值。同时,产品的安全性要求增强,如选用物理性防晒剂为主的产品即所谓物理防晒,以减少对化学性紫外线吸收剂的依赖。

(2)天然植物提取物应用增多　许多植物提取物虽然对紫外线没有直接的吸收或屏蔽作用,但加入产品后可通过抗氧化或抗自由基作用,减轻紫外线对皮肤造成的辐射损害,从而间接加强产品的防晒性能,如芦荟、红景天、葡萄籽和燕麦提取物,富含维生素 E、维生素 C 的植物萃取液等。这样的物质现在已经在化妆品中开始应用,随着人们回归自然、排斥化学合成物质的心理需求增加,这种应用趋势必然更加流行。

（3）由单一的对 UVB 的防护到对 UVB 和 UVA 的同时防护　过去,由于人们对紫外线对皮肤伤害存在错误认识,认为只有晒红是有害的,而晒黑无害,越黑越健康,因而,过去的防晒产品针对 UVB 进行防护,随着人们对 UVA 晒黑作用的深入了解,认识到 UVA 晒黑作用不仅影响皮肤美白,而且更容易引起皮肤衰老和肿瘤发生,因而,对 UVA 进行防护成为广大消费者的共同需求。

（4）强调与其他功效的结合　现代社会,人们对化妆品的要求越来越高,防晒不再作为产品的唯一功能,而是和其他功效,如保湿、营养、抗老化等结合在一起,使产品具有多重效果。所以防晒化妆品中经常添加皮肤营养物质,如维生素 E 等抗氧化剂外,还有增强皮肤弹性和张力的生物添加、保湿剂,改善皮肤血液微循环的植物提取物等类似产品,还有具有防晒效果或标识有 SPF 的粉底类、口红唇膏类彩妆品,标识紫外线阻挡效果的化妆水、爽肤水,甚至宣称具有防晒作用的洗发香波、洗面奶等。从另一角度看,防晒化妆品作为一种独立产品或许正在消失,而逐渐变成将防晒功能融合在未来不同类型的化妆品中。

现已经有植物复方防晒方面的研究,有学者以黄芩苷为主,配伍月见草油制成 O/W 霜剂,进行防晒系数(SPF)测定,并与单纯霜剂基质比较,结果具有显著性差异。将高良姜和郁金的混合提取物作用于 UVA 辐射的人类黑色素瘤细胞(G361),可以抑制其酪氨酸酶活性以及其 mRNA 水平、抑制黑色素的产生,阻止 UVA 诱导的氧化产物生成,防止过氧化氢酶、谷胱甘肽过氧化物酶以及细胞内谷胱甘肽耗竭。有学者将具有防晒作用的紫草、槐米和桂皮等数十种草本植物进行筛选、提取、复配制成了天然防晒护肤品。在同等条件下,与国内市场上较好的品牌产品对比测试,复配天然紫外吸收剂对 UVA 和 UVB 均有较强的吸收性能,且较单一植物提取液有显著的互补效应。

有研究报道苦丁茶、月季、玫瑰在 UVB 区有强吸收(A>1.5),黄连、槐米、黑胡椒、丁香、紫罗兰、桂花在 UVB 区有较弱的吸收峰(A=1.0~1.5);苦丁茶、黑胡椒、桂花在 UVB 和 UVA 区均有明显吸收能力;UVA-UVB-UVC:槐米、黄连、藏红花均有广谱紫外线吸收剂。苦丁茶在防晒光区吸收范围宽泛,吸收值大,可作为水萃取液的广谱及高效防晒剂。黄连的最大吸收峰在 320~365 nm,吸收范围宽泛,防晒作用强,可作为具有高 PA 值的防晒剂。复合紫外吸收剂配方:槐米、藏红花、黄连、苦丁茶、月季、紫罗兰(质量分数比2:2:0.5:5:1.5:1)。

除了上述天然植物来源的防晒剂成分外,还有多种抵御紫外辐射的生物活性物质,包括维生素及其衍生物,如维生素C、维生素E、烟酰胺、β胡萝卜素;抗氧化酶,如超氧化物歧化酶(SOD)、辅酶Q、谷胱甘肽、金属硫蛋白(MT)等;植物提取物,如芦荟、燕麦、葡萄籽萃取物等。这些物质很少被当作防晒剂看待,因为它们本身不具有紫外线吸收能力。然而这些物质在抵御紫外辐射中具有重要作用。因为紫外辐射是一种氧化应激过程,通过产生氧自由基来造成一系列组织损伤,上述物质通过清除或减少氧活性基团中间产物,从而阻断或减缓组织损伤或促进晒后修复,这是一种间接防晒作用。从防晒的终末生物学效应来看,上述各种抵御紫外辐射的活性物质应属于生物性防晒剂。

防晒产品配方中加入上述生物活性物质已经成为一种时尚。这种做法有多重效果:一是可加强产品的防晒效果而提高体系的SPF值;二是可通过抗氧化作用保护产品中其他活性成分如防晒剂等;三是可防止产品接触空气后的氧化变色;四是可以发挥其他生物学功能如营养皮肤、延缓衰老、美白祛斑等。

3. 实例

目前已有多个化妆品品牌的防晒产品添加了植物成分,见表3-33。化妆品防晒产品配方中加入植物提取物有多重效果,包括可加强产品的防晒效果从而提高体系的SPF值;可通过抗氧化作用保护产品中其他活性成分如防晒剂等;可防止产品接触空气后的氧化变色;还可以发挥其他生物学功能如营养皮肤、延缓衰老、美白祛斑等。

表3-33 含天然植物防晒成分的防晒化妆品品牌

防晒化妆品品牌	防晒物质	功效
佳雪冰点防晒	芦荟精华	有效阻挡90%以上紫外线UVA、UVB,减少晒伤老化,全面保护表皮细胞免受烈日伤害,并提供持续的滋养保湿
妮维雅防晒隔离润肤露	天然甘草精华	阻挡90%紫外线,有效防止肌肤晒伤

续表 3-33

防晒化妆品品牌	防晒物质	功效
SHISEIDO 资生堂美白完美防晒露 SPF 30	人参精华	能阻止黑素形成,使肌肤白皙通透;其独特的防水效果,能抑制汗水和皮脂对防晒效果产生的不良影响
新疆雪莲化妆品有限公司的天然雪莲防晒霜	雪莲黄酮、芦丁、氨基酸	有效阻止阳光中波、长波紫外线对皮肤的伤害,显著减少皮肤色素的加深

(四)化妆品中植物原料科学研究日趋增长

虽然以植物活性成分为主的天然美容日化产品顺应了"崇尚绿色,回归自然"的潮流,越来越占据化妆品市场发展的主流,受到消费者的青睐,关于化妆品中植物原料的科学研究也日趋增长。有调查数据表明(图 3-39),从 2004—2014 年的 10 年间,关于化妆品植物原料的研究报道数量从原来的 500 余篇增至 2 800 余篇,充分说明了植物化妆品原料已逐渐成为研究者关注的热点。

尽管如此,化妆品植物原料仍存在很多问题,如大多数植物原料没有进行安全性、有效性及质量评估,重金属、农残、溶剂残留、合成树脂单体的残留可能含有的风险成分;没有深入了解植物成分的头皮吸收剂与皮肤的作用机制。2010 版 INCI 标准中文名称目录共收录了 15 649 种原料,其中 1/3 以上是植物原料,但需要注意的是,目录不能作为中国化妆品中可使用原料的依据,化妆品卫生规范中禁用植物原料有 78 种,禁用的植物性来源的单一成分 90 余种。因此植物原料提取制备与提取物质量控制成为关键的技术因素。化妆品植物原料的安全性分为毒理、刺激性、致敏性、光毒性等指标。提取过程中的提取物 pH 值变化、色泽不稳定、出现沉淀等因素均影响植物原料的稳定性。可采取深度过滤,加入稳定剂等手段提高稳定性。

近年来,随着纳米技术的发展,纳米技术在化妆品植物原料中的应用,尤其是将纳米中药技术应用于化妆品中,可以有效改善一直存在着的有效成分吸收差、利用率低、副作用大、资源浪费等问题。纳米技术的应用有很多优势,如可明显增加吸收度,提高生物利用度,增强产品的功效,拓宽适应性;纳米中药使用的靶向定位作用,也可使活性成分在特定部位发挥疗效,从而降低副作用;纳米技术处理后的中药材应用于化妆品中,伴随着化妆品的吸收,会对人体产生新的药效。但该技术在化妆品领域的应用也存在潜在的风险性。

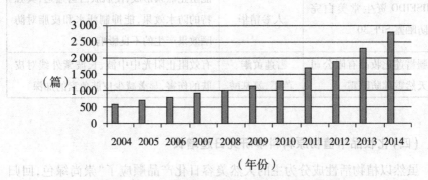

图 3-39　化妆品植物原料领域研究性论文的数量

(注:数据来源 ScienceDirect,搜索关键词:Plant materlal & cosmetics)

第四章　防晒化妆品功能评价方法

　　防晒化妆品，顾名思义其主要功能就是防晒，或防紫外辐射对人类皮肤的不良影响。由于 UVC 被大气臭氧层完全吸收，来自太阳辐射的紫外线只有 UVB 和 UVA 才能到达地球表面，因此防晒化妆品的主要功能体现在对 UVB 和 UVA 的防护效果上。1928 年美国首先有防晒化妆品上市，所加原料主要是防 UVB 的晒红。二次世界大战美国士兵所用的防晒霜也主要是防 UVB。1978 年美国食品药品监督管理局（Food and Drug Administration，FDA）把防晒化妆品列为有疗效的化妆品，把它列为非处方药（Over-The-Counter drug，OTC）。其定义是其结构和功能是帮助人类抵御对皮肤光化性损伤。作为 9 种特殊用途化妆品之一，防晒化妆品的申报要经省级卫生部门与卫生部两级审批。而评价防晒化妆品的防晒效果有许多客观指标，现叙述如下。

第一节　防晒化妆品 SPF 值人体测定及表示法

　　SPF 值是防护系数（sun protection factor）的缩写，它是防晒化妆品保护皮肤避免发生日晒红斑的一种性能指标。SPF 是指人体在涂与未涂防晒化妆品皮肤上产生皮肤最小红斑量（minimal erythema dose，MED）所需光能量之比，表示化妆品的防 UVB 能力。如在未涂防晒化妆品部位上照射紫外线 10 min 达 MED，而涂后达 MED 需照射 100 min，则其 SPF 值 = 100/10 = 10。由于 SPF 值的定义是建立在皮肤红斑反应的基础之上，因此只有利用人体皮肤的红斑反应才能准确、客观地测定 SPF 值。目前人体法测定防晒品的 SPF 值是国际统一的技术模式。

一、SPF 值测定方法的历史沿革及现状

据资料记载,历史上关于防晒品 SPF 值或保护指数 IP 的测定方法最早于 20 世纪 30 年代建立,20 世纪 50 年代也有很多类似研究。这些探索使人们逐渐建立了有关最小红斑量(MED)和 SPF 值的重要概念,随后相关的标准化研究使美国 FDA 于 1978 年发布了世界上第一个关于 SPF 值测定和产品标识的标准方法(暂行本)。随后德国于 1984 年也建立了 SPF 值测定标准(DIN67501)。德国的方法主要在欧洲应用,在技术细节上与美国的 SPF 值测定法有两点区别:一是光源不同,美国的方法中用氙弧灯日光模拟器,而德国的方法中用汞灯作为紫外光源;二是测定样品用量不同,美国方法中为 2 mg/cm^2,而德国方法中为 1.5 mg/cm^2。两种不同的技术方法测定的 SPF 值经常出现不一致的情况。

随着 SPF 值测定技术的发展,后来所有国家都采取了美国的 SPF 测定技术模式。澳大利亚标准协会 1983 年发布了与美国 FDA 类似的技术标准。包括 SPF 以及抗水性能试验测定;新西兰 1993 年采用了澳大利亚的标准体系并联合发布了 SPF 测定新版本(AS/NZS 2604;1993),两国 1998 年对此都做了重新修订;日本化妆品工业联合会(JCIA)1991 年也建立了 SPF 测定方法,1999 年完成了修订版本;加拿大、南非(SABS)1992 年建立了类似的 SPF 测定方法,2002 年新做了修订。国际照明学会(CIE)1991 年也推荐了一种世界范围的 SPF 值测定技术。美国 FDA 1978 年发布的 SPF 测定方法 1993 年做了修订(最后暂行本),并沿用至今。本来 FDA1999 年对 SPF 标准进行了补充修改,完成了最后版本,并预期 2002 年生效,但后来推迟至 2005 年启用,美国推迟使用最新版本的原因是需要更多的时间来建立评价 UVA 防护效果和标识的特异性技术方法。

欧盟(COLIPA)1994 年建立 SPF 测定标准。在其方法中介绍了一些新技术来规定紫外光源的发射光谱以及用测色仪来选择受试者的皮肤类型,同时在测定高 SPF 值产品时还推荐使用两种高 SPF 值的标准对照品。奥地利于 1998 年、德国于 1999 年也分别采用了 COLIPA 的 1994 年方法。最近,韩国(1998 年)、哥伦比亚(1998 年)、Mercosur(2002 年)以及中国(2002 年)也分别建立了类似的 SPF 测定方法。

《国际防晒指数试验方法》长达 44 页文件,包括方法、附录(5 个部分)

和参考文献(216 篇)。它汇集了当今世界各国有关 SPF 值测定研究成果,经过协调达到统一的方法。2009 年 ISO 国际标准化组织公布《化妆品——日光防护作用试验方法》。

二、中国的 SPF 测定技术标准

中国自 1999 年着手建立关于测定 SPF 的技术方法,2002 年由国家卫生部以化妆品技术法规的形式颁布实施,并于 2003 年 1 月 1 日起生效,该方法的具体内容见表 4-1。

表 4-1 不同国家 SPF 值测定主要条件比较

SPF 测定 主要条件	美国(FDA) 1993 年	欧洲(COLIPA) 1994 年	日本(JCIA) 1999 年	澳大利亚 和新西兰 1993 年	中国(NSCC) 2002 年
受试人数(人)	20 ~ 25	10 ~ 20	10 以上	10 以上	10 以上
皮肤类型	I ~ Ⅲ	I ~ Ⅲ	I ~ Ⅲ	I ~ Ⅲ	I ~ Ⅲ
标准对照	8% HMS	L & H	L & H	8% HMS	8% HMS
样品用量/ (mg/cm^2)	2	2±0.08	2	2±0.10	2
涂抹面积/cm^2	≥50	≥35	≥20	≥30	≥30
UV 光源/nm	290 ~ 400	280 ~ 400	280 ~ 320	290 ~ 400	290 ~ 400
照射面积/cm^2	>1	>0.4	>0.5	>1	>0.1
SPF 值计算方法	均数 $X-ts/\sqrt{n}$	均数 X 95% 可信限	均数 X $SE<10\%$	均数 X $SE<7\%$	均数 X $SE<10\%$

1. 范围

本规范规定了对防晒化妆品 SPF 值的测定方法。本规范适用于测定防晒化妆品的 SPF 值。

2. 规范性引用文件

美国食品药品监督管理局(FDA)对防晒产品防晒指数的测定方法。

3.定义

(1)紫外线波长

1)短波紫外线(UVC):200~290 nm。

2)中波紫外线(UVB):290~320 nm。

3)长波紫外线(UVA):320~400 nm。

(2)最小红斑量 引起皮肤红斑,其范围达到照射点边缘所需要的紫外线照射最低剂量(J/m^2)或最短时间(s)。

(3)防晒系数 引起被防晒化妆品防护的皮肤产生红斑所需的 MED 与未被防护的皮肤产生红斑所需的 MED 之比,为该防晒化妆品的防晒系数(sun protection factor,SPF)。使用防晒用品后,皮肤的最低红斑剂量会增长,那么该防晒用品的防晒系数 SPF 则可表示为:SPF = 最低红斑剂量(用防晒用品后)/最低红斑剂量(用防晒用品前)。

皮肤在日晒后发红,医学上称为"红斑症",主要是日光中 UVB 诱发的一种皮肤红斑反应,这是皮肤对日晒做出的最轻微的反应,因此防晒化妆品 SPF 值也经常代表对 UVB 的防护效果指标。最低红斑剂量,是皮肤出现红斑的最短日晒时间。

假设某人皮肤的最低红斑剂量有 15 min,那么使用 SPF 为 4 的防晒霜后,理论上可在阳光下逗留 4 倍时间(60 min),皮肤才会呈现微红;若选用 SPF 为 8 的防晒霜,则可在太阳下逗留 8 倍时间(即 120 min),依此类推(见表4-2)。

表4-2 防晒化妆品 SPF 分级

SPF	防晒等级	要求	应用对象
2~6	最低	允许晒黑	黑肤色人
6~8	中等	允许有些晒黑	肤色偏深的人
8~12	高度	允许有限晒黑	一般皮肤的人
12~20	高强	允许少许晒黑	敏感皮肤的人
20~30	超强	不允许晒黑	野外作业、游泳
30 以上	高超强	更不允许晒黑	受强烈阳光暴晒

4. SPF 测定方法

（1）光源 日光模拟器氙弧灯作为光源,必须符合下列条件。

1）可连续产生波长为 290~400 nm 的紫外线。

2）光源输出经滤光片过滤后,波长小于 290 nm 的紫外线应低于 1%。

3）光源输出经滤光片过滤后,波长大于 400 nm 的紫外线应低于 5%。

4）光源应输出稳定,光线均一,所辐射平面上其波动范围应小于 10%。

（2）受试者的选择

1）选 18~60 岁健康志愿受试者,男女均可。

2）既往无光感性疾病史,近期内未使用影响光感性的药物。

3）受试者皮肤类型为Ⅰ、Ⅱ、Ⅲ型,即对日光或紫外线照射反应敏感,照射后易出现晒伤而不易出现色素沉着者。

4）受试部位的皮肤应无色素沉着、炎症、瘢痕、色素痣、多毛等。

5）妊娠、哺乳、口服或外用皮质类固醇激素等抗炎药物,或近 1 个月内曾接受过类似试验者应排除在受试者之外。

6）按本方法规定每种防晒化妆品的测试人数应在 10 例以上。

（3）SPF 值标准品的制备方法

1）在测定防晒产品的 SPF 值时,为保证试验结果的有效性和一致性,需要同时测定防晒标准品作为对照。

2）防晒标准为 8% 水杨酸三甲环已酯制品,其 SPF 均值为 4.47,标准差为 1.297。

3）所测定的标准品 SPF 值必须位于已知 SPF 值的标准差范围内,即 4.47±1.297,在所测 SPF 值的 95% 可信限内必须包括 SPF 值 4。

4）标准品的制备见表 4-3。

制备方法:将 A 液和 B 液分别加热至 72~82 ℃,连续搅拌直至各种成分全部溶解。边搅拌边将 A 液加入 B 液,继续搅拌直至所形成的乳剂冷却至室温（15~30 ℃）,最后得到 100 g 防晒标准品。

（4）MED 测定方法

1）受试者体位:照射后背,可采取前倾位或俯卧位。

2）样品涂布面积不小于 30 cm^2。

3）样品用量及涂布方法:按 2 mg 样品/cm^2 的用量称取样品,使用乳胶指套将样品均匀涂布于试验区内,等待 15 min。

4）预测受试者 MED：应在测试产品 24 h 以前完成。在受试者背部皮肤选择一照射区城，取 5 点用不同剂量的紫外线照射。24 h 后观察结果，以皮肤出现红斑的最低照射剂量或最短照射时间为该受试者正常皮肤的 MED。

5）测定受试样品的 SPF 值：在试验当日需同时测定下列 3 种情况下的 MED 值：①测定受试者未保护皮肤的 MED，应根据预测的 MED 值调整紫外线照射剂量，在试验当日再次测定受试者未防护皮肤的 MED。②将受试产品涂抹于受试者皮肤，然后测定在产品防护情况下皮肤的 MED。在选择 5 点试检部位的照射剂量增幅时，可参考防晒产品配方设计的 SPF 值范围：对于 SPF 值小于 15 的产品，5 个照射点的剂量递增为 25%；对于 SPF 值大于 15 的产品，5 个照射点的剂量递增为 15%。③在受试部位涂 SPF 标准样品，测定标准样品防护下皮肤的 MED，方法同预测受试者 MED 法。

表 4-3　防晒标准品的制备

	成分	质量分数/%
A 相	羊毛脂（lanolin）	5.00
	胡莫柳酯（水杨酸三甲环己酯，Homo-salate）	8.00
	白凡士林（white petrolatum）	2.50
	硬脂酸（stearic acid）	4.00
	对羟基苯甲酸丙酯（propylparaben）	0.05
B 相	对羟基苯甲酸甲酯（methylparaben）	0.10
	EDTA-2Na（edatate disodium）	0.05
	1,2-丙二醇（propylene glycol）	5.00
	三乙醇胺（triethanolamine）	1.00
	纯水（purified water）	74.00

（5）排除标准　进行上述测定时如 5 个试验点均未出现红斑，或 5 个试验点均出现红斑，或试验点出现红斑后随紫外线照射剂量增加又消失时，应判定结果无效，需校准仪器设备后重新进行测定。

（6）SPF 值的计算

1）样品对单个受试者的 SPF 值用下式计算：

个体 SPF=样品防护皮肤的 MED/未加防护皮肤的 MED

2）样品防护受试者群体的 SPF 值即为该受试样品的 SPF 值,用下式表示:

$$样品\ SPF = X$$

计算样品防护全部受试者 SPF 值的算术均数,取其整数部分即为该测定样品的 SPF 值。估计均数的抽样误差可计算该组数据的标准差和标准误差。要求标准误差应小于均数的 10%,否则应增加受试者人数直至符合上述要求。

5.防晒产品防晒效果的标识

所测样品的 SPF 值低于 2 时不标识防晒效果;SPF 值 2～30 之间可在产品标签上标识 SPF 值;当所测产品的 SPF 值高于 30,且减去标准差后仍大于 30,应在产品标签上标识 SPF 30+。

6.检验报告

报告应包括下列内容:受试物通用信息包括样品编号、名称、生产批号、生产及送检单位、样品物态描述以及检验起止时间等,检验目的、材料和方法、检验结果、结论。检验报告应有检验者、校核人和技术负责人分别签字,并加盖检验单位公章。其中检验结果以表格形式见表4-4。

表4-4　标准对照品及样品 SPF 值测定结果

受试者编号	性别	年龄	标准品 SPF 值	待检样品 SPF 值
01				
02				
03				
04				
05				
06				
07				
08				
09				
10				

受试者编号	性别	年龄	标准品 SPF 值	待检样品 SPF 值
平均值 X				
标准差 SD				
标准误差 SE				

三、SPF 测定国际标准方法

多个国际组织包括 COLIPA、JCIA、CTFA SA 于 2000 年开始探讨防晒化妆品 SPF 测定方法的国际一体化问题,经多次协商、修改和征求意见,终于在 2002 年 10 月达成一致,形成了 SPF 测定国际统一方法。现将该方法介绍如下。

1. 道德伦理考虑

1) 人类进行实验研究的基本原则:①世界医学会赫尔辛基宣言 (Declaration of Helsinki) 以及各种修改版本;②本国涉及人类试验的有关法规。

2) 为遵守上述原则,在进行 SPF 试验时强调以下几点:①SPF 试验是用来评价适当使用的化妆品对消费者暴露日光的保护水平。这样的研究不应当给受试者带来有害的、长期的影响。②试验应由合格的、有经验的技术人员来实施,以避免对受试者的皮肤造成不必要的损害。③试验前本研究的监管人员对待测样品的安全性评价信息应有足够了解。④未成年人不应参加 SPF 测定试验。

2. 基本概念

文中所涉及的术语应表达如下。

(1)紫外辐射 在 SPF 测定中被光生物学家和皮肤病学家认可的紫外线波段为:①UVB,290~320 nm;②UVA:320~400 nm。

(2)最小红斑量(MED) MED 在人类皮肤上被定义为:在紫外线照射 16~24 h 后,在照射部位出现清晰可辨的红斑(边界清晰并覆盖大部分照射区域)所需要的最低紫外辐照剂量。

(3)SPF 值 由下式表示:SPF = MEDp/MEDu。

MEDp:测试产品所保护皮肤的 MED;

MEDu：未保护皮肤的 MED。

测定样品的 SPF 值是所有受试者个体 SPF 值的算术均数，个体 SPF 值保留一位小数。

3. 测定方法简述

国际 SPF 试验方法是一种利用已知输出性能的氙灯日光模拟器所进行的实验室方法。为了测定 SPF 值，需在试验志愿者皮肤上用紫外线照射出一系列递增的迟发性皮肤点状红斑反应。试验部位限于后背腰部和肩线之间。

受试者背部皮肤至少应分三区，一区直接用紫外线照射；二区涂抹测试样品后进行照射；三区涂抹 SPF 标准对照品后进行照射。照射时紫外线的剂量依次递增，被照射皮肤由于表浅血管扩张而产生不同程度的迟发性红斑反应。照射后 16～24 h 由经过培训的评价人员判断。

受试者正常皮肤的 MED、测试样品保护所保护皮肤的 MED 必须在同一受试者并在同一天判断。在一次试验中，同一受试者皮肤上可进行多个产品的测试。

单个受试者的 SPF 值就是上述两个 MED 的比值（MEDp/MEDu）。所有受试者的个体 SPF 值保留一位小数，求其算术平均数即为该测试产品的 SPF 值。每次试验中至少保证 10 个以上的受试者出现有效结果，受试者人数不得超过 20 人。

上述 SPF 均值的可信限（95% 可信区间）应位于 SPF 均值的 17% 范围之内（标准差应小于 SPF_1 均值的 17%）。根据测试产品配方所估计的 SPF 值大小每次试验应选用适当的高 SPF 值或低 SPF 值标准品，标准品 SPF 值的测试结果也应位于估计范围之内。

4. 受试者的选择

（1）受试者的皮肤类型 按照 Fitzpatrick 皮肤分型方法，参加 SPF 试验的所有受试者的皮肤类型或皮肤光型应属于 Ⅰ、Ⅱ、Ⅲ 型；或根据肤色测量结果，所有受试者肤色的个体类型角应小于 28°。试验前应由经过培训的科研人员或技术员对每个受试者进行检查筛选，应保证受试者健康安全，受试者对紫外线照射无异常反应史，受试者的皮肤条件不影响结果观察等。

（2）受试者参加试验的频率 为了保证受试者参加 1 次试验后所引起的皮肤晒黑或色素沉着有足够的时间消退，受试者参加 2 次 SPF 试验的间隔时间应为 2 个月以上。所有受试者均应签署知情同意书。

(3)受试者的数量　每次 SPF 试验至少应有 10 例有效结果,最大不超过 20 例。在计算一次 SPF 试验的结果时,最多可舍弃 5 例受试者并保证每一例舍弃都公平客观。在 SPF 试验报告中应给出全部受试者的试验结果包括被舍弃的测定数值。对计算 SPF 均值而言,最少 10 例有效结果即可,但须保证均值的 95% 可信区间位于均值的 17% 范围之内(如均值为 10,则 95% 可信区间应为 83.0~11.7)。否则应增加受试者的数量直至符合统计学要求(最多可达 25 人,20 例有效结果)。如增加人数至 25 人仍不能符合统计学要求,则这次试验应视作无效。

5. 试验面积

后背是试验规定的解剖学部位。试验部位应在肩胛线和腰部之间划出边界。骨骼突起或其他不平部位应设法避免。

6. 紫外辐射光源

所使用的人工光源必须是氙弧灯日光模拟器并配有过滤系统。

(1)紫外辐射的性质　紫外日光模拟器应发射连续光谱,在紫外区域没有间隙或波峰,光源输出在整个光束截面上应稳定、均一(对单束光源尤其重要)。光谱特征以连续波段 290~400 nm 的累积性红斑效应来描述。每一波段的红斑效应可表达为与 280~400 nm 总红斑效应的百分比值,即相对累积性红斑效应%(relative cumulative erythemal effectiveness,RCEE)。

(2)总辐照度(紫外线、可见光、近红外线)　当光源的总辐照度过高时,受试者被照射的皮肤可能会有热感或者痛感。因此在 SPF 试验之前应明确使用光源最大辐照度(紫外线、可见光、近红外线)不应引起受试者皮肤敏感。部分试验发现,当总辐照度达到 160 mW/cm^2 时可在多数受试者的照射皮肤上产生热的感觉,而总辐照度为 120 mW/cm^2 则不会如此。

(3)光束的均一性　当大光束紫外光源被分隔成数束在不同照射部位上同时曝光时,光束的强度应尽可能均一。在辐照平面上,任何一点的最小光束辐照度不应低于最大辐照度的 10%,如果超过了 10%,则应在每一个辐照部位的曝光时间上作出适当的曝光补偿。

(4)紫外日光模拟器光源输出的维持和监测　每一试验部位的紫外线曝光之前,应使用经紫外日光模拟器光源输出的分光光度计校验过的辐照计进行检查。推荐 SPF 实验室每年对光源光谱进行一次全波段的分光辐照度检验,每次更换主要的光学元件时也应进行类似校验。强烈推荐有资格证书的独立专家进行这项年度监测工作。

7. SPF 标准样品

标准防晒品由固定的标准配方配制而成,在 SPF 测定中起到方法学对照作用。在测定产品的 SPF 值的同一天时必须同时测定一种防晒标准品。现有多种标准防晒品可供选用,见表4-5。

表4-5　标准防晒品的 SPF 和可接收范围

防晒品	标准品	SPF 均值	SD	可接受范围(±1.65 SD)	
				下限	上限
P1	4	4.2	0.2	3.8	4.5
P2	13	12.7	1.2	10.7	14.8
P3	15	15.3	1.3	13.2	17.4
P4	4	4.2	0.3	3.8	4.7

表4-5 中所列标准防晒品已于1993 年由欧盟 COLIPA 组织了7 个实验室进行了平行对照试验,除此之外,1996 年又由澳大利亚、欧洲、日本和南非等 19 个实验室对上述标准品进行了国际多中心平行对照试验(international multiple-ring tests)。因此,表中所列数值范围可被认为是暂时性标准规定值。在任何试验中如果所得到的标准品 SPF 均值不在表中规定的标准范围之间,或所使用的标准品均值的 95% 可信限(CI)不在实测 SPF 均值的 17% 范围之内,则整个试验应视作无效。预计推行国家统一 SPF 值测定方法标准品测定误差会进一步减小,因此上述表中暂定的标准防晒品规定范围以后可能会再做修改以使其更加接近实际误差。

每次 SPF 试验至少使用一种标准品,使用低 SPF 值还是高 SPF 值的标准品取决于待测产品设计的 SPF 值。在样品预计值小于 20 的情况下。可选用表 4-5 中所列出的任何一种标准品;如果样品的预算值等于或大于 20,则需要选用 P2 或 P3 作为标准品。

如果在一次试验中选用了高 SPF 值标准品,则不需要再用低 SPF 值标准品,即使试验所测样品中含有低 SPF 值产品也是如此。高 SPF 值参比标准品配方见表 4-6 和表 4-7。

表4-6　高 SPF 值参比标准样品配方(SPF 平均值=16.6)

	成分	质量分数/%		成分	质量分数/%
A 相	羊毛脂	4.5	B 相	精制水	71.6
	可可脂	2.0		山梨醇	5.0
	甘油硬脂酸酯(SE)	3.0		三乙醇胺	1.0
	硬脂酸	2.0		羟苯甲酯	0.3
	二甲基 PABA 乙基己酯	7.0		羟苯丙酯	0.1
	二苯酮-3	3.0	C 相	苯甲醇	0.5

制备方法:分别将 A 相和 B 相加热至 80~85 ℃,搅拌至完全熔化,或溶解,混合均匀。不断搅拌,将 A 相加入 B 相中,均质。不断搅拌冷却至 50 ℃,然后添加 C 相,完全冷却后,补充损失的水分,均质。

该配方产品外观呈淡黄色液态乳液,黏度为 250 mPa·s(在 10 mm, Contraves TVB Rheomter, No3 转子),pH 值 8.6±0.5,密度为 0.95 g/cm^2。45 ℃下此配方至少稳定 2 个月,20 ℃此配方稳定 1 年。

表4-7　高 SPF 值参比标准样品配方(SPF 平均值=16.2)

	成分	质量分数/%		成分	质量分数/%
A 相	鲸蜡硬脂醇/PEG-40 蓖麻油/蜡硬脂醇硫酸酯钠	3.15	B 相	精制水	53.37
				苯基苯并咪唑磺酸	2.78
	油酸癸酯	15.00		氢氧化钠(质量分数 45% 水溶液)	3.00
	甲氧基肉桂酸乙基己酯	3.00		羟苯甲酯	0.30
	丁基甲氧基二苯甲酰基甲烷	0.50		EDTA 二钠	0.10
				精制水	20.00
	羟苯丙酯	0.10	C 相	卡波姆(934P)	0.30
	二苯酮-3	3.00		氢氧化钠(质量分数 45% 水溶液)	0.30

制备方法:分别将 A 相加热至 75~80℃。将 B 相加热至 80℃(如果需要沸腾,溶液呈透明后,冷却至 75~80℃)。用转子/定子搅拌器搅拌,将 C 相卡波姆均匀分散在水中,然后用氢氧化钠中和。搅拌 B 相,将 A 相加入 B 相中。不断搅拌,将配制好的 C 相加入 AB 混合相中,约均质 3 min。用氢氧化钠,或乳酸调节 pH,并不断搅拌至完全冷却。补充损失的水分,均质。

该配方产品外观呈白色至淡黄色液,黏度为 1 800~3 000 mPa·s(Haake VT Rheomter,MV IIST 转子读数时间:20 s),pH 值 7.8±8.0,密度为 0.95~0.97 g/cm²。配方稳定性测定显示在 20℃至少稳定 12 个月。

8.测试样品的涂抹剂量和方法

测定样品的使用量和涂抹的均一性对试验结果的误差有很大影响,因此遵守下列试验条款非常重要。本方法备有 CD-ROM 以展示如何称重和涂抹样品。

(1)室温条件　涂抹样品、紫外照射和 MED 观察均应在稳定的环境中进行。室内应有空调设备,室温应维持在 18~26℃。

(2)样品涂抹部位

1)样品涂抹面积应在 30~60 cm²。

2)用于测定 MED 的皮肤和涂抹样品测定 MED 的皮肤应尽量靠近。

3)背部皮肤上涂抹样品和标准品的部位应随机分布以减少因不同部位皮肤的解剖学变异而引起的系统误差。

4)涂抹不同测试样品部位之间的间距至少为 1 cm。

5)涂抹样品之前,应使用干燥棉纱清洁皮肤。

6)涂抹样品部位应使用皮肤记号笔标出边界,或使用不吸收材料制作的模板。

(3)样品用量　测试样品和标准品的涂抹前用量应为 0.05(2 mg/cm²),所用天平的感量至少为 0.000 1 g,即精确到小数点后四位。在称重和涂抹样品时应考虑到样品中挥发性成分的蒸发流失,应把称出的样品全部转移到皮肤上,推荐使用减重称重法,对于分层的液体产品应注意摇匀后再称重。

(4)移样方式　对于液体类、乳液类、膏霜类和喷雾类产品,为了使样品均匀覆盖测试部位的皮肤,可用注射器或加样器将称出的样品 15 滴或 30 滴(30 cm² 或 60 cm²)加在整个部位,然后带上指套稍用压力将样品均匀涂抹。

更换测试阳新时应更换指套。根据样品涂抹面积和样品性质不同应在 20 ～ 50 s 涂抹完毕。

对于粉刺型产品,可按 CD-ROM 所示使用药匙或手指将样品的分量以网格方式散布在受试部位皮肤上,即轻叩样品并将其均匀涂抹。也可将化妆品置于带喷雾的分散器中用喷嘴头分散样品,在这种情况下,要注意化妆品在分散器中的残留量,务必使分散到皮肤上的样品量为 2 mg/cm²。还可以用纯化妆水或其他没有紫外线吸收能力的液体粉剂类样品黏附在受试部位皮肤上,受试者的体位应保持前倾或俯卧位以防止样品滑落。

(5)涂抹样品后曝光前等待时间(样品干燥时间) 样品涂抹之后应等待 15 ～ 39 min,然后进行一系列紫外线剂量的照射,在紫外线照射前 24 h,涂样品后等待时间内以及曝光后 24 h,受试者应当避免任何形式的紫外线接触。

9. 紫外线照射

提前打开开关预热仪器 10 min 以上,待仪器稳定后即可使用。

(1)受试者体位 受试者可采用坐位或前倾位(粉质类产品只能采取前倾位)。涂抹样品,紫外线曝光和预定 MED 值时所采用的体位应保持一致。

(2)曝光部位 曝光部位皮肤应色素斑点色调均一,可用对紫外线不吸收材料制作的模板界定曝光部位的边界(适用于大光束的紫外线日光模拟器)。每一个曝光部位的可接受面积至少为 0.5 cm²,推荐面积为 1 cm²,曝光部位之间至少有 0.8 cm 的间隔,每个曝光部位的面积应完全相同。

(3)预测受试者皮肤的 MED 值 正式试验开始之前,需要预测受试者皮肤的 MED 值,以便在正式试验时选择合适的紫外线曝光剂量范围。进行预测时可在正式试验前一天进行一系列紫外线照射,第二天读取结果,或不进行紫外线照射面用肤色测量技术估计受试者皮肤的 MED 值。

(4)紫外线曝光剂量的递增幅度 对于未涂抹样品皮肤,紫外线照射剂量范围的中心可选用受试者皮肤预测的 MED 值或估计的 MED 值,以此值为中心,至少应包括五个曝光部位进行曝光,五点的曝光剂量按推荐的 12% 或 25% 呈几何递增。对于涂抹样品保护的皮肤,紫外线照射剂量范围的中心点可用来涂抹样品皮肤的预测 MED 值乘以产品估计的 SPF 值,同上,以此值为中心,至少应包括五个曝光部位进行曝光,五点的曝光剂量按推荐的 12% 或 25% 呈几何递增,如果估计样品的 SPF 值超过 25,剂量递增的最大幅度为12%,也可以选用较小的递增幅度,但整个曝光系列应保持一致。

(5)去除样品 紫外线曝光之后,可使用棉纱浸沾卸妆水等轻轻擦去标准品和测试样品。

10. MED 评价程序

未保护皮肤,样品保护皮肤和标准保护皮肤的 MED 值应在同一天读取。MED 值的读取时间应在皮肤红斑形成的高峰期即紫外线曝光后 16 ~ 24 h 读取,在未读取 MED 值前受试者实验部位应避免任何其他的紫外辐射(日光或人工光源)。

(1)MED 值读取方法 用肉眼判断 MED 值。室内光线应充足均一,推荐亮度至少 500 lx,检查者的视力和色感应经过检查确属正常,且每年应进行视力检验。

(2)数据排除标准 出现下列情况之一时应舍弃实验数据:①5 个曝光部位均未出现红斑;②5 个曝光部位的红斑反应不随曝光剂量一次递增而出现随机缺失;③5 个曝光部位均出现红斑;④当上述情况发生在未保护皮肤或标准品保护皮肤上时,该受试者的所有数据均应舍弃;⑤当上述情况仅发生在样品保护皮肤上时,该样品的试验数据应舍弃,而受试者的其他试验数据仍可选用。⑥当一次试验中有多达 5 例以上的数据被舍弃时,该试验应被视作无效。

(3)MED 值的表达 MED 值应以能量单位($J \cdot m^2$或 $mJ \cdot cm^2$)或时间单位(s)来表达。用时间单位表达时要求日光模拟器的能量输出在整个试验过程中保持稳定,在试验前后必须用同样的辐照计进行紫外辐射的监测。

11. SPF 值的计算和统计学要求

所有受试者个体 SPF 值的计算均数就是测试样品的 SPF 值。

受试者的有效个体 SPF 值的最少例数为 10,最大例数为 20,试验所得 SPF 均值的 95% 可信区间(CI)必须位于所测 SPF 值的 ±17% 范围之内。

12. 试验报告

(1)推荐试验报告应包括信息 ①受试者情况(数量,姓名或 ID 号,皮肤类型或 ITA 值);②未保护皮肤,样品保护皮肤和标准品保护皮肤的各种 MED 值;③每一个测试样品和标准品个体 SPF 值;④负责试验人员的身份;⑤个体 SPF 值和计算出的均值(包括所有有效数据和舍弃数据)保留一位小数;⑥均值的标准差和95%可信区间。

（2）紫外线光源的说明

1）测试产品的名称,编号和估计的 SPF 值。

2）除了上述信息之外,关于光源的均一性和相对累积性红斑效应可接受限值,应提供最近一次内部测量和近期外部检测的数据

第二节　防晒化妆品吸光度值及 SPF 值仪器测定法

利用仪器测定的方法进行体外试验,也可以粗略估计防晒产品的防晒效果,常用方法有紫外线分光光度计法和 SPF 仪测定法。两者原理大致相同,即根据防晒化妆品中紫外线吸收剂和屏蔽剂可以阻挡紫外线的性质,将防晒化妆品涂在特殊胶带上用不同波长的紫外线照射,测定样品的吸光度,依据测定值大小直接评价防晒效果。SPF 仪器法增加了特殊的软件程序,将测定结果及其他试验因素转换成 SPF 值直接显示。现将基本方法以及对仪器法的应用评价介绍如下。

一、紫外分光光度法

1. 试验材料

石英比色、3M 透气胶带。

2. 试验仪器

1）紫外/可见光分光光度计:双光束扫描,测试波长范围为 200 ~ 900 nm,备有积分球附件。

2）分析天平:精确度为 0.000 1 g。

3）普通干燥箱。

3. 试验方法

1）将 3M 胶带剪成 1 cm×4 cm 大小,粘贴在石英比色透光测表面上。

2）接通电源,预热分光光度计,设定 UVB 区检测波长为 285 nm,290 nm,295 nm,300 nm,305 nm,310 nm,315 nm 和 320 nm。

3）将粘有胶带的石英比色置于样品光路和参比光路中,调整仪器零点。

4）精确称取待测样品 8 mg,将样品均匀涂抹在石英比色 3M 胶带上,同

上方法制备 5 个平行样品。

5)将制备好的样品比色置 35 ℃干燥箱中,干燥 30 min。

6)将待测样品比色置于样品光路中,取另一贴有胶带的石英池置于参比光路中,分别测定 UVB 区设定波长的紫外线吸光度值,然后各测定数值的算术均数。

7)一次测定 5 个平行样品,如上法得出 5 个样品的均值,再计算 5 个样品均值的算术均数,即为该测试样品的吸光度。

8)测试结果评价

● 吸光度值<1.0±0.1,表示该样品无防晒效果。

● 吸光度值-1.0±0.1,表示该样品低级防晒效果,适用于冬日、春秋早晚和阴雨天。

● 吸光度值>1.0,而<2.0±0.2,表示该样品中级防晒效果,适用于中等强度阳光照射。

● 吸光度值>2.0,表示该样品高级防晒效果,适用于夏日阳光照射或户外活动、旅游等。

二、SPF 值仪器测定法

1.试验材料

石英比色、3M 透气胶带、质控样品(SPF 值标准品)。

2.试验仪器

1)Labsphere UV-1000S 紫外透射率分析仪:闪烁灯光源双束扫描,测试波长范围为 250～400 nm。

2)分析天平:精确度为 0.000 1 g。

3)普通干燥箱。

3.试验方法

1)将 3M 胶带固定于特制的石英玻璃板(8 cm×77 cm)上。

2)精确称取待测样品,以 2 mg/cm² 的用量将样品均匀涂抹在石英板 3M 胶带上。

3)将制备好的样品置 37 ℃干燥箱中,10 min。

4)接通电源,预热仪器,测定样品的 SPF 值,每样品板测定点不得少于 6 点。

5）SPF 标准品测定过程同上。

6）专用软件包及 SPF 值计算原理

使用 Labsphere UV-1000S 紫外投射率分析仪检测样品,可通过仪器商提供的专用软件程序包直接得到 SPF 值测定结果,在 SPF 值的计算中,这种方法不仅考虑了控样品对紫外线的吸收因素,还综合了不同纬度下的日光光谱红斑效应等影响。

4.仪器法测定防晒化妆品 SPF 值的应用评价

中国多年来一直采用仪器法来评价防晒化妆品防晒效果,如国家质量监督部门采用紫外分光光度计法对市场上销售的防晒化妆品进行抽检,国家卫生行政部门则采用 SPF 值仪器测定法检验评审的防晒化妆品样品,同一时期内多数国外化妆品企业又采用人体测定法对其进口中国的防晒化妆品 SPF 值进行测定和标识,致使中国防晒化妆品市场上,各种方法测定的 SPF 值同时存在,消费者无法正确选择表示 SPF 值的防晒产品。从市场监督的角度来看,用仪器法检验上述不同方法测定的产品 SPF 值也常常得到不一致的结果,引起市场混乱。仪器法评价化妆品的防晒效果在某些领域内具有应用价值,如化妆品新产品配方的研究开发,测定某种化妆品原料或某一工艺步骤对产品防晒效果的影响。彩妆类产品单独改变某一色素后是否导致产品 SPF 值的变化等。在这些需要反复测量产品 SPF 值的研发工作中,仪器法具有人体法无法比拟的优点,如简单快捷,费用低微且不对人体造成损伤,但在评价防晒化妆品终产品的情况下,用仪器法测定 SPF 值则违背了 SPF 值的基本概念,无法对防晒化妆品的防晒效果进行科学合理的综合评价,其原因如下。

（1）仪器法忽略了应用防晒化妆品后皮肤的反应　紫外线吸收剂吸收了紫外线之后,其物质的化学性质可能发生改变,物理性滤光剂经紫外线照射也可以出现光催化活性,还有因防晒化妆品光不稳定性造成的防晒剂及其他原料的分解产物等。这些因素均有可能诱发皮肤光毒或光变态现象,皮肤如果出现这些情况,则产品的防晒效果无从谈起。

（2）仪器法只检测了样品中紫外线吸收剂单一因素,忽略了化妆品中其他成分防晒效果的影响　例如在阳光和氧的存在下,聚氧已烯化剂可发生自氧化作用,产生自由基损伤皮肤,从而降低产品的实际防晒效果,良好的防晒剂载体或分散体系也可使产品的 SPF 值明显增加。

（3）仪器法对不是基于紫外线阻隔的光防护机制无能为力 研究发现，芦荟、燕麦、葡萄籽萃取物可减轻紫外线仪器的皮肤损伤，添加到防晒化品可明显提高体系的 SPF 值。因此，当产品中含有上述天然植物活性成分时，用仪器法难于对防晒产品进行全面、正确的检验。

第三节 防晒化妆品 SPF 值的抗水性能测定法

从防晒化妆品发展的历史来看，防晒产品具备抗水、抗汗性能是一项经典的属性。防晒化妆品尤其是高 SPF 值产品通常在夏季户外运动中使用，季节和使用环境的特点要求防晒产品具有抗水、抗汗性能，即在汗水的浸洗下或游泳情况下仍能保持一定的防晒效果。为了达到这一目的，在研发产品配方时一般应尽可能减少亲水性乳化剂的使用，在不影响产品稳定性的基础上尽可能提高油脂的含量，此外还可以使用一些特殊的抗水性高分子如 PVP220、多聚硅氧烷等，以提高产品的抗水效果，对防晒化妆品终产品 SPF 值的抗水、抗汗性能测定，目前以美国 FDA 发布的试验方法被公认为是客观合理的标准方法。现简述如下：设备要求为预备一室内水池，具有水旋转功能，水质应新鲜，符合美国 FDA40 CFR 部分规定的饮用水标准，记录水温、室温以及相对湿度。

一、对防晒品一般抗水性的测试

如产品 SPF 值宣称具有抗水性，则所标识的 SPF 值应当是该产品经过下列 40 min 的抗水性试验后测定的 SPF 值。

1）在皮肤受试部位涂抹防晒品，并按产品标签所示等待样品干燥。

2）受试者在水中中等量活动。

3）出水休息 20 min（勿用毛巾擦拭试验部位）。

4）入水再中等量活动 20 min。

5）出水休息 20 min（勿用毛巾擦拭试验部位）。

6）入水再中等量活动 20 min。

7）结束水中活动，等待皮肤干燥（勿用毛巾擦试验部位）。

二、按美国 FDA 规定的 SPF 测定方法进行紫外照射和测定

上述人体试验方法较为烦琐费时,价格昂贵,在防晒产品的研究开发阶段不便使用,近年来不少人研究一种快速简便的替代试验方法。1997 年 Carrascosa 利用非渗透蒸发仪及紫外分光光度计来计算乳化剂及乳化类型对防晒产品抗水性能的影响;1999 年有人采用 SPF – 290S 仪或 UV – 1000Slabsohere 紫外投射仪进行防晒产品抗水性能体外测定;2001 年 BMarkovic 等将人造皮肤作为载体,用 UV–VIS 分光光度计检测防晒产品的抗水性;2002 年刘超等采用 2M TransporeTM 多孔薄膜作为载体,水浴法和高压液相色谱法(HPLC)检测技术相结合,建立了一种体外测定防晒产品抗水性的新方法。对上述方法的应用评价与上述仪器法测定防晒化妆品 SPF 值的情况类似,即这些体外试验在一定程度上可检验防晒化妆品的抗水、抗汗性能,对防晒产品研究开发具有一定价值,但对防晒终产品 SPF 值抗水性能的科学评价,仍需应用人体生物学技术方法。

第四节　防晒化妆品 UVA 防护效果测定及表示法

标识和宣传 UVA 防护效果或广谱防晒是防晒化妆品近年来重要的发展趋势之一,UVA 照射的近期生物学效应是皮肤晒黑,远期累计效应则为皮肤光老化,两种不良后果均为近年来化妆品美容领域内关注的焦点。关于防晒化妆品 UVA 防护效果的标识宣传也多种多样,如以人体法测定的 PFA(protection factor of UVA)值或 PA+ ~ PA+++表示法,以仪器法或关键波长法测定的光谱防晒表示法或广谱防晒等级 0 ~ 4 表示法,UVA 防护星级评价系统等,其中以人体测定法较为常用并得到国际上多数国家的认可,现介绍如下。

一、防晒化妆品 UVA 防护效果人体测定及表示法

本方法由日本化妆品工业联合会于 1995 年建立并作为标准发布,1996年 1 月实施。建立本方法的主要目的是对防晒化妆品 UVA 防护等级及其产

品标识提供一种统一的测试方法,以便于消费者正确选用。随着技术发展和发现,本方法可能会进一步修改以适应需要。

1. 选择受试者及试验部位

1) 18~60 岁健康人,男女均可,皮肤类型Ⅲ、Ⅳ型。

2) 日本 JCIA 研究发现,通过测定受试者对 UVA 照射后的最小持续色素黑化量来计算 PFA 值情况下,在皮肤类型Ⅱ型、Ⅲ型和Ⅳ型之间没有区别,而日本人群中约 74% 的人属于Ⅱ型、Ⅲ型和Ⅳ型。

3) 受试者应没有光敏性皮肤病史,试验前未曾服用药物如抗炎药、抗组胺药等。

4) 试验部位选后背,受试部位皮肤应色泽均一,没有色素沉着、色素痣或其他色斑等。

2. 受试者人数

每次试验受试者的例数应在 10 例以上。10 例 PFA 值有效结果的标准误差应小于 PFA 均值的 10%。否则应增加受试者的例数直至符合上述统计学要求。

3. 标准品制备

标准品配方及制备工艺如下。标准品应和待测样品同时测试(表 4-8)。

表 4-8 标准样品配方

编号	成分	质量分数/%
A1	纯化水(purified water)	57.13
A2	丙二醇(dipropylene glycol)	5.00
A3	氢氧化钾(Potassium hydroxide)	0.12
A4	EDTA-3Na(trisodium edetate)	0.05
A5	苯氧乙醇(phenoxyethanol)	0.30
B1	硬脂酸(stearic acid)	3.00
B2	单硬脂酸甘油酯(glycyryl monostearate,selfmulsifying)	3.00
B3	十六/十八混合醇(cetostearyl alcohol)	5.00
B4	矿脂或凡士林(petrolatum)	3.00

续表4-8

编号	成分	质量分数/%
B5	三-2-乙基己酸甘油酯（glyceryl tri-2-ethylhexanoate）	15.00
B6	甲氧基肉桂酸辛酯（2-ethylhexyl-p-methoxycinnamate）	3.00
B7	4-叔丁基-4'-甲氧基二苯酰甲烷（4-tert-butyl-4'-methoxydibenzoylmethane）	5.00
B8	对羟基苯甲酸己酯（ethyl parahydroxybenoate）	0.20
B9	对羟基苯甲酸甲酯（methyl parahydroxybenoate）	0.20

制备工艺：①分别称出 A 相（A1～A5）中原料，溶解在纯水中，加热至 70 ℃；②分别称出 B 相（B1～B9）中原料，加热至 70 ℃直至完全溶解；③把 B 加入 A 中，混合、乳化、搅拌和冷却。

上述方法制备的标准品，其 SPF 值为 3.75，标准差为 1.01。

4. 使用样品剂量

约 $2\ mg/cm^2$ 或 $2\ \mu L/cm^2$。以实际使用的方式将样品准确、均匀地涂抹在受试部位皮肤上。受试部位的皮肤应用记号笔标出边界，对不同剂型的产品可采用不同称量和涂抹方法。

5. 样品涂抹面积

约 $20\ cm^2$ 以上。为了减少样品称量的误差，应尽可能扩大样品涂布面积或样品总量。

6. 等待时间

涂抹样品后应等待 15 min 以便于样品滋润皮肤或在皮肤上干燥。

7. 紫外线光源

应使用人工光源并满足下列条件。①可发射接近日光的 UVA 区连续光谱，光源输出应保持稳定，在光束辐照平面上应保持相对均一。②UVA Ⅰ 区（340～400 nm）和 UVA Ⅱ 区的比例应接近日光中的比例（UVA Ⅱ/UVA Ⅰ=8%～20%）。③为避免紫外灼伤，应使用适当的滤光片将波长短于 320 nm 的紫外线滤掉。波长大于 400 nm 的可见光和红外线也应过滤掉，以避免其黑化效应和致热效应。④上述条件应定期检测和维护，应用紫外辐照计测定光源的辐照度，记录定期监测结果，每次更换主要光学部件时应及时测定辐照度以及由生产商至少每年一次校验辐照计等。

光源强度和光谱的变化可使受试者最小持续色素黑化量（minimal persistant pigment darkening，MPPD）发生改变，因此应仔细观察，必要时更换光源灯泡。

8. 最小辐照面积

单个光斑的最小辐照面积不应小于 $0.5\ cm^2$，未加保护皮肤和样品保护皮肤的辐照面积应一致。

9. 紫外辐照剂量递增

进行多点递增紫外辐照时，增幅最大不超过 25%，增幅越小，所测的 PFA 值越准确。

10. 读取最小持续色素黑化量

最小持续色素黑化量（minimal persistant pigment darkening dose，MPPD）的定义为：辐照 2~4 h 后在整个照射部位皮肤上产生轻微黑化所需要的最小紫外线辐照剂量或最短辐照时间，观察 MPPD 应选择曝光后 2~4 h 的一个固定的时间点进行，室内光线应充足，至少应由两名受过培训的观察者同时完成。

关于 MPPD 的定义问题，UVA 辐照后皮肤上可立即出现一种棕灰色至棕黑色反应，即称之为即时色素黑化（immediate pigment darkening，IPD），这种反应最早由 Hauser 报道，其发生机制是一种光氧化反应，紫外辐照促使无色素的黑素前体氧化成为黑素体。进一步研究发现可见光也可引起 IPD 发生。就正常人皮肤的 UVA 防护效果评价而言，IPD 是一个游泳的指标，因为使皮肤发生 IPD 需要的紫外线剂量相对较小，且色素黑化消退很快，容易获得受试者的配合。相信对日本的受试者而言，IPD 是一个评价 UVA 防护效果的合适指标，然而，在实际应用中发现采用 IPD 指标有许多困难，原因如下。

1）由于紫外辐照后 IPD 很快消退，只是观察到的不同个体色素黑化差异很大，难以得到稳定的 PFA 值。

2）测试彩妆类产品时，紫外曝光后需要 2~3 min 清洁受试部位皮肤上的样品，这样一来则无法立即观察记录 IPD 结果。

3）曝光后原则上要求多个观察者读取结果，在多人轮流观察期间受试部位的黑化反应在不断变化，难以取得一致的结果。

为克服上述问题我们对 UVA 曝光后 IPD 的动态变化进行了观察,发现曝光后 2 h 或时间更长时,色素黑化消退率减慢并逐渐稳定下来,因此确定采用 UVA 曝光后 2~4 h 的色素反应作为指标,从而可得到一个稳定的数值来计算测试样品的 PFA 值,相信使用上述方法评价 UVA 防护效果是一种最合适的方法。

曝光后 2~4 h 期间的色素黑化不应被认为是 IPD 反应,因为它不同于曝光后的即时反应,且可持续一段时间。经过充分讨论这种反应可被认为是持续性色素黑化(persistant pigment darkening,PPD),引起 PPD 的 UVA 最小剂量可被认为是 MPPD。

11. PFA 值计算方法

PFA 是 UVA 防护系数,测定样品的 PFA 值是所有受试者个体 PFA 值的算术均数,所有个体 PFA 值有效结果的标准误差应小于 PFA 均值的 10%,否则应增加受试者的例数直至符合上述统计学要求。

12. UVA 防护效果的标识方法

UVA 防护产品的表示是根据所测 PFA 值的大小在产品标签上标识 UVA 防护等级 PA(protection of UVA)。PA 是根据 PFA 进行分级的。PFA 后的数值意义同 SPF 所表示意义相同,不过是将"皮肤最小红斑量"换成了"最小持续色素黑变量"。

PF 等级应和产品的 SPF 值一起标识。PFA 值只取整数部分,换算成 PA 等级表示方法如下:

PFA<2　　　　　　无 UVA 防护效果
2≤PFA<4　　　　　PA+
4≤PFA<8　　　　　PA++
PFA≥8　　　　　　PA+++

二、防晒化妆品 UVA 防护效果仪器测定及表示法

将防晒化妆品涂在透气胶带或特殊底物上,利用紫外分光光度计法测定样品在 UVA 区的吸光度值或紫外吸收曲线,是目前国内外所有仪器测定法的基本原理。在此基础上,对测定结果的表达和标识有如下几种方法。

1. 星级标识法

此法最初由 Diffey 于 1991 年提出,英国 Boots 化学有限公司(Boots the

chemist Ltd)建立,又称 Boots 比值法。此法根据测试样品对 UVA 吸收的平均值与对 UVB 吸收的平均值之比,将测试样品的 UVA 防护效果分为 0 ~ 4 个星级,星级越高,代表紫外防护光谱越宽,覆盖整段紫外光谱的保护越趋平衡,这种表示方法在英国较为常用。

2. 透射率标识法

澳大利亚采用的标准,即将测试样品涂抹 0.008 mm 薄膜,然后用紫外分光光度计扫描,320 ~ 360 nm 区间任何一波段的紫外透过率如果低于 10%,则此样品可被认为是光谱防晒,这种方法的不足之处是仅测量了 320 ~ 360 nm 这一区间范围,不代表完整的紫外辐射波段。

3. 吸光度 A 值法

国内原轻工部门技术单位曾采用此法,具体方法与本节紫外分光光度计法类似,不同点是分别测定 UVA 区各个波段的吸光度值,最后得出测试样品对 UVA 区的吸光度值均值。根据此值的大小评价样品对 UVA 的防护效果,一般认为吸光度 A 值大于 1 的情况下样品有防护 UVA 效果,数值越大,防护效果越强。

4. 关键波长法

关键波长法由 Diffey 于 1994 年建立,是本节重点介绍的仪器测定法。防晒剂的紫外防护性能可以用它的吸收曲线来描述,吸收曲线有两个最重要的参数:即曲线的高度和曲线的宽度。吸收曲线的高度表示防晒剂吸收某一波长紫外线的效能,在一定程度上防晒产品的 SPF 值可以反映这种性能;曲线的宽度表示防晒剂在多大波长范围内有吸收紫外线的作用,即是否具有光谱吸收作用。大多数防晒剂的吸收曲线都有一个共同的特点,即在较短波长时如 290 nm,其吸收值较高,随着波长的增加其吸收值逐渐下降,基于上述观点 Diffey 提出了关键波长(critical wavelength,λ_c)这一概念,所谓关键波长是指从 290 nm 到某一波长值 λ_c 的吸收光谱曲线下面积是整个吸收光谱(290 ~ 400 nm)面积的 90% 时,这一波长值即为关键波长。它表示某一防晒化妆品 90% 的吸收紫外线能力是在 290 nm 至 λ_c 的波长范围内发挥作用。Diffey 根据关键波长值即 λ_c 的大小将防晒产品的广谱防护性能分为 5 个等级(表 4-9)。

表4-9 防晒产品的广谱防护性能分级

关键波长值/nm	广谱分级(星级)
$\lambda_C < 325$	0
$325 \leqslant \lambda_C < 335$	1
$335 \leqslant \lambda_C < 350$	2
$350 \leqslant \lambda_C < 370$	3
$370 \leqslant \lambda_C$	4

关键波长在欧美国家应用较多。COLIPA曾建议欧盟将此法作为评价防晒产品是否具有UVA防护效果的备选方法。1996年美国CTFA/NMDA对此进行了改进,用人造皮肤代替透气胶带,用于模仿人皮肤表面的纹理特征,增加预照射以测试样品的光稳定性。不采用原方法的光谱分级系统而仅接受波长370 nm作为判断产品是否为广谱防晒的临界波长,即如果所测定的波长大于370 nm,则判断所测样品具有UVA防护作用,和SPF值一起可宣传广谱防晒,如果所测定的λ_C小于370 nm,则判定该样品无UVA防护作用。美国CTFA曾向FDA建议将改进后的关键波长法作为评价防晒产品UVA防护效果的标准方法。现将这种方法介绍如下。

(1)仪器设备 Labsphere UV-1000S紫外线投射分析仪,单色仪的最大容许带宽不超过5 nm,采集透射光线的仪器必须含有积分球。

(2)样品预照射 为了模拟通常使用防晒化妆品的条件,并排除某些产品可能存在的光不稳定性,在测关键波长值之前,对涂抹样品的机制进行预照射。预照射光源为氙弧灯,其输出光线经滤光片后,可以模拟到达地球表面的紫外线的光谱。这种光源通常是用来测SPF值的。预照射剂量为样品标注的SPF值的1/3乘MED(J/cm^2)。MED为最小红斑量,Ⅰ、Ⅱ型皮肤的最小红斑量平均为1 J/cm^2。因此预照射剂量等于1/3 SPF。

(3)基质材料 可以选用Naturalamb condeoms或Vitroskin或Transpore胶带,但使用Transpore胶带时,必须加用透明的支持板。

(4)测试过程

1)基质的准备。以Vitroskin为例,将Vitro-skin(由合成的胶原纤维构成)模拟皮肤的一面朝上,放置于(22±2)℃、相对湿度80%～90%的温箱内,

166

24 h以上。完全水化后,将其剪成9.0 cm×10.2 cm的长方形,放入温箱内备用。

2)测试样品的用量。测试样品的用量为1 mg/cm^{2}或2 mg/cm^2,对于表面平整的基质,如Naturalamb condeoms,用量为1 mg/cm^2;对模拟皮肤结构的基质用量为2 mg/cm^2,将样品均匀涂抹于Vitro-skin上,然后在(22±2)℃条件下干燥15 min。

3)吸收值的测量。测定未涂抹任何样品时,Vitro-skin 8个不同位点的吸收值,作为基线值。样品干燥15 min后,以Oriel 1 000 W的氙弧灯对涂抹样品的基质进行预照射,预照射后,立即在与上相同的8个位点测量涂抹样品后的吸收值,经配套软件处理后可得到相应的关键波长值。吸收值的测量使用的是Labsphere UV-1000S紫外线透射分析仪。

4)样品测量数量。对于每个样品用5张Vitro-skin分别测试5次。

5)关键波长值的计算。使用不规则四边形整合法计算290~400 nm的曲线下面积,然后计算290 nm到其后每一个相邻波长的曲线下面积,并与前者相比,当比值达到或超过0.9时的第一个波长值,即为关键波长值。以5次测量的数值,取95%可信区间的下限值作为每种样品的关键波长值。

6)UVA防护效果的表示和产品标识。关键波长值≥370 nm表明产品具有UVA防护作用,和测定的SPF值标注在一起可宣传宽谱或广谱防晒;关键波长值小于370 nm表明产品不具有UVA防护作用,产品只标识SPF值。

第五章　防晒产品配方工艺与实例

第一节　防晒产品类型

为达到一定的防晒指数,防晒化妆品通常需要添加足够数量的物理防晒剂及化学防晒剂,而这些原料的添加,对配方的开发提出了特殊的要求。

一、防晒配方按剂型的分类

防晒配方按剂型划分,通常分为防晒喷雾(包括气雾剂)、防晒乳液、防晒油、防晒棒、防晒凝胶、防晒粉底液、防晒修容粉(粉饼、散粉)等。具体陈述如下。

1. 防晒喷雾

防晒喷雾是一种利用喷头将料体雾化,喷洒到皮肤上,便于涂抹的一种产品。在配方开发过程中,需要控制体系的黏度,黏度太高则无法雾化;但在开发高防晒指数喷雾产品过程中,低黏度产品的稳定性需要引起重视。

2. 防晒乳液

目前市场上使用最多的防晒品载体便是乳化体。其优点是:所有类型的防晒剂均可配入产品,且加入量较少受限制,因此可得到更高 SPF 值的产品;易于涂展,且肤感不油腻,可在皮肤表面形成均匀的,有一定厚度的防晒剂的膜;可制成抗水性产品。其缺点是制备稳定的乳液有时较困难,乳液基质适于微生物的生长,易变质腐败。

3. 防晒油

防晒油是最早的防晒制品形式,其优点是制备工艺简单,产品防水性较好,易涂展。缺点是油膜较薄且不连续,难以达到较高的防晒效果。另外,配方中一些非极性油会使防晒剂的吸收峰向短波方向位移,从而影响产品的防护性能。

4.防晒棒

防晒棒是一种较新的剂型,其主要成分是油和蜡,配方中也可掺入一些无机防晒剂,该产品携带方便,防晒效果优于防晒油,但不适于大面积涂用。

5.防晒凝胶

防晒凝胶多为水溶性凝胶,肤感清爽、不油腻,但配方中必须使用水溶性防晒剂,油性防晒剂较难加到配方中,可用的防晒剂所受限制较多,防晒效果不明显。另外这种剂型耐水、防水和耐汗性较差,又由于配方中表面活性剂含量较高,刺激性较大。

二、防晒配方按工艺的分类

防晒配方按工艺分,通常分为溶剂型和乳化型,其中乳化型通常分为水包油型及油包水型。

三、按使用的物理及化学防晒剂区分

按使用的物理及化学防晒剂区分,可分为全物理防晒剂、防晒霜,全化学防晒剂、防晒霜及物理化学防晒剂、复配防晒霜。

四、按是否具有防水、抗汗效果划分

按是否具有防水、抗汗效果划分,可以分为普通型及防水抗汗型。

第二节　防晒品配方的组成

一、防晒剂

防晒剂的选择是防晒化妆品配方中的核心所在,对防晒产品的性能具有决定性的影响。防晒剂的种类很多,大体可分为两类,即化学性紫外线吸收剂和物理性紫外线屏蔽剂。

化学防晒剂是一类对紫外线具有吸收作用的物质,可分为化学合成紫外线吸收剂和天然紫外线吸收剂。化学合成紫外线吸收剂因其具有品种多、产量大、吸收能力强的优点而被广泛使用。紫外线吸收剂必须具有安全性高、稳定性好、配伍性好、对其他组分具有惰性及成本低等特点。常用的防晒剂包括甲氧基肉桂酸辛酯、二甲基对氨基苯甲酸辛酯、二苯甲酮-4、二苯甲酮-3、辛基二甲基PABA、水杨酸辛酯、丁基甲氧基二苯甲酰基甲烷等。其中甲氧基肉桂酸辛酯、二甲基对氨基苯甲酸辛酯是较为理想的防晒剂,两者对UVB有很强的吸收,不溶于水,经皮肤吸收很少,在皮肤停留形成的气味很弱,且不会使乳液变色。随着对天然植物提取物防晒活性研究的不断深入,陆续有植物提取物作为防晒剂成分添加到化妆品中,起到很好的防晒效果。

TiO_2和ZnO等作为物理防晒剂主要通过散射日光照射,从而阻止了紫外线对皮肤的伤害。这类粉体经表面处理后较易加于防晒制品中,形成稳定的乳化剂,对UVA波长有较强的散射作用,可单独使用或与其他防晒剂复配使用,化学惰性,使用较为安全。近年来,防晒剂复配使用已成为配方研究的重点。包括UVB防晒剂与UVA防晒剂之间的复合,也包括有机吸收剂和无机散射剂之间的复合。

二、基质配方

防晒化妆品的基质对产品的性能有着重要的影响。一般含醇基质在皮肤上所形成的膜较薄,光易透过,本身的紫外线防护作用差;而乳液在皮肤上蒸发后成膜,一些残留组分会散射通过膜的光,减弱入射光的强度,从而可增加整个产品的防晒能力。由于配方的差异,其基质自身的防护作用及对防晒剂性能发挥的影响是不同的。现介绍防晒品配方中油性原料的化学成分及功效。

1.油性原料的化学成分

(1)酯类　动植物蜡的主要化学组成,其碳链长度为C_{16}-C_{30}。这类酯加入化妆品中,能减少化妆品的油腻感,保护皮肤,作润肤剂。脂肪酸酯还可作为香料、染料及各种化妆品添加剂的溶剂。侧链的脂肪酸和侧链的脂肪醇生成的酯不会堵塞毛孔。同时凝固点较低,使用感好而被大量采用。

（2）高级脂肪酸

1）饱和脂肪酸：月桂酸（十二碳酸）$CH_3(CH_2)_{10}COOH$；肉豆蔻酸（十四碳酸）$CH_3(CH_2)_{12}COOH$，棕榈酸（十六碳酸）$CH_3(CH_2)_{14}COOH$，硬脂酸（十八碳酸）$CH_3(CH_2)_{16}COOH$。

2）不饱和脂肪酸：棕榈油酸（9-十六碳烯酸），$CH_3(CH_2)_5CH=CH(CH_2)_7COOH$，油酸（9-十八碳烯酸）$CH_3(CH_2)_7CH=CH(CH_2)_7COOH$，亚油酸（9,12-十八碳二烯酸）$CH_3(CH_2)_4CH=CHCH_2CH=CH(CH_2)_7COOH$，亚麻酸（9,12,15-十八碳三烯酸）$CH_3(CH2CH=CH)_3(CH_2)_7COOH$，蓖麻酸（12-羟基-9-十八碳烯酸）$CH_3(CH_2)_5CH(OH)CH_2CH=CH(CH_2)_7COOH$，异硬脂酸及其衍生物（ISAC）（带有甲基的支链脂肪酸）。特征：①抗氧化稳定性好；②润滑性良好；③透气性良好。

（3）高级脂肪醇

1）鲸蜡醇（十六醇）：可作助乳化剂，增加乳液稳定性，使产品变软。

2）硬脂醇（十八醇）：用途与十六醇相同，其增稠乳剂的作用比十六醇强，与十六醇匹配使用，调节制品的稠度。

（4）烃类（C_nH_{2n+2} 和 C_nH_{2n}）　主要来源于石油，如液体石蜡（又称白油、石蜡油）用量最多，还有精制地蜡、石蜡、微晶蜡、凡士林等。少数从动植物中提取，如角鲨烷（$C_{30}H_{62}$）从深海鲛的肝油中提取，经过加氢反应而制得，其凝固点低，稳定性高，与液体石蜡比没有油腻感，皮肤感觉好。广泛用作基质原料。

（5）卵磷脂　由甘油脂肪酸、磷酸、胆碱组成的一种磷酸甘油酯。在护肤品中可作为载体，提高有效成分的渗透性。还可作为乳化剂、润湿剂、抗氧化剂。

（6）甾醇　油脂中质量分数为 0.4% ~ 5.7%。小麦胚芽油中含量最高，作为营养成分，可治疗受刺激的干裂皮肤及干燥受损的头发，如胆固醇、维生素 D。

（7）萜类　是植物香精油的主要成分，如维生素 A、胡萝卜素。

2. 植物油性原料的分类

（1）分类　一般按碘值分分成 3 类。

1）干性油（碘值 120）：小麦胚芽油（115 ~ 129）、大豆油（135）。

2）半干性油（碘值 100 ~ 120）：芝麻油（103 ~ 116）、米糠油（99 ~ 108）。

3）不干性油（碘值<100）：橄榄油（80～88）、蓖麻油（81～91）、椰子油（7.5～10.5）。

化妆品中使用的油脂几乎均是不干性油，半干性油和干性油需经精制除去不饱和组成后再使用。

3．动物油性原料分类

（1）牛脂　由牛油精制脱臭而得到的白色或淡黄色半固体或固体油脂。很少直接用于化妆品，与椰子油和猪油作为制皂重要油脂原料。也可用它水解，经蒸馏，再经3次压榨而得到三压硬脂酸等。三压硬脂酸是雪花膏的重要原料。

（2）水貂油　取自水貂皮下脂肪的脂肪油。我国产地分布于浙江、江苏、山东和吉林。超精炼水貂油近乎无色、无味透明液体。主要成分：油酸、亚油酸、肉豆蔻酸、棕榈酸、棕榈油酸、硬脂酸。

用途：渗透性能良好，易于被皮肤吸收，用后润滑而不腻，使皮肤柔软有弹性，对于干燥皮肤尤为适用。用于发油、婴儿用品和各种膏霜类化妆品中。

（3）鲨鱼肝油　取自鲨鱼肝脏，肝脏含油脂质量分数为30%～70%。

特点：含丰富的角鲨烯。角鲨烯是皮脂和皮肤天然脂质体的组分，氢化制得角鲨烷。其渗透性、润滑性和透气性较其他油脂好，与大多数化妆品原料匹配，用作高级化妆品的油性原料。

（4）蜂蜡　由蜂蜜腹部的蜡腺分泌而得。将蜜蜂蜂巢经熔化、水煮、氧化、脱色、漂白等步骤而得到的白色或淡棕色无定形蜡状物。

1）主要成分：十六酸三十酯、十六碳烯酸三十酯、二十六酸三十酯、游离脂肪酸、游离脂肪醇和高级烃类化合物。

2）熔点61～65 ℃，碘值8～11。

3）蜂蜡质软，韧性强，有塑性，与矿物油可共熔混合，与石蜡调配使用时，可改善石蜡的黏附性、韧性、密封性及防水性等。在化妆品中，蜂蜡常与矿物油调配使用，提高化妆品的性能和作用。现代仪器分析（GC 和 GC－MS）证实，蜂蜡微量组分多达300种，其中包括某些方面具有独特性能的化合物。如栎皮苷会吸收皮肤氧化的氧游离基，具有抗氧化性和抗菌消炎作用。于高效去屑洗发剂（治疗真菌引起的多头皮屑症）。粗蜂蜡在292 nm处有吸收峰，可制防晒品。

以蜂蜡和硼砂作乳化剂制造冷霜已有近 300 多年的历史,至今仍在使用。蜂蜡主要用于化妆品和医药膏霜及乳液制剂,还应用于胭脂、眼影、睫毛膏、发蜡和各种固溶体油膏制品。

(5)鲸蜡 由抹香鲸鱼脑部的油脂或其他鲸鱼的鲸脂,经加工处理,再精制而得。主要成分鲸蜡酸鲸蜡醇酯($C_{15}H_{31}COOC_{16}H_{33}$)占 95.4%。在碱性溶液中水解后得到相应的鲸蜡酸和鲸蜡醇。鲸蜡、鲸蜡醇等都是用于护肤等膏霜类和口红等化妆品的重要原料。

4.矿物油性原料

由石油精制工业提供的各种碳氢化合物来源丰富,易精制。特点:①对氧和热的稳定性高;②不易腐败和酸败;③价廉物美;④对皮肤的渗透性较动植物油脂差。

(1)液体石蜡(矿物油、白油) 白油在化妆品中应用广泛,需用量也很大,是发油、发乳、发蜡、洗面奶和婴儿护肤品等各种乳化体的油相原料,也是固融体油膏的重要原料。

(2)凡士林(矿物蜡) 白色或黄色半固体的烃类混合物,有较强的黏着力。加氢精制得到的凡士林也常用于化妆品中。广泛用于乳液、膏霜、唇膏、发蜡和各种软膏。

5.水溶性高分子化合物(胶质类原料)

(1)水溶性高分子化合物在化妆品中的作用

1)胶体保护作用 加到乳液、底妆类化妆品中,可提高乳液的稳定性。

2)对半流体的增稠、凝胶化作用 赋予水剂型化妆品适当黏度,使用后给人以舒适感。

3)乳化和分散作用。

4)成膜作用:水溶性高分子化合物的水溶液,当水分蒸发后,便生成网状结构的薄膜,如喷发剂、护发水、面膜。

5)黏合性:与少量油脂、表面活性剂、保湿剂一起使用,用于粉饼和定妆化妆品中。

6)保湿作用。

7)泡沫稳定作用。

(2)水溶性高分子化合物的分类

1)有机天然高分子化合物

• 明胶:以哺乳动物牛、驴等的骨、皮、筋为原料制得,是氨基酸的缩合物,因其黏度随温度变化而改变,目前很少用作增黏剂,而作为营养成分添加于化妆品中。

• 酪蛋白(干酪素):一种含磷蛋白,在牛奶、大豆中含量较高。主要用作乳化剂或乳化稳定剂、增黏剂。也可作为营养成分添加于化妆品中。

• 阿拉伯胶:阿拉伯树胶的分泌物,是多聚糖类物质的钙、镁、钾盐,用作乳化剂、增稠剂、用作面膜和粉剂的胶黏剂和头发定型剂。

• 黄薯胶:由黄薯胶皮分泌物经加工制得,常与阿拉伯树胶同时使用,用于牙膏和发胶。

• 淀粉:主要用于香粉类化妆品中,作为粉剂的一部分,在牙膏及胭脂内可用作黏合剂。但因其抗微生物性能差,现多用变性淀粉,如 β-环糊精。

• 海藻酸钠:由海带、褐带菜等藻类制得,其主要成分为糖类钠盐,在化妆品中主要用于胶体保护剂、乳化剂、增稠剂、成膜剂等。

2)半合成水溶性高分子化合物。由于天然物质经化学改性而得,主要包括改性纤维素和改性淀粉两类。纤维素是世界上最丰富的有机化合物,它占植物界碳含量的50%以上,最纯的纤维素来源是棉花,它至少含90%纤维素,主要来源于麻、树木、野生植物、作物的杆茎等。

甲基纤维素(MC):在化妆品中作为胶黏剂、增稠剂、成膜剂等。

羟乙基纤维素(HEC):应用广泛,在香波、护发产品中作增稠剂;在护肤产品中作乳液稳定剂;在粉状化妆品中用作黏合剂;添加了 HEC 的睫毛膏和眼影,可在卸妆时容易被水清洗掉;在剃须膏中作泡沫稳定剂。

羧甲基纤维素(CMC):做胶黏剂、增稠剂、乳化稳定剂发生等。我国牙膏生产中使用的胶黏剂主要是 CMC。

3)合成水溶性高分子化合物。这类物质由单体聚合而得,单体一般来自石油工业的乙烯型的烯烃及其含有羧基、羧酸酯基、酰胺基或氨基的衍生物。尽管它的历史只有几十年,却已具有相当大的生产规模,其品种、数量都远远超过天然和合成物。

聚乙烯醇(PVA):做面膜和喷发胶的成膜剂。

聚氧乙烯(PEO):作胶黏剂、增稠剂和成膜剂。对眼睛和皮肤无刺激性。

聚乙二醇(PEG):有水溶性、温和性、润滑性和使皮肤润湿、柔软、有愉快用后感等。

Mr<2 000 的 PEG 适于作润湿剂、稠度调节剂、也适用于不清洗的护发制品,赋予头发丝状光泽。

Mr>2 000 的 PEG 用于唇膏、香皂、粉底等。

聚乙烯吡咯烷酮(PVP)及其衍生物:作成膜剂、泡沫稳定剂等。

聚丙烯酸聚合物:作增稠剂、乳化稳定剂等。

6. 抗氧化剂

(1)丁基羟基茴香醚(BHA)　3-叔丁基-4-羟基苯甲醚和 2-叔丁基-4-羟基苯甲醚两种异构体的混合物。20% BHA、6% 没食子酸丙酯、4% 柠檬酸和 70% 丙二醇是食品工业和化妆品工业较为通用的抗氧化剂,混合物含量的质量分数为 0.025% 具有较好的抗氧化效力。

(2)丁基羟基甲苯(BHT)　抗氧效果与 BHA 相近,在高温或高浓度时,不像 BHA 那样带有苯酚的气味,也允许用于食品中。与柠檬酸、维生素 C 等共同使用,可提高抗氧效果。

(3)没食子酸丙酯　单独或配合使用都具有较好的抗氧作用,无毒性,也可作为食品抗氧化剂。

(4)生育酚(维生素 E)　天然抗氧化剂。

(5)硫代琥珀酸单十八酯和羧基甲巯基化琥珀酸单十八酯　当浓度为 0.005% 时已有抗氧化效果。

7. 添加剂

(1)维生素

1)维生素 A:维生素 A 类物质是目前认知度最高的抗衰老成分。如维生素 A 醇、维生素 A 酸、维生素 A 醇醋酸酯等。一般使用维生素 A 醇酯类,抗皱性能较为明显,其作用机制是维生素 A 醇酯可以在皮肤表面促进透明质酸的产生,继而增加了皮肤角质层中水分含量。

2)维生素 E:生育酚,对生育、脂代谢等均有较强的作用,它具有抗衰老功效、有光泽,并有使细小皱纹舒展等作用。维生素 E 能稳定彩妆,使妆容更富活力。

3)维生素 C:抗坏血酸,不稳定,不易被皮肤吸收,现已开发了稳定性和皮肤吸收效果都良好的高级脂肪酸酯和磷酸酯之类的衍生物。维生素 C 有减轻皮肤色素沉着的作用。

(2)水解蛋白　植物蛋白在酸或酶作用下水解,在未彻底水解成氨基酸之前,有系列带有蛋白质性质的中间产物,称为水解蛋白,分子量为1 000～30 000。目前,国内外市售的化妆品用植物蛋白和复配物已经有几十种,常见的有水解大豆蛋白、水解小麦蛋白、水解金豌豆蛋白和水解杏仁蛋白。

(3)胶原蛋白　构成动物皮肤、筋、骨骼、血管、角膜等结缔组织的白色显微状蛋白质,其水解后含多种氨基酸。3%～5%时皮肤吸收最大。具有高保湿性、营养性、促进表皮细胞的活力,增加营养,对治疗手足皮肤干燥皲裂有良好效果。

(4)弹性蛋白　弹性蛋白是在血管、气管和韧带结缔组织细胞间的一种蛋白质,分子量大约在30万以上。经酶法或化学法将高分子量的蛋白质分解转化为可吸收的小分子。上海南源化妆品辅料厂用牛韧带经生物化学法精制生产出可溶性弹性蛋白液,含有甘氨酸、丙氨酸、谷氨酸等18种氨基酸,分子量为1 000～5 000。在化妆品中加入1%～5%,可消除皮肤细小皱纹、色素,提高皮肤保湿性能和弹性。

(5)丝素蛋白　天然蚕丝制得,为天然蛋白纤维,其氨基酸组成与人的皮肤毛发相似,人称"第二皮肤"。用于化妆品中的丝素蛋白有丝粉、丝肽粉、丝肽液、丝精。丝素蛋白包含了8种人体必需的氨基酸,其中甘氨酸含量最高。用于化妆品中,氨基酸与缬氨酸可以抗辐射、起防晒作用。丝氨酸具有防止皮肤老化作用,苏氨酸、胱氨酸、亮氨酸、色氨酸具有极好的生发和养发作用,另外丝素蛋白对皮肤具有天然保湿和营养肌肤作用;同时能抑制皮肤黑色素生成,促进皮肤组织再生,防止皲裂和化学损害等。是当前国际上用于护肤类和发用类化妆品中的一种天然高级生物营养添加剂。

(6)金属硫蛋白 MT　从动物中提取出的具有生物活性及性能独特的低分子量蛋白质。马的肾组织中含有镉硫蛋白(CdMT),家兔身上有锌硫蛋白(ZnMT),含硫35%,所以称为金属硫蛋白。应用在化妆品中,可对皮肤起到抗衰老、减少皱纹、防晒、抗炎、保湿、光嫩皮肤的作用。

(7)超氧化物歧化酶　超氧化物歧化酶(SOD)是一种具有生物催化活性的生物酶,1968年美国 Duke 科技人员首先发现和制取的一种生物酶。当今 SOD 化妆品层出不穷(目前国内大宝 SOD 蜜、上海 SOD 牙膏)。SOD 广泛存在于自然界一切生物体内,特别是人和动物的血细胞和组织器官含量很高。SOD 是一种生物抗氧化酶,能有效地消除人体内生成的过多的致衰老因子——超氧化自由基,用于化妆品中可起到抗衰老、抗皱纹、祛除粉刺、祛除色素沉着等疗效。

（8）果酸 AHA（活肤酸）　化学名为 α-羟基酸,广泛存在于苹果、柠檬、葡萄、甘蔗等水果或乳制品中,目前已经提取出来的果酸有苹果酸、柠檬酸、葡萄酸、甘醇酸、乳酸、酒石酸、杏仁酸、糖质酸等 20 多种。

果酸及果酸化妆品对皮肤具有特殊的三大生理作用:①具有极好的保湿性;②具有使皮肤细胞再生性;③具有使角质层软化脱剥性。

（9）曲酸　1907 年日本学者第一次在酿造酱油的曲中发现了曲酸,曲酸是微生物在发酵过程中生成的天然产物。曲酸添加到化妆品中可有效治疗雀斑、老人斑、色素沉着。作食品添加剂可起到保鲜作用。但近年来科学研究表明,曲酸具有致癌性,日本官方已禁止将曲酸作为食品添加剂使用,禁止进口和再生产含有曲酸的化妆品。

（10）熊果苷（Arbutin）　熊果苷在熊果、越橘、草莓、沙梨、虎耳草、酸果蔓等植物中发现,渗入皮肤后能有效地抑制酪氨酸酶的活性,来达到阻断黑色素形成的目的,起到减少黑色素积聚,预防雀斑、黄褐斑等色素沉着,使皮肤产生独特的美白功效。化妆品中熊果苷推荐使用量 1%~5%。

90 年代初资生堂公司率先购买了熊果苷专利,并最先应用于化妆品中。世界上使用熊果苷美白剂的化妆品公司日益增多。国外临床试验证明:熊果苷对紫外线照射后黑色素沉着抑制有效率可达 90%。在发油、焗油膏、摩丝等护发产品中添加熊果苷,可抑制护发剂中的色素或香精对皮肤和毛发的刺激性或过敏性。添加在染发剂中,则能增强产品对毛发的渗透性,从而缩短染发时间,提高染发效果。

（11）核酸——皮肤细胞赋活剂

在 20 世纪 70 年代,法国首先将核酸应用于化妆品,随后,欧、美及日本也都相继推出核酸化妆品,90 年代中期,我国已将核酸引入化妆品领域。核酸（DNA、RNA）由于其分子量非常大,很难被皮肤吸收,但作为其组成的核苷（核酸经水解、脱磷后得到）或核苷酸的分子量较低（约为核酸的 1/100）,则易通过细胞膜被皮肤吸收,现化妆品中添加的多是核苷、核苷酸及其碱金属盐,如常用的 DNA,是通过其碱液提取得到的低分子量的单键核苷酸,再经过沉淀制得的粉末状产物。核酸化妆品的剂型可多种多样,多为精华素、凝胶乳液等剂型,也可作为膏霜型。核酸具有如下作用。

1)核酸具有活化皮肤细胞的作用。在皮肤表皮细胞的代谢过程中,随着皮肤的老化核酸含量迅速减少,皮肤表皮细胞完全角质化后,核酸含量减少到零,可见皮肤细胞内的核酸与皮肤代谢和老化密切相关。皮肤补充了核酸就可以增强细胞的新陈代谢,使细胞处于生命力旺盛状态,加快细胞的更新速度,促进皮肤胶原组织的合成,从而可减少皮肤皱纹,增强和回复皮肤的弹性,减少皮肤的色素沉着,消退色斑,对皮肤具有除皱、抗衰老的功能,故核酸有"皮肤细胞赋活剂"之美称。

2)核酸具有保湿和防晒作用。DNA和RNA的结构具有保水性,不仅可以防止水分蒸发,而且还可以从空气中吸收水分,而使皮肤光滑、滋润,具有光泽;核酸在紫外线中波段(UVB)具有一定的吸收性,而起到降低紫外辐射的作用。

3)核酸对皮肤具有修复作用。由于皮肤受到环境及物理、化学、机械等因素的影响而造成的皮肤细胞损伤,机体具有自身修复的作用,这其中核酸是恢复细胞正常生长的关键物质,核酸是由体内自我合成的,这种合成能力随着年龄的增大或因疾病等而降低,故给皮肤补充适量的核酸即可收到修复受损细胞,进而修复皮肤损伤、瘢痕等功能。

4)核酸对毛发有防脱、再生作用。人们发现在头发的根部存在着许多RNA,紫外线及疾病等因素都会导致RNA减少,进而造成脱发,补充外源核酸可防止脱发,此外,核酸还可以活化毛母细胞,促进毛发再生。

第三节　配方组分的选择

现以乳液为例介绍配方组分的选择。

一、油相原料

通常,油相原料会对防晒剂在皮肤上的涂展与渗透产生影响,选择铺展性好的油脂作为防晒剂的载体,可有助于防晒剂在皮肤上均匀分散;而使用渗透性强的油脂与防晒剂相溶,可以使防晒剂固定在上皮层成为可能,以上两点均有助于产品防晒能力的提高。

对散射型防晒剂来说,选择适宜的基剂同样重要,无机粉体的折射率与光的散射有很大关系。因此在使用二氧化钛、氧化锌等无机散射剂的同时，考虑在配方中选用折射率小的基质原料较为合适。

硅酮是一种良好的亲酯体载体，也是无机散射剂的分散助剂，其在皮肤上形成的膜牢固度高，且防水性强，可明显提高配方的 SPF 值。

二、乳化剂

乳化剂的选择、使用是形成稳定乳液体系的关键，其对乳液的结构与性质具有重要影响，而乳液的成膜强度、均匀性、铺展性、耐水性和渗透性等性质都直接影响产品的防晒性能。

在选择乳化剂时，应考虑以下几点：①优先选择非离子型乳化剂，因为选用安全性较高的非离子型乳化剂，可提高整个防晒制品的皮肤安全性；②使用最少量的乳化剂，即可增加产品的安全性，降低成本，又可以防止在水存在下发生过乳化作用而造成防晒剂的损失；③聚氧乙烯型乳化剂在阳光和氧的存在下可发生自氧化作用，产生对皮肤有害的自由基，所以配方中应该少用此类型的乳化剂；④减少高 HLB 值乳化剂的使用量，以提高产品的抗水性。

三、成膜剂

为了获得较高 SPF 值，防晒制品必须沉积在皮肤表面上，并形成一层均匀的、厚的耐水防晒剂层。一些聚合物有助于达到这个目的。这类聚合物包括 PVP/20（碳）烯共聚物、丙烯酸盐/叔辛基丙烯酰胺共聚物和亲油性的季铵化十二烷基纤维素醚等。丙烯酸盐/叔辛基丙烯酰胺共聚物等具有疏水性，可减少透过皮肤的水分损失，有调理作用和定香作用，最适用于防水性防晒制品，特别适合于以 TiO_2 为基质的防晒霜。

四、配方的抗水性

为获得较高的 SPF 值，防晒制品必须沉积在皮肤上形成较厚而坚固的抗水性防晒剂层。为使产品具有抗水性，在配方设计时，多从以下几方面采取措施：①多采用非水溶性防晒剂；②使用抗水剂，如一些防水树脂、成膜剂等；③增加油相在配方中的比例；④减少亲水性乳化剂的用量；⑤采用 W/O 型乳化体系。

五、各类型防晒剂配方举例

1. W/O 型防晒乳霜

防晒乳霜是防晒化妆品市场的主体产品,由于在乳化体系中容易添加较高含量的各种物理紫外线屏蔽剂及化学紫外线吸收剂,O/W 型产品因其使用过程中相对清爽而深受消费者青睐,但其抗水性不如 W/O 型,需要借助一些成膜性较好的聚合物提升产品的抗水性。W/O 型防晒乳霜配方见表5-1。

表 5-1 W/O 型防晒乳液配方(约 SPF 50+,PA+++)

	成分	质量分数/%		成分	质量分数/%
A 相	月桂基 PEG-10 三(三甲基硅氧基)硅乙基聚甲基硅氧烷	1.5	B 相	聚二甲基硅氧烷/聚二甲基硅氧烷交联聚合物	4.0
	纳米 TiO2(表面处理:含水硅石/氢化聚二甲基硅氧烷)	8.0		异构十二烷	8.0
				月桂基 PEG-10 三(三甲基硅氧基)硅乙基聚甲基硅氧烷	1.5
	甲氧基肉桂酸乙基己酯	9.0		二硬脂二甲铵锂蒙脱石	1.5
			C 相	甘油	8.0
	异构十二烷	8.0		聚乙二醇 400	4.0
	二乙氨羟苯甲酰基苯甲酸己酯	3.0		硫酸镁	1.0
				水	至 100.0
	辛基硅氧烷	7.0	D 相	防腐剂	适量
				香精	适量

制备工艺如下:

(1)把 A 组分原料单独高速均质分散 15 min,至完全均匀。

(2)把 B 组分原料搅拌加热至 80~85 ℃至完全溶解,加入 A 组分中,搅拌均匀。

(3)C 组分原料均匀混合溶解后,缓慢加入到 A、B 组分混合物中,边搅拌边加,速度以表面没有水珠为准,加完后搅拌 10 min,然后高速均质乳化 10 min。

（4）降温至 35 ℃,加入 D 组分原料,搅拌均匀出料。

2. 中药晒后修复霜

通过添加中药提取物,可以对经紫外线照射受伤的皮肤有一定的修复作用。晒后修复霜配方示例见表 5-2。

表 5-2 晒后修复霜

成分		质量分数/%	成分		质量分数/%
A相	水	加至 100.0	B相	油茶籽油	3.0
	硬脂酰谷氨酸钠	0.3		碳酸二辛酯	1.0
	尿囊素	0.1		生育酚乙酸酯	0.1
	PEG-26 甘油醚	0.5		迷迭香提取物	0.2
	丙烯酸(酯)类/C10-30 烷醇丙烯酸酯交联聚合物	0.3		PEG-10 大豆甾醇	0.5
	黄原胶	0.1		天然抗菌剂	0.6
	鲸蜡硬脂醇(和)鲸蜡硬脂基葡糖苷	2.0		L-精氨酸(10%)	3.0
	蜂蜡、白蜂蜡	1.0	C相	中药止痒方	5.0
				神经酰胺 2 脂质体	1.0
	植物仿生皮脂	5.0		亚硫酸氢钠	0.08
				B-葡聚糖	3.0
	马脂	2.0		1,2-己二醇	0.5

注:①植物仿生皮脂:辛酸/癸酸甘油三酯、植物甾醇类、甘油硬脂酸酯、生育酚乙酸酯、氢化卵磷脂、红没药醇、甘草根提取物。②天然抗菌剂:辛酸/癸酸甘油脂类、甘油、双丙甘醇、香茅提取物、广藿香提取物、山鸡椒提取物、水解人参皂草甘类。③中药止痒方:丙二醇、水、地肤提取物、花椒果提取物、蛇床果提取物、苦参根提取物。④神经酰胺 2 脂质体:水、甘油、大豆卵磷脂、甘露糖醇、神经酰胺 2、生育酚乙酸酯、乙氧基二甘醇、对羟基苯乙酮、1,2-己二醇、聚山梨醇酯 80。

制备工艺:在 A 烧杯中加入水和其他原料,混合均匀,加热到 85 ℃ 待用。在 B 烧杯中各原料混合均匀,加热到 85 ℃ 溶解完全后,缓缓加入到 A 组分中,均质 5 min 后,保温 10 min,开始降温。当温度降低至 50 ℃ 以下时,缓缓加入 C 组分,搅拌混合均匀。

3. 防晒乳液

配方举例见表 5-3～表 5-6。

表5-3　防晒乳液配方(无粉剂)

成分		质量分数/%	成分		质量分数/%
A相	异硬脂酸甲基葡萄糖酯	3.0	B相	甘油	3.0
	白油	15.0		丙二醇	3.0
	辛酸辛酯	5.0		硫酸镁	0.7
	十二烷基乙二醇共聚物	1.0		水	余量
	甲氧基肉桂酸辛酯	6.0	C相	苯氧基乙醇	0.15
			D相	香精	适量

制备方法:在油相罐中加入A中成分,搅拌、加热至80 ℃,在水相罐中加入B中成分,搅拌、加热至80 ℃。先将油相经过滤,真空下抽入乳化罐,再将水相经过滤抽入乳化罐。维持72 ℃,均质3 min,脱气,缓慢冷却至35 ℃时加入C、D,25 ℃时出膏。

表5-4　防晒乳液配方

成分	质量分数/%	成分	质量分数/%
甘油	3.0	2-溴-2-硝基-1,3-丙二醇	0.1
凡士林	2.0	三乙醇胺	1.5
羊毛脂	2.0	芦荟胶	10.0
蜂蜡	2.0	十四酸异丙酯	5.0
聚乙烯醇	0.2		

表5-5　防晒乳液配方(含粉剂)

成分		质量分数/%	成分		质量分数/%
A相	硬脂酸甘油酯	6.0	B相	黄原胶	1.0
	聚氧乙烯(20)硬脂酸酯	3.0		去离子水	余量
	乳酸十六烷酯	3.0		超细二氧化钛	5.0
	乳酸C12-15烷基酯	1.0	C相	硬脂酰硬脂酸异鲸蜡醇酯	3.0
	甲氧基肉桂酸辛酯	7.5			
	肉豆蔻酸肉豆蔻酯	4.0		马来大豆油	3.0
	二苯甲酮-3	3.0	D相	尼泊金甲酯	适量
	水杨酸辛酯	3.0		尼泊金丙酯	适量
	丙二醇	6.0	E相	香精	适量

制备方法:将油相 A 中成分搅拌加热至 75 ℃,将水相 B 中成分在高速搅拌下分散,加热至 80 ℃。将 C 中成分在胶体磨中磨细,备用。

分别将油相和水相,经过滤,真空下抽入乳化罐,搅拌,加入 C 后,搅拌约 10 min,维持 70 ℃,均质 3 min。脱气、降温,40 ℃时加入 D、E,继续搅拌、降温至 25 ℃出膏。

工艺流程见图 5-1。

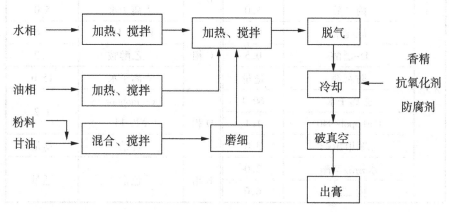

图 5-1 加粉剂的防晒霜的生产工艺流程图

表 5-6 防晒乳液配方(高 SPF 值)

成分	质量分数/%	成分	质量分数/%
Arlamol HD	15.0	维生素 E 乙酸酯	1.0
Arlamol S7	4.0	EDTA 二钠	0.1
甲氧基肉桂酸辛酯	6.0	Arlatone 2121	5.5
十八烷醇	2.0	Altas G-2330	4.0
聚乙烯吡咯烷酮/二十二碳烯共聚物	3.0	去离子水	43.8
防腐剂	适量	汉生胶	0.1
超细二氧化钛水分散液	12.5	柠檬酸	调 pH 值至 6.5~7.0

4. 防晒凝胶

配方举例见表 5-7 ~ 表 5-8。

表 5-7 防晒凝胶配方

	成分	质量分数/%		成分	质量分数/%
A 相	乙醇	5.0	B 相	三乙醇胺	2.2
	丙二醇	5.0		去离子水	5.0
	尿囊素	0.1	C 相	Parsol HS	2.0
	D-泛醇	0.5		三乙醇胺	1.2
	防腐剂	适量		去离子水	15.0
	去离子水	60.4	D 相	Cremophor NP-14	1.2
	Carbopol-940	1.1			
	二苯甲酮-3	3.0		香精	适量
	水杨酸辛酯	3.0	E 相	色素	适量
	丙二醇	6.0			

制备方法:将 A 中的丙二醇、防腐剂、尿囊素和 D-泛醇充分溶解于醇-水溶液中,再慢慢搅拌并加入胶凝剂 Carbopol-940,继续搅拌直至 Carbopol 完全分散。

将 B 中的中和剂三乙醇胺以水稀释,慢慢加入 A 中中和,使其成为凝胶状。

将防晒剂 Parsol HS 在搅拌下加入 C 中的水中,出现悬浮物后继续搅拌并缓慢加入三乙醇胺进行中和,直至成为清澈的溶液,并调节该溶液的 pH 值至 7.2 ~ 7.5,再加入上述凝胶中。将 D 中的香精与增溶剂 Cremiphor NP-14 混合后,在搅拌下加入上述凝胶中。

最后,在搅拌下加入色素而成为透明凝胶。其工艺流程见图 5-2。

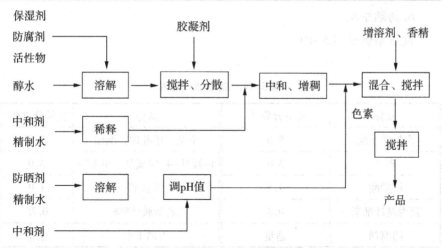

图5-2 防晒凝胶生产工艺流程图

表5-8 防晒凝胶配方

成分	质量分数/%	成分	质量分数/%
Carbopol-940	1.1	咪唑烷基脲	0.3
KathonCG	0.05	泛醇	1.0
氨甲基丙醇	0.8	乙醇	5.0
二苯甲酮-4	2.0	2-苯基苯并咪唑磺酸	2.0
氨乙基丙醇	1.3	防腐剂	适量
色素	适量	香精	适量
去离子水	余量		

5. 防晒油

配方举例见表5-9。

表5-9 防晒油配方

成分	质量分数/%	成分	质量分数/%
水杨酸辛酯	5.0	甲氧基肉桂酸辛酯	4.0
异十六醇	10.0	棕榈酸辛酯	22.0
椰子油	2.5	月桂酸乳酸酯	14.0
香精	适量	VE乙酸酯	0.1
白油	余量	防腐剂	适量

注：其生产过程只需将各组分混合均匀即可。

6. 防晒摩丝

配方举例见表5-10。

表5-10　防晒摩丝配方

成分	质量分数/%	成分	质量分数/%
水杨酸辛酯	5.0	辛基二甲基肉桂酸酯	3.0
PVP	3.0	4-羟基-4-甲氧基二甲苯酮	3.0
硬脂酸	4.5	混合醇	1.0
羟丙基纤维素	0.3	三乙醇胺(99%)	0.75
防腐剂	适量	去离子水	余量

注:充装比例为基质:推进剂=95:5。

第四节　防晒剂制品配方实例

防晒产品是近年来发展较快的化妆品。市售防晒产品有各种各样的剂型,如膏霜、乳液、微乳液、凝胶、喷雾剂、摩丝和棒型防晒产品。在功能方面,除基础防晒作用外,兼有抗自由基、免疫保护、防沙、防昆虫叮咬,兼有美容作用含防晒剂的彩妆。防晒剂制品配方实例分类叙述如下。

1. 含对氨基苯甲酸(PABA)及其衍生物防晒剂配方

含PABA及其衍生物的防晒剂配方见表5-11～表5-20。

表5-11　兼含 TiO_2 的防晒霜

成分	质量分数/%	成分	质量分数/%
二氧化钛(防晒剂)	2.5	白凡士林	5.0
对氨基苯甲酸(防晒剂)	2.5	三乙醇胺	0.2
单硬脂酸甘油酯	5.0	十二烷基硫酸钠	0.2
硬脂酸	10.0	尼泊尔乙酯	0.1
液体石蜡	15.0	精制水	55.0
甘油	10.0		

表5-12 耐水防晒剂

成分	质量分数/%	成分	质量分数/%
对氨基苯甲酸	2.5	卤化碳	5.0
水	2.5	异丙醇	0.2
乙酸钠	5.0		

本剂货架寿命长且耐游泳或出汗,不黏,对皮肤无刺激,可用肥皂和水洗除。

表5-13 兼含白颜料的防晒霜

成分	质量分数/%	成分	质量分数/%
十六醇	10.0	吐温-60	2.0
斯盘-80	5.0	三乙醇胺	0.5
硬脂酸	2.0	对氨基苯甲酸酯(防晒剂)	3.0
防腐剂	0.2	钛白粉	2.5
羊毛脂	3.0	精制水	56.8
甘油	15.0	香精	适量

制备方法:将除香精外的原料加热至85 ℃进行乳化,温度降低至50 ℃时加入香精即成本品。

表5-14 防晒乳液

成分	质量分数/%	成分	质量分数/%
硬脂酸	3.00	乙基对氨基苯甲酸酯	2.00
鲸蜡醇	0.50	丙二醇	2.00
豆蔻酸异丙酯	10.00	三乙醇胺	1.50
辛酸和己酸丙二醇酯混合物	10.00	三乙醇胺月桂基硫酸盐(40%)	0.05
香料	适量	精制水	加至100.00

表5-15　防晒化妆乳剂

成分	质量分数/%	成分	质量分数/%
对-二甲基氨基苯甲酸铝	5.00	液体石蜡	34.00
对-二甲基氨基苯甲酸锆	2.50	羊毛脂	37.75
对-二甲基氨基苯甲酸钙	2.50	丙二醇	4.00
硬脂酸	1.50	三乙醇胺	0.20
山梨糖醇酐倍半油酸盐	4.00	高岭土	5.00
印度红	0.30	氧化铁黄	1.00
氧化铁黑	0.05	香精	0.20

表5-16　兼含水解动物蛋白的防晒霜

成分	质量分数/%	成分	质量分数/%
硬脂酸	2.7	聚乙二醇(8)棕榈酰甲基二乙基硫酸盐	2.5
十六醇	2.3	羊毛酸异丙酯	5.0
硬脂酸甘油酯	4.0	C16-C18 烷醇聚氧乙烯(20)醚	5.0
十四酸异丙酯	7.5	水	64.2
二羟丙基对氨基苯甲酸乙酯	3.0	椰子油醇酰胺	
C16-C18 烷醇聚氧乙烯(20)醚	5.0	水解动物蛋白	2.5
羊毛酸异丙酯	5.0	山梨糖醇	
尼泊尔甲酯	0.2	香精、色料	适量
尼泊尔丙酯	0.1		

表 5-17 含羊毛脂衍生物的防晒液

成分	质量分数/%	成分	质量分数/%
二羟丙基对氨基苯甲酸乙酯	1.0	硬脂酸甘油酯	6.0
乙氧基化羊毛脂	0.5	硅油	1.0
乙氧基化羊毛醇	5.0	胶态硅铝酸镁	1.5
棕榈酸异丙酯	5.0	甲基纤维素聚乙二醇醚	5.0
硬脂酸	6.5	水	68.5

制备方法:在快速混合下分散胶态镁铝硅酸盐于水中,在85 ℃时把水相加到油相中混合,待冷至30～35 ℃时进行包装即得本品。

表 5-18 化妆与防晒兼用的膏霜

	成分	质量分数/%		成分	质量分数/%
A相	还甲基硅酮和二甲基硅酮共聚物	6.0	B相	防腐剂	0.2
	羟基硬脂酸辛酯	2.5		聚乙二醇(8)	5.0
	油酸癸酯	2.5		聚氧乙烯甘油醚	5.0
	对二甲基氨基苯甲酸辛酯	2.0		四羟基丙基乙二胺	0.5
	硬脂酸甘油酯	1.0	C相	颜料(13%氧化铁、40%二氧化钛、41%高岭土)	10.0
	十四酸十四醇酯	1.5		皂土	3.0
	水	54.8		珍珠光粉	3.0

制备方法:将颜料研磨成微小粒子,然后与组分C的其他成分混合,在搅拌下加入组分B中,在70 ℃时将以上混合物加入组分A中混合均匀,冷却至28 ℃后包装即得本品。

表5-19 硅酮包水的防晒霜

	成分	质量分数/%		成分	质量分数/%
A相	环甲基硅酮二甲基硅酮共聚物	9.5	A相	吐温-20	0.5
	环甲基硅酮	11.0	B相	水	74.5
	对二甲基氨基苯甲酸辛酯	4.0		氯化钠	0.5

制备方法:分别混合组分A和组分B,然后用中等到高速的剪切力将组分B加入组分A中即成。本品的乳液黏度在某种程度上取决于混合中剪切力的大小。

表5-20 防晒油

	成分	质量分数/%		成分	质量分数/%
A相	二甲基PABA乙基己酯	4.00	B相	辛酸/癸酸甘油三酯	61.10
	二苯酮-3	0.40		辛酸/癸酸/亚油酸甘油三酯	20.00
	聚甘油-10 十油酸酯	2.00		向日葵籽油	5.00
	植物油/β-胡萝卜素(质量分数22%β-胡萝卜素)	适量		氢化植物油(部分氢化)	5.00
				牛油果树油	2.50
			C相	BHA/BHT/棓酸丙酯/柠檬酸	适量
				香精	适量

制备方法:将A相组分混合均匀,呈均匀浆状。在不断搅拌情况下,将B相组分和C相组分加于A相。即可获得均匀油状产品。

2.含肉桂酸酯类防晒剂配方

含肉桂酸酯类防晒剂配方见表5-21~表5-31。

表 5-21　防水防晒霜(SPF 15)

	成分	质量分数/%		成分	质量分数/%
A 相	精制水	74.90		硬脂酸	2.00
B 相	卡波姆	0.20		PEG-40 硬脂酸酯	1.50
C 相	三乙醇胺(质量分数 99%)	0.70	D 相	聚二甲基硅氧烷共聚醇	1.00
D 相	甲氧基肉桂酸乙基己酯	7.50		二甲氧硬脂酸胺	2.00
	二苯酮-3	3.00	E 相	丙烯酸(酯)类/1-辛基丙酰胺共聚物	2.00
	棕榈酸乙基己酯	3.00	F 相	防腐剂	适量
	鲸蜡醇	1.00		香精	适量

制备方法:将 B 相分散于 A 相,并加热至 80 ℃。将 C 相缓慢地加入。将 D 相加热至 80 ℃。在不断搅拌情况下,将筛入 D 相。将 D、E 相加入 80 ℃的 A、B、C 相。混合 15 min,冷却至 40 ℃,依次加入 F 相。

表 5-22　防水防晒霜(SPF 50.8)

	成分	质量分数/%		成分	质量分数/%
A 相	精制水	49.11	E 相	山嵛醇/甘油硬脂酸酯/甘油硬脂酸柠檬酸酯/二椰油酰乙二胺 PEG-15 硫酸酯钠	1.00
	EDTA 二钠	0.10	F 相	氢氧化钠	0.20
B 相	黄原胶	0.20	G 相	精制水	11.05

续表5-22

成分		质量分数/%	成分		质量分数/%
C相	甲氧基肉桂酸乙基己酯	7.50	H相	苯基苯并咪唑磺酸	2.00
	苯甲酸苯乙酯	5.00	I相	氢氧化钠	0.09
	辛酸/癸酸甘油三酯	3.75	J相	苯甲醇	1.00
	2-氰基-3,3-甲氧基二苯基丙烯酸2-乙基己酯(SolaStay S1,The HallStar Co.)	6.00		甘油	4.00
D相	定计甲氧基二苯甲酰基甲烷	3.00		羟苯甲酯	0.10
E相	PVP/二十碳烯酸共聚物	1.00		羟苯乙酯	0.05
	十三烷醇聚醚-12	1.00	K相	二椰油酰乙二胺PEG-15硫酸酯钠/月桂酸乳酰乳酸钠	1.00
L相	氢氧化钠	0.07	M相	丙烯酰胺/丙烯酰基二甲基牛磺酸钠共聚物/异十六烷/聚山梨醇酯-80	2.50
	精制水	0.28	N相	精制水(最后补充被蒸发的水分)	

制备方法:

1)在容器中将A相组分溶解,混合均匀。

2)将B相加于A相,混合均匀,得A、B相。

3)在另一容器中,将C混合,加热至75℃。

4)将D相加于C相,完全溶解后,按次序将E相组分加于C、D相,得C、D、E相。

192

5)在另一个容器中,将 F 相溶于 G 相,将 H 相加于 F、G 相,搅拌至完全溶解,pH 值 7.6 ~ 8.0。

6)在另一容器中,将 J 相混合均匀,呈透明溶液。

7)将略少于一般的 A、B 相转移至主乳液罐内,将 K 相加入 A、B 相中,混合均匀,加热至 65 ℃,得 A、B、K 相。

8)在温度 65 ℃,将 C、D、E 相加 A、B、K 相,混合和均质。

9)5 min 后,将 J 相和余下的 A、B 相加入主乳化罐中。

10)将 F、G、H、I 相加入乳化灌中,均质混合,用 L 相将 pH 值调节至 7.5 ~ 8.0。

11)冷却,加入 M 相,慢慢搅拌防止产生气泡。如有需要,补充被蒸发的水分。

说明:利用防晒剂光稳定剂 2-氰基-3,3-甲氧基二苯基丙烯酸 2-乙基己酯猝灭甲氧基肉桂酸乙基己酯和丁基甲氧基二苯甲酰基甲烷的单激发态。获得光谱 SPF 约 50.8,PFA(PPD)约为 19.3 光稳定的防晒霜。

表 5-23 防砂防晒乳液

成分	质量分数/%	成分	质量分数/%
二(油酰基羧乙基)羧乙基甲基铵甲基硫酸	3.50	丁基甲氧基二苯甲酰基甲烷	3.00
甘油硬脂酸酯	1.50	甲氧基肉桂酸乙基己酯	5.00
月桂醇聚醚-18	1.00	奥克立林	3.00
C12-C15 烷基苯甲酸酯	7.00	甘油	3.00
碳酸乙基己酯	3.00	防腐剂/香精	适量
鲸蜡醇蓖麻油酸酯	1.00	精制水	加至 100.00
三异硬脂精	1.00		

表5-24　含微细无机防晒剂的 W/O 防晒霜

	成分	质量分数/%		成分	质量分数/%
A相	二乙基己基环己烷	10.00	A相	二苯酮-3	2.00
	鲸蜡硬脂醇依壬酸酯	10.00		p-甲氧基肉桂酸异戊酯	6.00
	PEG-7 氢化蓖麻油	3.00		甲氧基肉桂酸乙基己酯	4.00
	甘油油酸酯	1.00		精制水	52.50
	生育酚	3.00	B相	硫酸镁(含6结晶水)	0.50
	蜂蜡	1.00		甘油(86%)	5.00
	硬脂酸锌	1.00		防腐剂	适量
	氧化锌	1.00		香精	适量

制备方法:将 A 相加热至 80 ℃,熔化混合,将微细颜料均匀地分散在其中。将 B 相加热至 80 ℃,不断搅拌,将 A 相加于 B 相,均质。在 80 ℃乳化 5 min。在不断搅拌情况下,使乳液冷却,注意避免混入空气。推荐在 50 ~ 65 ℃均质,改善其结构。经历时间和强度取决于设备条件。如果均质太强烈,可能使最终产品产生较高的黏度。最终冷却至 30 ℃。黏度 0.125 MPa · s(Brookfield RVT,23 ℃,转子 YE,4 r/min)。

表5-25　防水的防晒乳液(SPF 约15)

编号	成分	质量分数/%	编号	成分	质量分数/%
1	精制水	加至100	8	甲氧基肉桂酸乙基己酯	7.00
2	羟丙基甲基纤维素(质量分数1%水溶液)	10.00	9	水杨酸乙基己酯	3.00
3	季铵盐-15	0.15	10	二苯酮-3	2.00
4	EDTA 二钠	0.05	11	C12-15 烷基苯甲酸酯	4.00

续表5-25

编号	成分	质量分数/%	编号	成分	质量分数/%
5	丙烯酸酯类/才0- 30烷醇丙烯酸酯 交联聚合物	0.25	12	羟苯甲酯	0.15
6	卡波姆	0.20	13	羟苯丙酯	0.05
7	三乙醇胺	0.40	14	香精	适量

制备方法:将组分1,3,4,5,6分散于80 ℃的水中。同时,在另一罐中将7,8,9,10,11,12组分溶解,加热至80 ℃,形成透明溶液。将水相混合物加至油相混合物中,加入组分2快速搅拌。在不断搅拌情况下,冷却至45 ℃,加入组分13和14。再冷却至30 ℃。

表5-26 易生粉刺皮肤用防晒乳液

成分	配方1质量分数/%	配方2质量分数/%	成分	配方1质量分数/%	配方2质量分数/%
精制水	70.00	84.00	苯氧乙醇	0.12	0.12
甲氧基肉桂酸乙基己酯	10.00	——	黄原胶	0.30	0.30
硅石	7.50	7.50	四氢甲基嘧啶羧酸	0.30	0.30
甘油	2.00	2.00	羟苯甲酯	0.05	0.05
二氧化钛	4.00	——	壬二酰二甘氨酸钾	1.10	1.10
矾土	0.50	0.50	磷脂酰胆碱	0.10	0.10
BHT	0.10	0.10	羟苯乙酯	0.01	0.01
氯苯甘醚	0.20	0.20	丙二醇	0.50	0.50
PVP	1.20	1.20	羟苯丙酯	0.10	0.10
聚丙烯酰胺	0.80	0.80	羟苯丁酯	0.10	0.10
月桂醇聚醚-7	1.20	1.20			

表 5-27　驱昆虫防晒乳液

成分		质量分数/%	成分		质量分数/%
A 相	精制水	67.60	B 相	异硬脂酸异丙酯	5.00
				棕榈酸乙基己酯	3.00
	咪唑烷基脲	0.30		苦油树籽油（CAPSICUM FRUTESCENS）	3.00
	硫酸镁（不含结晶水）	0.20		甲氧基肉桂酸乙基己酯/辛酸/癸酸甘油三酯/PPG-15 硬脂醇聚醚/C12-25 烷基苯甲酸酯/聚羟基硬脂酸/矾土/硬脂酸铝/二苯酮-3/PEG-30 而聚羟基硬脂酸酯	22.00
	亚油酰胺丙基 PG-二甲基氯化铵磷酸聚酯二甲基硅氧烷	1.00			
			C 相	香精	1.00

制备方法:将 A 相和 B 相组分分别混合。在强烈搅拌情况下,慢慢将 A 相加于 B 相。均质,缓慢搅拌,将 C 相加入 A、B 相中。

表 5-28　驱昆虫棒状防晒产品

成分		质量分数/%	成分		质量分数/%
A 相	锦纶-611/聚二甲基硅氧烷/PPG-3 肉豆蔻醇聚醚	18.00	B 相	环五聚二甲基硅氧烷	40.00
	肉豆蔻酸异丙酯	10.00		3-（N-丁基-N-乙酰基）氨基丙酸乙酯（IR3535，Merck）	7.50
	辛酸/癸酸甘油三酯	10.00			
	甲氧基肉桂酸乙基己酯	7.00		桉叶油素	7.50

制备方法:将 A 相组分混合,加热至 100 ℃,至完全熔化。冷却至 75 ℃,将 B 相组分加入。保持温度,混合至体系完全均匀。倒入合适模具内冷却成型,进行包装。

表 5-29 防晒香脂(SPF 约 15)

成分		质量分数/%	成分		质量分数/%
A 相	异硬脂醇亚油酸酯	10.00	A 相	C$_{30}$～C$_{40}$烷基聚二甲基硅氧烷	4.00
	辛酸/癸酸甘油三酯	60.20		地蜡(白色)	5.00
	甲氧基肉桂酸乙基己酯	7.00		矿脂	10.00
	二苯酮-3	3.00	B 相	香精	0.70
	羟苯甲酯	0.10			

制备方法:将 A 相组分混合,加热至 80 ℃。冷却至 65 ℃,加入 B 组分。倒入合适包装容器。

表 5-30 防晒凝胶

成分	质量分数/%	成分	质量分数/%
(2-羟基)尿素	5.00	甲氧基肉桂酸乙基己酯	5.00
肉豆蔻醇肉豆蔻酸酯	0.50	水杨酸乙基己酯	4.50
丙烯酸(酯)/辛基丙烯酰胺共聚物	1.00	羟丙基乙基己酯	2.00
乙醇	1.00	奥克立林	9.50
丁基甲氧基二苯甲酰基甲烷	4.50	二苯酮-3	3.00
C$_{12}$～C$_{15}$烷基苯甲酸酯	5.00	甘油	5.00
苯甲酸苯乙酯	3.00	着色剂/香精	适量
十三烷醇水杨酸酯	2.00	精制水	加至 100.00

表5-31 防水喷雾型防晒剂（SPF 约30）

成分	质量分数/%	成分	质量分数/%
精制水	49.27	甲氧基肉桂酸乙基己酯	7.50
A相：丙烯酸(酯)类/C_{10}~C_{30}烷醇丙烯酸酯交联聚合物(质量分数2%溶液)	12.50	B相：三乙醇胺	0.18
PEG-8 聚二甲基硅氧烷/PEG-8 蓖麻酸醇酸酯	1.00	精制水	5.00
B相：蓖麻油异硬脂酸酯琥珀酸酯/PEG-8 蓖麻醇酸酯	2.00	C相：EDTA 二钠	0.10
己二酸二异癸酯	8.00	D相：DMDM 乙内酰脲	0.20
二苯酮-3	4.00	香精	0.25
奥克立林	10.00		

制备方法：在70 ℃，将 A 相组分和 B 相组分混合。混合均匀后，将 C 相加入。在不断搅拌情况下，冷却至35 ℃，加入 D 相组分。均质，充装。pH值5.07，黏度：4 900 mPa·s。

3.水杨酸类防晒剂配方

含水杨酸类防晒剂配方见表5-32 ~ 表5-35。

表 5-32 W/O 防晒乳液

	成分	质量分数/%		成分	质量分数/%
A 相	水杨酸乙基己酯	5.00	C 相	$C_{30} \sim C_{38}$烯烃/马来酸异丙酯/MA 共聚物	1.00
	水杨酸丁基辛酯	3.00		鲸蜡醇磷酸酯钾/氢化棕榈油甘油酯类	3.00
	辛酸/癸酸甘油三酯	2.25	D 相	精制水	10.00
	二甲基癸酰胺	1.00		卡波姆	0.20
	2,6-萘二甲酸二乙基己酯	3.00	E 相	精制水	54.85
	聚酯-8	3.00	F 相	EDTA 二钠	0.05
	苯甲醇	0.50		三乙醇胺	0.21
B 相	二苯酮-3	0.49	G 相	丁二醇	4.00
	丁基甲氧基二苯甲酰基甲烷	3.00		苯氧乙醇/羟苯甲酯/羟苯乙酯/羟苯丁酯/羟苯丙酯/羟苯异丁酯	0.60
			H 相	淀粉辛烯基琥珀酸铝	2.50

制备方法:将 A 相组分混合均匀。将 B 相组分依次加入 A 相,将 A、B 相加热至 85~90 ℃。将 C 相组分依次加入 A、B 相。在另一容器中,将 D 相组分混合,产生完全润湿均匀分散液。在另一容器中,加入 E 相,然后按次序将 F 相组分加入 E 相。将 E 和 F 相加热至 90 ℃。预先混合好 G 相组分,将 G 相加入 E、F 相。当 A、B、C 和 E、F、G 相混合混匀和到达指定温度时,在强烈搅拌情况下将 A、B、C 相加于 E、F、G 相,应避免带入气泡。10 min 后,转为均质,并开始冷却。当冷却至 55 ℃时,较为较慢速搅拌混合,将 D 组分加入。混合均匀,将组分 H 加入。继续搅拌,冷却直至产生油滑均匀的乳液。

表5-33　户外运动棒型防晒产品(SPF 约45)

成分		质量分数/%	成分		质量分数/%
A 相	二氧化钛/水合硅石/聚二甲基硅氧烷/聚甲基硅氧烷共聚物/氢氧化铝	5.00	D 相	地蜡	12.00
	奥克立林	7.00		小烛树蜡	4.00
B 相	氧化锌/二苯基辛基聚氧基硅氧烷	5.00		蜂蜡	4.00
	$C_{12} \sim C_{15}$ 烷基苯甲酸酯	0.10		鲸蜡醇	3.00
C 相	$C_{12} \sim C_{15}$ 烷基苯甲酸酯	0.10	E 相	环五聚二甲基硅氧烷	5.00
	己二酸二丁酯	5.00		聚二甲基硅氧烷(200cst)	1.00
	新戊二醇二(乙基己酸)酯/新戊二醇二异硬脂酸酯	4.00		生育酚乙酸酯	0.30
	水杨酸乙基己酯	5.00		红没药醇	0.20
	胡莫柳酯	5.00		香精	0.05

制备方法:将 A 相和 B 相组分分别混合,研磨 10 min 至完全分散。将 A 相加于 B 相,均质 4~5 min 直至完全分散。在另一容器中,将 D 相混合,加热至 85~90 ℃,至完全溶化。再将 A、B、C 相加热至 85~90 ℃,然后加于 D 相,混合均匀。再加入 E 相组分,混合均匀。

表5-34 广谱喷雾型防晒剂(SPF 约33)

成分		质量分数/%	成分		质量分数/%
A 相	水杨酸乙基己酯	5.00	B 相	丁基甲氧基二苯甲酰基甲烷	3.00
	胡莫柳酯	7.50		二苯酮-3	4.00
	奥克立林	2.75	C 相	库拉索芦荟叶汁	0.50
	丁基辛醇水杨酸酯	5.00		乙醇(SD alcohol 40)	67.05
	聚酯-8	3.00	D 相	丙烯酸(酯)类/辛基丙烯酰胺共聚物	2.00
	生育酚乙酸酯	0.20			

表5-35 无乳化过敏皮肤使用高SPF 值防晒分散液(SPF 约50)

成分	质量分数/%	成分	质量分数/%
精制水	34.05	水杨酸乙基己酯	5.00
EDTA 二钠	0.10	$C_{12} \sim C_{15}$ 烷基苯甲酸酯	16.00
黄原胶	0.50	乙基己基三嗪酮	3.00
1,2-戊二醇	5.00	双-乙基己氧苯酚甲氧苯基三嗪	2.00
丙烯酸(酯)类/$C_{10} \sim C_{30}$ 烷醇丙烯酸酯交联聚合物	0.35	三甲氧基辛基硅烷	9.00
苯基苯并咪唑磺酸	4.00	乙醇	3.00
氨丁三醇(20%)	13.00		

4. 含樟脑衍生物类防晒剂配方

含樟脑衍生物类防晒剂配方见表5-36 ~ 表5-37。

表5-36 防砂防晒乳液

成分	质量分数/%	成分	质量分数/%
甘油硬脂酸酯 SE	0.50	丁二醇	5.00
甘油硬脂酸酯柠檬酸酯	2.00	环聚二甲基硅氧烷	2.00
PEG-40 硬脂酸酯	0.50	PVP/十六碳烯共聚物	0.50
鲸蜡醇	2.50	甘油	3.00
丁基甲氧基二苯甲酰基甲烷	1.00	黄原胶	0.15
乙基己基三嗪酮	4.00	维生素E乙酸酯	0.50
4-甲基苄亚基樟脑	4.00	丙烯酸酯-苯乙烯共聚物	1.00
二乙基己基丁酰胺基三嗪酮	1.00	羟苯甲酯	0.15
苯基苯并咪唑磺酸	0.50	苯氧乙醇	1.00
亚甲基双-苯并三唑基四甲基丁基丁酚	2.00	香精	0.20
二氧化钛	1.00	精制水	加至100

表5-37 不含 PEG 衍生物的 O/W 防晒霜

成分	质量分数/%	成分	质量分数/%
硬脂醇磷酸酯	5.00	丙烯酸(酯)类/$C_{10} \sim C_{30}$烷醇丙烯酸酯交联聚合物	1.00
甘油硬脂酸酯	2.50	苯基苯并咪唑磺酸	5.00
硬脂酸	2.00	氨基丁三醇	2.21
鲸蜡醇	1.00	椰油酰谷氨酸钠	0.60
聚二甲基硅氧烷	2.00	尿囊素	0.20
辛酸/癸酸甘油三酯	3.00	甘油	4.00
矿油	3.00	防腐剂	适量
硬脂酸乙基己酯	3.00	精制水	55.90
4-甲基苄亚基樟脑	5.00	香精	0.30
二氧化钛	5.00		

5. 含三嗪类防晒剂配方

含三嗪类防晒剂配方见表 5-38。

表 5-38　O/W 防晒霜(SPF 20)

	成分	质量分数/%		成分	质量分数/%
A 相	PEG-100 硬脂酸酯	2.00	C 相	环五聚二甲基硅氧烷	2.50
	甘油硬脂酸酯	1.00	D 相	丙烯酸(酯)类/异癸酸乙烯酯交联聚合物	0.15
	鲸蜡硬脂醇	2.50	E 相	精制水	加至100
	硬脂酸	5.00	F 相	鲸蜡醇磷酸酯钾	0.25
	丙二醇二辛酸/二癸酸酯	9.50	G 相	氨甲基丙醇(调节pH 值至5.5~6.0)	适量
B 相	辛酸/癸酸甘油三酯	3.00		丁二醇	2.00
C 相	聚二甲基硅氧烷	0.50		咪唑烷基脲	0.30
	生育酚乙酸酯	4.00	H 相	羟苯甲酯	0.20
	二乙基己基丁酰胺基三嗪酮	4.00		羟苯乙酯	0.10
	二氧化钛/氢氧化铝/硬脂酸	4.00	I 相	香精	0.30
	异十六烷	5.00			

制备方法:将 A 熔化,在不断搅拌情况下将 B 相加至 A 相。将 C 相分散均匀,将 C 相加入 A、B 相。将 D 相分散于 E 相,将 F 相溶于 D、E 相。将 D、E、F 相加热至 75 ℃。将 A、B、C 加入 D、E、F 相,均质。45 ℃,加入 G、H 和 I 相。

6.含氧化锌或二氧化钛的防晒剂配方

含氧化锌或二氧化钛的防晒剂配方见表5-39～表5-41。

表5-39　防水含无机防晒剂的防晒霜(SPF 约14)

成分		质量分数/%	成分		质量分数/%
A 相	鲸蜡基聚二甲基硅氧烷	3.00	B 相	微细氧化锌/异壬酸异壬酯/六甘油蓖麻油酸酯/异丙醇三异硬脂酸酯钛	21.33
	环聚二甲基硅氧烷	7.50	C 相	精制水	51.07
	异壬酸异壬酯	6.00		氯化钠	0.50
	甲基葡糖倍半硬脂酸酯	0.50		C10 聚氨基甲酰聚乙二醇酯	2.50
	马来酸二辛酯	2.00		防腐剂	适量
	聚甘油-4 异硬脂酸酯/鲸蜡基聚二甲基硅氧烷共聚醇/月桂酸己酯	5.00	D 相	香精	适量

制备方法:将 A 相混合,加热至 75 ℃,不断搅拌冷却至 65 ℃。在均质搅拌情况下,将相加于 A 相。用桨式搅拌器混合,将已混合好的 C 相加至 A、B 相。冷却至 45 ℃,加入 D 相。冷却至 30 ℃。

表 5-40　敏感皮肤防晒乳液

成分		质量分数/%	成分	质量分数/%
A 相	$C_{12} \sim C_{15}$ 烷基苯甲酸酯	15.00	硬脂醇聚醚-21	1.50
			BHT	0.10
	二氧化钛/二甲基苯基硅烷/三乙氧基辛基硅烷共聚物/水合硅石/氢氧化铝	12.82	D 相 硬脂醇聚醚-2	0.50
			生育酚乙酸酯	0.50
			硬脂酸	0.30
	精制水	56.46	聚甘油-2 二硬脂酸酯/辛基十二醇新戊酸酯	0.50
B 相	EDTA 二钠	0.10		
	卡波姆	0.20	三甲基丙烷三(乙基己酸)酯/甘油/鲸蜡醇/鲸蜡硬脂醇聚醚-20/甘油硬脂酸酯/PEG-100 硬脂酸酯/硬脂醇聚醚-2/聚二甲基硅氧烷/鲸蜡醇聚醚-24/磷脂/EDTA 二钠	0.50
	丙烯酸酯类/C10-C30 烷醇丙烯酸酯	0.10	E 相	
	甘油	3.00		
C 相	丁二醇	1.00		
	泛醇	0.50		
	三乙醇胺(质量分数99%)	0.02	苯氧乙醇/羟苯甲酯/羟苯乙酯/羟苯丁酯/羟苯丙酯/羟苯异丁酯	0.20
D 相	新戊二醇辛酸酯	3.00	F 相	
	鲸蜡醇磷酸酯钾	2.00		
	鲸蜡醇	1.50	香精	0.20

表 5-41　防晒营养霜

成分	质量分数/%	成分	质量分数/%
三压硬脂酸	12.0	水杨酸	0.1
单硬脂酸甘油酯	1.0	维生素 E	0.5
氢氧化钾(80%)	1.0	维生素 A	500 000 IU
甘油	18.0	香料	适量
钛白粉	1.0	精制水	加至 100.0

本品对皮肤具有保护、增白和营养功能。

7. 含植物防晒剂的配方

含植物防晒剂的配方见表5-42～表5-56。

表5-42 防日晒红斑的咖啡油

成分	质量分数/%	成分	质量分数/%
甘油三 C_{14}～C_{21} 脂肪酸酯	74～78	脂肪酸甾醇酯	1
咖啡醇和 $C_{20}H_{24}O_3$ 单酯	18～21	游离咖啡醇和 $C_{20}H_{24}O_3$	1～2
磷脂	2～4		

咖啡油用作皮肤的日光辐射过滤剂,可防止日晒红斑病。

表5-43 芦荟防晒乳

成分	质量分数/%	成分	质量分数/%
硬脂酸	3.00	水溶性高分子化合物	0.11
高级硬脂醇	0.30	双倍芦荟胶	20.00
羊毛脂	0.50	香料	适量
肉豆蔻酸异丙酯	5.00	防腐剂	适量
三乙醇胺	1.40	精制水	加至100.00
保湿剂	5.00		

制备方法:先将水溶性高分子化合物溶于水中,加热至75℃时加入双倍芦荟胶、三乙醇胺和保湿剂,之后在搅拌下将水相加至75℃的油相中充分乳化,搅拌降温至45℃时加香精。

表5-44 薏苡仁多效防晒化妆水

成分	质量分数/%	成分	质量分数/%
薏苡仁提取液	98.00	柠檬酸	0.01
聚乙烯乙二醇(MW2000)	0.50	防腐剂	适量
吐温-80	1.50		

制备方法:把提取液加温至50℃,按顺序加入其他原料并边加边搅拌,充分冷却后过滤,即得本品。

薏苡仁提取液制备方法:将脱皮薏苡仁种子(粗粒)30份、70%乙醇30份、丙二醇5份混合,然后放入带冷却器的加热器中加热至90℃,保持5 h后加入水95份,再加热5 h,经冷却、过滤而得。薏苡仁提取液有吸收紫外线的功能,还能治疗粉刺、疙瘩及皮肤粗糙等疾病。

表5-45 抗衰老防晒霜

成分	质量分数/%	成分	质量分数/%
C16-C18醇	8.0	草珊瑚流浸膏	0.5
液体石蜡(白油26号)	4.5	磷脂季铵化物阳离子乳化剂(SPP-200)	2.5
棕榈酸异丙酯	4.5	香精	适量
二甲基硅油	1.5	防腐剂	适量
单硬脂酸甘油酯	2.5	抗氧剂	适量
羊毛脂	0.5	甘油	4.0
聚乙二醇(MW6000)	0.5	精制水	加至100.0

本产品具有防晒、抗衰老及护肤功能。

表5-46 芦丁-黄芩苷防晒霜

成分	质量分数/%	成分	质量分数/%
十八醇	9.0	月桂醇硫酸钠	1.2
固体石蜡	6.0	羟苯丙酯	0.5
液体石蜡	6.0	黄芩苷	1.5
硬脂酸	10.0	芦丁	2.0
甘油	5.0	精制水	58.8

本品防晒效果好,无明显副作用。

芦丁的提取方法:称取已粉碎至20目的槐米50 g,加入500 mL热水,用饱和石灰水调节 pH 值至 8 ~ 9, 加入 0.5 g 硼砂、1.5 g 焦亚硫酸钠, 搅拌下加热至 85 ℃, 保温 50 min, 抽滤, 取滤液用盐酸调节 pH 值至 5, 静置数天, 抽滤得淡黄色沉淀, 再用稀盐酸精制即可。

黄芩的提取法: 称取黄芩粗粉 50 g, 加入 400 mL 热水, 煮沸 30 min, 抽滤, 取滤液用盐酸调 pH 值 2, 置 80 ℃ 水中加热 30 min, 静置, 过滤, 沉淀用乙醇洗涤, 干燥即得。

表 5-47　含芦荟的防晒液

成分	质量分数/%	成分	质量分数/%
芦荟液(浓缩)	2.0	氢氧化钠	适量
1,2-丙二醇	6.0	香精	适量
二苯甲酮-4(防晒剂)	3.0	羧甲基纤维素	0.3
苯基苯并咪唑磺酸	2.0	去离子水	加至 100.0

表 5-48　芦荟防晒乳

	成分	质量分数/%		成分	质量分数/%
A 相	PVA	0.2	C 相	十四酸异丙酯	5.0
	去离子水	73.7		甘油	3.0
B 相	2-溴-2-硝基-1,3-丙二醇	0.1		凡士林	2.0
				羊毛脂	2.0
	三乙醇胺	1.5		蜂蜡	2.0
	芦荟胶	10.0	D 相	香精	适量

制备方法: 将 A 置于混合器中搅拌加热至 70 ℃ 使其溶解, 然后依次加入 B 中组分。将 C 混合, 加热至 75 ℃ 使其溶解。在搅拌下将 A、B 混合液加入 C 中进行乳化, 乳化完成后, 当温度降至 40 ℃ 时加入 D。

表5-49 复方防晒水

	成分	质量分数/%		成分	质量分数/%
	牡丹皮、黄芩提取物	0.6		甘油	4.5
	液态羊毛脂	16.0	A相	薏苡仁提取物	0.3
A相	吐温-20	0.2		精制水	余量
	柠檬酸	0.2	B相	防腐剂、抗氧化剂	适量
	乙醇(75%)	3.0		柠檬香精	适量

制备方法:将A相组分各种原料加温至80℃,不断搅拌至均匀,冷却至40℃时加入B相组分原料并搅拌均匀,冷却至室温即可得成品。本品中薏苡仁、黄芩等提取物均有防晒作用,且能消炎止痒。

表5-50 天然防晒化妆水

成分	质量分数/%	成分	质量分数/%
聚氧乙烯山梨糖醇	0.2	黄芩提取物	0.3
柠檬酸	0.3	薏米仁提取物	0.5
羊毛脂	16.0	柠檬香精	0.3
甘油	4.0	精制水	77.6
酒精(75%)	0.8		

本品除具有防晒功能外,还有护肤、爽肤作用。

表5-51 中草药防晒剂

成分	质量分数/%	成分	质量分数/%
丙二醇	6.0	羊毛脂	3.0
橄榄油	3.0	对羧基苯甲酸甲酯	0.5
硬脂酸	7.0	精制水	77.6
十四烷酸异丙酯	6.0	玫瑰香料	适量
单硬脂酸脱水山梨醇	5.0	精制水	余量
十六烷醇	3.0		

本品可消除雀斑、老年斑,且有明显的防紫外线照射作用。

表5-52　植物防晒油

成分	质量分数/%	成分	质量分数/%
橄榄油	35.0	白油	65.0
水杨酸	0.5	香精、色素、防腐剂	适量

本品在防晒的同时,还可改善皮肤的营养状况,且芳香宜人。

表5-53　核桃提取物防晒油

成分	质量分数/%	成分	质量分数/%
橄榄油	12.55	甲氧基肉桂酸异丙酯	12.00
核桃提取物	3.00	防腐剂	0.05
石蜡油	70.00	茉莉香精	0.50
肉豆蔻酸异丙酯	12.00		

将上述组分(除香精外)加热至80 ℃溶化,搅拌均匀,冷至40 ℃时加入香精,再搅拌均匀,冷至室温即得成品。本品膏体细腻,无刺激性,即可防晒,又可护肤美容。

表5-54　灵芝萃取液防晒膏

成分	质量分数/%	成分	质量分数/%
白凡士林	28.0	十六醇	8.0
灵芝萃取液	0.5	乳化剂	10.0
十四酸异丙酯	6.0	茉莉香精	0.5
蜂蜡	5.0	丙二醇	2.0
防腐剂、色素	适量	精制水	余量
玫瑰香精	0.5		

表 5-55　美容防晒油

成分	质量分数/%	成分	质量分数/%
蜂蜡	6.0	白油	63.0
橄榄油	29.5	香精、色素、防腐剂	适量
薏米提取物	0.5		

表 5-56　蜂蜡防晒膏

	成分	质量分数/%		成分	质量分数/%
A 相	白油	35.0	B 相	硼砂	1.0
	蜂蜡	12.0		黄芩提取液	0.5
	地蜡	2.0		精制水	30.0
	白凡士林	10.0	C 相	防腐剂	适量
	单硬脂酸甘油酯	5.0		玫瑰香精	适量
	对氨基苯甲酸薄荷酯	4.0		色素	适量

制备方法：将 A 油相原料混合加热至 80 ℃溶化,将硼砂、黄芩提取液溶于精制水中,加热至沸点,然后降温至 80 ℃。在搅拌下将水相物质 B 组分徐徐加入油相中充分搅拌均匀,使其乳化,冷至 45 ℃时加入香精、色素、防腐剂,冷至室温即得成品。本品的防晒作用强,且吸湿性好,是护肤佳品。

8. 晒后护理化妆品配方

在暴露于 UV 辐射后,整个 UV 波长范围的辐射都可以引发皮肤的损伤,如出现红斑、晒伤等。由于皮肤内蛋白质的芳香基氨基酸(如色氨酸、酪氨酸和苯丙氨酸等)和核酸的一些基团也吸收该波段的辐射,结果可能引起十分严重的皮肤损伤。UVA 辐射产生氧自由基,对 DNA 造成损伤。这样晒后皮肤护理显得很重要。晒后皮肤护理包括保湿、消炎、抗氧化、氧自由基猝灭等。常用活性组分包括红没药醇、甘草酸、维生素 E、类黄酮类化合物、金缕梅提取液、母菊、芦荟。其他添加剂还包括尿囊素、泛醇、维生素 A 和含丹宁收敛性活性组分。这些产品缓和晒伤,有时减少烧灼感和收紧皮肤。配方例见表 5-57 ~ 表 5-60。

表5-57 晒后护理乳液

成分	质量分数/%	成分	质量分数/%
鲸蜡硬脂醇聚醚-6/硬脂醇	2.00	聚二甲基硅氧烷	0.20
鲸蜡硬脂醇聚醚-25	2.00	泛醇	1.00
鲸蜡硬脂醇辛酸酯	7.00	红没药醇	0.08
氢化聚异丁烯	8.00	丙二醇	3.00
鲸蜡醇	1.00	防腐剂	适量
甘油硬脂酸酯	6.00	精制水	加至100.00

制备方法:将油相和水相分别混合,并加热至75 ℃。将油相加入水相中,乳化均质。然后冷却至40 ℃时,依次加入红没药醇和泛醇,冷却至室温。

表5-58 晒后护理膏霜

成分	质量分数/%	成分	质量分数/%
鲸蜡硬脂酸聚醚-6/硬脂醇	2.00	丙二醇	4.00
鲸蜡硬脂醇聚醚-25	2.00	金缕梅提取液	2.00
甘油硬脂酸酯	3.00	红没药醇	0.08
鲸蜡醇	3.00	聚二甲基硅氧烷	0.50
鲸蜡硬脂醇乙基己酸酯	5.00	防腐剂	适量
乙醇	5.00	精制水	加至100.00

表 5-59 晒后有凉快感的护理凝胶

	成分	质量分数/%		成分	质量分数/%
A 相	精制水	71.50	A 相	丙二醇/母菊(CHA MOLILIARECUTITA) 花提取物/PEG-40 氢化蓖麻油	1.00
	聚丙烯酰胺/$C_{13} \sim C_{14}$ 异链烷烃月桂醇聚醚-7	2.00		乙醇	10.00
	卡波姆	0.20	B 相	环聚二甲基硅氧烷	4.00
	苯氧乙醇/羟苯甲酯/羟苯乙酯/羟苯丙酯/羟苯丁酯	0.50		C12-15 链烷醇聚醚-12	2.00
	丙二醇	2.00		香精	0.30
	己二醇/果糖/葡萄糖/蔗糖/尿素/糊精/丙氨酸/谷氨酸/天冬氨酸/烟酸己酯	3.00		薄荷醇乳酸酯	0.80
	氢氧化钠	0.70		生育酚乙酸酯	2.00

制备方法:

1) A 相:在不断搅拌情况下,将卡波姆完全均匀地分散在水中,然后将聚丙烯酰胺/$C_{13} \sim C_{14}$异链烷烃月桂醇聚醚-7 加入,继续搅拌 15 min。将 A 相其余组分依次加入,然后用氢氧化钠溶液中和。

2) B 相:小心地将薄荷醇乳酸酯溶解于 B 相其他组分混合物中,混合均匀。在不断搅拌下,将 B 相加入 A 相中,继续搅拌至均匀。最终产品的 pH 值约为 7.0,必须测定 pH 值。

表 5-60　晒后护理喷剂

	成分	质量分数/%		成分	质量分数/%
A 相	椰油酸癸酯	4.00	B 相	硬脂酸钾	0.50
	辛酸/癸酸甘油三酯	5.00		泛醇	1.00
	棕榈酸乙基己酯	2.00		甘油	2.00
	甜扁桃(PRUNUS AMYGDALUS DULCIS)	1.00		精制水	82.30
	生育酚乙酸酯	0.40	C 相	卡波姆	0.10
	生育酚	0.10		丙烯酸(酯)类/C10-30 烷醇丙烯酸酯交联共聚物	0.10
	视黄醇棕榈酸酯	0.10		矿油	0.80
B 相	鲸蜡硬脂基葡糖苷	0.50		香精	适量
	羧甲基 β-葡聚糖苷钠	0.10		防腐剂	适量

制备方法:将 A 相和 B 相分别混合均匀,并加热至 80 ℃。在不断搅拌情况下,将 A 相加入 B 相中,均质。缓慢搅拌,冷却至 60 ℃,将 C 相组分加入,均质。缓慢搅拌,冷却至 30 ℃以下。

第五节　防晒剂配方:优化 UVB 和 UVA 保护的有效性

一、背景

较早的出版物概述了防晒剂的发展历史,防晒剂始于 20 世纪 30 年代,用简单的油或霜来阻挡 UVB 射线并延长人在晒伤前的户外活动时间。最初的防晒剂为苯并咪唑磺酸、水杨酸苄酯和对氨基苯甲酸(PABA)衍生物。二战的士兵还熟悉一种"红色"兽用凡士林产品,该产品可用在热带地区防紫外线。在 20 世纪 60 年代,开发了更多的紫外线过滤剂,包括首先过滤掉(至

214

少部分)UVA区段的过滤剂，

二苯甲酮和金属氧化物，二氧化钛和氧化锌。1972年，美国食品药品监督管理局(FDA)发起了当时的"专论"允许制造商销售某些药品的监管系统，只要产品符合以下条件，就无须获得FDA的上市前批准特定药品专论出版物中描述的规定。非处方防晒产品专刊的第一个建议性规则于1978年发表，其中描述了被认为可安全有效地用于防晒产品中的紫外线过滤剂，允许的浓度和组合以及评估即将上市的防晒产品SPF的测试方法。已于1972年投放市场的紫外线过滤剂和那些可提交给FDA足够的安全毒理学信息的药品被认为"总体上安全有效"(GRAS/E)，并允许在任何新的防晒产品中使用。二苯甲酮(氧苯甲酮、磺基异戊二烯和二氧苯甲酮)和二氧化钛是仅允许在此1978年建议规则中批准使用的紫外线过滤剂，对光谱中UVA部分具有保护作用。或由于遗漏或缺乏需提交的安全性和有效性数据，氧化锌当时未被纳入建议性规则中。

在20世纪八九十年代，光生物学研究的重点是UVA辐射在皮肤上的作用，评估其自身引起皮肤癌的能力，或与UVB辐射、免疫抑制以及参与光老化过程的关系。相比UVB辐射，UVA辐射明显牵涉几乎所有UVB辐射引起的相同的光生物学损害终点，尽管光化学过程通常是由氧化介导的路径，而不是直接的紫外线吸收和病变/光产物感应。

在此过程中，商业防晒产品的开发取得了进展。在同一时期内，超出最初设想的SPF值15的上限，并且在1990年代初达到SPF30+。通过SPF测试显示产品的即时防晒保护作用很明显，使得这些"高SPF"的防晒产品变得更加人性化，表明其延长暴露时间避免急性晒伤，这些防晒剂仅能防止UVB辐射，几乎没有长波UVA保护。因此对广谱UVA过滤剂的需求是显而易见的。但是直到1996年氧化锌和阿伏苯宗被批准为配方设计师可以用作I类专一过滤剂开始在美国设计真正的广谱防护防晒剂。但是，配方设计师也迅速发现，只将这两种成分添加到配方不能保证功能性、广谱性或高光谱紫外线防护。

二、优化防晒剂的光生物学基础功效

为了设计一种防晒剂配方以提供最佳的紫外线防护，我们首先有必要看看暴露在阳光下的皮肤中发生的光生物学变化，再选择相应光谱保护的防晒剂来解决皮肤内的各种损伤。第一个也是最明显的损害是晒斑或红斑,其具有特征明确的行为或"敏感度"频谱。该作用谱具有被简化为全球通用的数学方程式用于计算日光光源晒伤效应,包括防晒剂 SPF 测试中使用的太阳能模拟器。该作用谱的形状和大小与较早发表的 DNA 吸收和嘧啶二聚体形成的作用谱相似,提示 DNA 损伤可能也是晒伤反应的起始发色团。首先确定的鳞状细胞皮肤癌的作用谱与红斑作用谱具有显著相似性,红斑作用光谱是 Kligman 博士和 Sayre 开发的皮肤弹性病作用谱。首要区别是 UVA 范围超过 335 nm,这是这些作用谱上的最确定的区段。但是,UVA 与 UVB 峰值灵敏度比值约为每个光子 1:1 000。预先考虑 UVA 在太阳光谱中占主导地位(大约 10:1),并与太阳光谱强度分布有着密切关系。

UVB 和 UVA 对每种皮肤损伤的贡献的估算主要取决于使用哪种太阳光谱,范围从 UVB:UVA = 87%:13%(在 19°S 纬度下,澳大利亚正午太阳)的 UVB:UVA = 67%:33%(美国大陆 48 个较低的"平均"太阳光谱(ASTM G173-03)。参考太阳光谱辐照度标准表(中华人民共和国气象行业标准 QX/T 368-2016):37° 倾斜表面直接法线和半球形。在美国新泽西州夏季测量,大约 UVB:UVA = 80:20 比例分割为夏季晒伤势能,UVB:UVA=60:40 为冬季晒伤势能(图5-3)。用于防晒测试的太阳能模拟器的光谱质量更接近澳大利亚的太阳标准,即中午,在"夏季"日光下观察低海拔(海拔 90 英尺),代表高水平的日晒情况。这个太阳光谱产生了暴露时间刚超过 9 min 时的平均最小红斑剂量(MED)。

与 UVA 相比,UVB 是引起皮肤晒伤的主要波段,图例中显示了 UVB:UVA 的晒伤量,其总和为夏季80:20,冬季60:40。基于北纬40° 下的中午测量值。

这些损害作用光谱解释了一些但不是全部的已知紫外线损害的原因。如基底细胞皮肤癌、恶性黑色素瘤和免疫抑制的作用光谱就明显缺失。研究基底细胞皮肤癌的代表性模型系统尚未用于开发作用谱,但显然这和 UV 暴露与光化性角化病以及鳞状细胞皮肤癌有关系。多年来,恶性黑色素瘤的作用谱经过辩论,并根据鱼类模型而认为同时包含 UVA 和 UVB。最近,deFabo 已将转基因小鼠模型用于恶性肿瘤黑色素瘤,发表了初步作用谱数据,表明 UVB 辐射是太阳诱发黑色素瘤的引发者。最后,免疫胁迫已被证实具有很强的 UVB 和 UVA 敏感性,并且由于 UVA 占阳光的绝大部分,因此

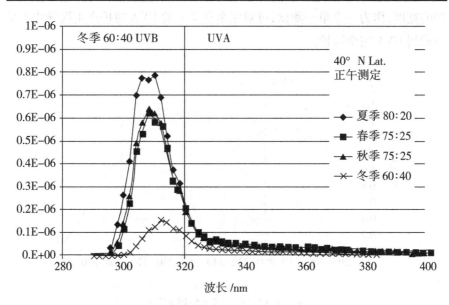

图5-3 来自太阳光的红斑能量与一年中时间的关系图

建议 UVA 在环境暴露中特别重要。已证明同时具有 UVB 和 UVA 防护的防晒霜可以提供针对与防晒霜 UVA-PF 呈比例的免疫抑制的防护。生物学数据清楚地表明,需要防晒霜为急性和长期潜在伤害提供 UVB 和 UVA 保护。

三、如何设计最佳保护作用的防晒霜

首先,我们需要确定"最佳"保护的含义。显然,需要同时在 UV 光谱的 UVA 和 UVB 部分进行防护,需要选择决定达到"最佳"保护状态的指标。

根据 Diffey 等人的参考文献,在人工基材上的薄膜中测定防晒霜的吸收光谱的临界波长测试方法,确定了保护广度并已在许多地区进行了编码。"临界波长"定义为低于此波长时防晒剂的吸收率曲线出现90%面积时的波长。没有考虑光谱在各个区域的生物活性,也没有考虑到太阳光谱的光谱分布及测量中使用的吸光度标度是非线性对数标度。它仅进行简单的任意计算即可确定在该试验测试中"保护"的"宽度"。单独使用此措施不能完全解释防晒产品的 UVA 生物学防护,以及具有等效 SPF 和等效的"临界波长"产品使用基于 UVA-PF 生物学测试方法(使用持久性色素变黑或红斑终点)测定的广泛且不同的生物学保护(图5-4)。但临界波长测试可用于查看保

护的宽度,作为一个单一测试,可对完全意义上的 UVA 防护产生误导或不足以做到 UVA 完全防护。

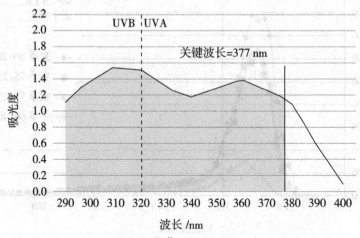

a. SPF 30 "A": UVA-PF=17.5

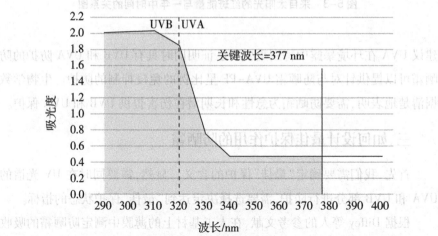

b. SPF 30 "B": UVA-PF=3.0

图 5-4 SPF30 防晒霜的吸光度

由此引发一个问题:什么是对 UVA 生物学防护有意义的测量,UVB 与 UVA 范围的最佳防护比例是多少?临床 UVA 防护评估需要一个确切的生物学指标,有一些是用模型来评估的。评估防晒霜的 UVA 防护性的初始测试模型采用光敏剂 8-甲氧基补骨脂素(8-MOP),这是用于治疗因单线态氧化产物增加皮肤对 UVA 辐射敏感性的牛皮癣的治疗药物。在 UVA 防护范围内,8-MOP 作用谱与"正常"(非光敏性)皮肤的任何已知损害谱都不相似。鉴于 8-MOP 是已知的光致癌物,对于常规的防晒霜评估,它不是可行的测试方法。

通过分光光度计和 UVA-PF 评估测得的两种具有不同吸收分布和非常不同的 UVA 防护能力,但具有相同临界值的两种。

研究了色素即刻加深指标,但发现这一反应依赖于用于测试的光源的通量率和氧气,导致用这一方法测试防晒剂的防护因子最终主要取决于太阳光模拟器的通量率,这将随着用于测试的实验设备的不同而变化。具有生物学相关性的免疫终点的测试需要复杂的 UV 暴露方案并且需要测试对象的敏感化,这是学术研究感兴趣的做法,但不是进行常规产品评估的可行标准测试方法。

尝试使用 UVA 引起的急性红斑作为测试方法的指标,发现它起初仅对皮肤光型 I 型的人群有效,对急性 UVA 暴露最普遍的反应是色素变深,表现在皮肤光型 II 型及更高光型类型的人群中。UVA 保护因子(UVA-PF)测试仅使用这种色素变黑反应作为生物学指标。此测试类似于标准 SPF 测试,但仅使用暴露源的 UVA 辐射和持久性色素变黑的最小剂量作为生物学指标,代替了用于治疗的最小红斑剂量 SPF 测试。许多国家/地区已采用 UVA-PF 值,尤其是日本、澳大利亚以及一些南美国家确定标签的"广谱"分类法规。最近,建立了体外方法,可重复人类持续性色素变黑的"UVA 防护因子"(UVA-PF)的测试结果,减轻了在人体进行高通量 UVA 辐射的临床试验需求。持久性色素变黑是生物学的危害信号,是人体对"伤害"的反应,有助于预防进一步的损害。在对短波 UVA II 范围内(320~340 nm)灵敏度较高的波谱仪上其波形是相对扁平的,相对于作为很多皮肤损伤指标的 UVA II (340~400 nm)范围,UVA II 范围内波更具有生物学敏感性。值得注意的是,仅那些具有高 SPF 和高 UVA-PF 值的防晒霜被证明对内源性阳光引起的敏感性疾病有效。

我们现在有 3 种方法来确定最佳效果,SPF、UVA-PF 和关键波长来评估防晒产品 UV 防护的高度和宽度。但是在紫外波长区域的不同部分,防护的比例应该是多少? 防晒霜的光谱吸光度应该呈现一个扁平的光谱吸收图,还是更偏重 UVB 部分或 UVA 部分? 我们有足够的数据来做决定吗? 基于对 SPF 值与 UVA 防护之间关系的基本认识,研究者提出,为了在光谱中 UVB

和 UVA 分布等效损伤,SPF 值与 UVA 防护的比例应接近 3：1。如果使用防晒光谱中的扁平谱来衰减太阳光谱,那么造成的伤害比例大约为 80% 的 UVB 和 20% 的 UVA,与未衰减的太阳紫外线相同。但是如果用于防晒霜中的防晒剂波谱按 SPF：UVA-PF＝3 的比例加权,则损伤会向波谱右侧偏移,分布在损伤程度相等的 UVB 和 UVA 部分。SPF：UVA-PF>3：1 的光谱会改变光谱损伤,甚至更多地偏移到 UVA 光谱范围。损伤分布最好的点的选择变得具有哲学性,更常规的观点是平衡分布是一个更好的方法,采用 SPF：UVA-PF 比率≤3.0 可绘制宽谱或达到 UVA 防护要求。将这一要求与≥370 nm 的关键波长测量相结合,就可以保证产品除了具有已知的 SPF 保护外,还具有显著的 UVA 保护宽度和高度。有了这些措施,配方师就可以走上工作岗位,利用行业工具设计和优化防晒防护产品。

四、可提供最佳保护的可溶性 UV 过滤剂的配制

开始配制新的防晒产品时,配方师必须首先确定产品的预期用途(休闲/防水或日常保湿防护,以防偶然的紫外线暴露),预期的目标 SPF,产品的美学或"感觉"特性,以及理想的分散体系(油和水乳液、液体、乙醇凝胶或喷雾),以便选择使用适当的"可溶性"UV 过滤剂。

休闲和"日常防护"使用油溶性紫外线过滤剂,因为它们具有卓越的吸收紫外线光子的能力(具有更高的消光系数)并在皮肤上具有良好的铺展和干燥特性,有助于 SPF 和 UVA 防护效率(以重量计)。在美国,阿伏苯宗是唯一的可以用来使产品符合"广谱"要求的可溶性 UV 过滤剂,因为它是唯一的可吸收超过 370 nm 临界波长的可溶性 UV 过滤剂。因此,它是当今美国防晒产品中最常用的紫外线过滤剂。对 UVA 过滤剂有限的选择决定了配方师没有太多的配方可供选择。

虽然是高效吸收剂,但不幸的是阿伏苯宗具有破坏 UVA 光子吸收的趋势,需要仔细制定配方。经验表明,阿伏苯宗与辛诺酸酯的组合(或其他基于肉桂酸酯的过滤剂)或任何 PABA 衍生的 UVB 防晒霜因光子与这些过滤剂之间的相互作用而导致 UVA 和 UVB 防护剂的快速光降解,在 UV 暴露下,吸收峰迅速减少。在临床测试中确定 SPF 值时,长时间接受阳光暴晒时就需要经常反复使用这种光不稳定防晒剂产品以达到真正保护皮肤的作用。从 20 世界 80 年代中期开始考虑到 Padimate A 明显的致敏性,PABA 衍

生物过滤剂已不再使用。Padimate-O 也称为辛基二甲基 PABA,具有很强的 UVB 吸收特性,在过敏性方面具有出色的安全性,尽管如此,由于它与 Padimate A 一样对阿伏苯宗的破坏作用,也极少应用到防晒产品中。

对于光稳定的广谱产品,配方设计师必须将其他 UVB 过滤剂与阿伏苯宗合用才能配制成广谱产品。尽管与其他过滤剂相比,水杨酸酯过滤剂、均聚物和辛酸酯的吸光度消光系数相对较低,但也可用于提供 UVB 保护,其最大允许使用浓度分别为 15% 和 5%。辛二烯是与阿伏苯宗结合的最好选择,因为辛二烯较之其他过滤剂具有相对较强的 UVB 吸收率,在适当的浓度下可快速提高 SPF 值,但更重要的是,它有助于阿伏苯宗的光稳定化,帮助将三重态阿伏苯宗分子及时转变为基态。

在该理论配方中添加二苯甲酮过滤剂可提供另外 3 个好处:增加了 UVB 部分的吸光度光谱,在 320 至 340 nm 之间的短波 UVA Ⅱ 区域建立紫外线保护,并提高阿伏苯宗的光稳定作用。初级 UVB 过滤剂或阿伏苯宗对这个 UVA Ⅱ 区域都不具有强烈保护作用,但仍是生物学意义上的敏感区,易受到活性氧和游离自由基的直接质子损伤和间接氧化损伤。

综上所述,现在美国市场上绝大多数防晒霜产品都是由阿伏苯宗、辛二烯、均酸酯、辛酸酯和氧苯甲酮过滤剂配伍形成的。目前美国禁止将无机过滤剂与最有效的且对 UVA 最广谱的过滤剂阿伏苯宗组合使用。

如果不使用阿伏苯宗作为主要 UVA 过滤剂进行配制,则唯一的选择是广谱产品需要使用氧化锌来提供足够的保护宽度,临界波长 ≥370 nm。因为它是光稳定的,可以将其与辛诺酸酯,Padimate-O 或其他 UVB 过滤剂组合使用以达到所需的 SPF 值。

在考虑日常保湿型防护产品时,不需要考虑防水,因此水溶性紫外线过滤剂成为一种选择。最好的水溶性过滤剂可考虑恩舒唑,它具有高而宽的 UVB 吸收峰,但迄今为止,美国仍不允许销售包含恩舒唑和阿伏苯宗或氧化锌组合的产品,因此,在美国市场上,仅使用水溶性洗涤剂就无法制造出一种广谱产品。唯一允许使用的其他水溶性化合物是磺胺苯和水杨酸三胺。然而,它们的配方可能是黏性的,并不是日常保湿产品的最佳选择,特别是那些用于面部,需要更优雅和愉快的触觉特性。

美国以外的防晒产品的配方选择为可溶 UV 荧光剂的组合提供了更多的选择,可提供高 SPF 和广谱特性。其中包括三嗪 UVB 荧光团、乙基己基三嗪(Uvinul T-150)和二乙基己基丁胺三嗪(Uvasorb-HEB),它们是 3 倍的 UVB 发色团,消光系数比其他 UVB 荧光团高 10 倍。因此,只有少数几个这样的过滤剂就可以提供非常重要的 UVB 保护。Silicone-15 是另一种新颖的 UVB 过滤剂,消光系数低得多,但据报道会以与其自身吸收特性不呈比例方式增加 UVB 的吸收和 SPF 值。其独特的硅树脂聚合物结构使其提供独特和理想的皮肤美学配方。

在美国以外的市场上也有其他几种 UVA1 化合物,即双乙基己氧基苯酚甲氧基苯基三嗪(商品名 Tinosorb S)、亚甲基双苯并三唑四甲基丁基苯酚(商品名 Tinosorb M)和二乙基氨基羟苯甲酰己基苯甲酸酯(Uvinul A +)。Tinosorb S 是一种油溶性过滤剂,在 UVA 的中部有吸收,在 UVB 的中部有二次峰,但它在长波 UVA1 中的吸收没有阿伏苯宗那么大,它具有很高的消光系数,可以提供显著的 UVA 保护,且在配方中含量低。它是非常光稳定的,除提供 UVB 保护外,还可为阿伏苯宗提供光稳定性。Tinosorb M 是一种不溶性颗粒(纳米级),具有广泛的光谱吸收范围,超过 380 nm,是 UVA 光谱吸收中最广谱的。

依莰舒是一个中程的 UVA 过滤剂(在 340 nm 处达到峰值),甲酚曲唑三硅氧烷(氟米索三硅氧烷)是一个油溶性的中程 UVA 过滤剂,消光系数适中。这两款产品是欧莱雅的专利产品。它们通常与阿伏苯宗或其他 UVA1 吸收剂结合用于广谱防晒产品。

五、提供最佳保护的不溶性过滤剂配方

在 20 世纪 80 年代中期,人们开始通过减少这些材料的颗粒大小来改善不溶性无机 UV 洗涤剂、二氧化钛和氧化锌的有效性和化妆品属性。使他们成为纳米级别(最小的尺寸小于 100 μm)有两个好处,一是增加了单位重量分子的表面积,提供单位重量更高的紫外线光子吸收,使他们在可见光中更透明,在皮肤上更加不明显。添加到分子表面的有机涂层消除了潜在的表面反应性,使它们更容易形成水相或油相的乳液,这取决于表面涂层的性质。虽然不能完全实现最终的隐形,但通过仔细选择悬浮剂和所用的乳化剂,已经取得了重大进展。而二氧化钛粒径的减小使其吸收系数向高 UVB 保护、低 UVA 保护方向转变,而氧化锌粒径的减小可提高 UVA1 中部的吸收系数。Anderson 等人对无机分子筛的特性及其配方进行了详细的描述。纳

米二氧化钛和氧化锌通常被制成乳液和乳状液产品,它们可以被特征化为水包油乳液(海中的油滴)或油包水乳液(海中的水滴)。每种形式都有其独特的优势,这取决于产品的预期用途和消费者的偏好。这两种形式使用不同的乳化剂,乳化液的外相(海相部分)通常占总重量的较大比例。

含有无机防晒剂的水包油乳液通常具有更传统的乳液感觉和使用特点,更容易传播,更迅速地干燥,水分蒸发后更少的油腻的后感。这通常是消费者更喜欢的产品形式。相比之下,这类产品的油包水型含油量较高,因此需要更多的时间来干燥,可能会有更重的油后感觉。这类乳液的优点是保湿效果更好(特别是对于非常干燥的皮肤),更高的效率提供紫外线保护,每单位紫外线加入到系统中,以及更多的内在防水特性。

如前所述,在美国,除阿伏苯宗外,无机化合物可与所有可溶性化合物结合。这一限制并不适用于美国以外的地区,在那里,二氧化钛和氧化锌与可溶紫外线分析仪的结合通常分别用于增强对 UVB 和 UVA 的保护。此外,除美国以外,不溶性 UV 过滤剂苯基三嗪(天来施)M 也可以添加,提供超出氧化锌或阿伏苯宗覆盖范围的 UVA1 保护。

六、小结

使用可溶性 UV 过滤剂和不溶性 UV 过滤剂(仅为不溶性过滤剂或与可溶性 UV 过滤剂组合)优化防晒霜配方,波谱分布范围内 UV 防护的目的是提供跨 UV 谱范围内的有效保护,最理想的方式如 SPF:UVA-PF 比率约为 2.5:1 至 3:1。这一比例保证了 UVA 防护的比例,在 UVB 损伤较大的频谱中相应地增加了保护的权重,使穿透性损伤均匀地分布在 UVB 和 UVA 区域。应当指出的是,其他意见认为呈平面型或光谱稳态分布保护是最佳的。这个概念忽略了几十年来的科学发现和光谱测定,这些发现和光谱测定已经确认 UVB 是太阳紫外线光谱中更具破坏性和威胁生命的部分,尤其是 DNA 损伤会导致皮肤癌,以及最近确定的恶性黑色素瘤。限制 UVB 保护,以实现平面型光谱分布保护,为更强的光子打开了皮肤损伤的窗口,降低了产品的整体保护。长时间暴露在阳光下的消费者应寻找可提供广谱保护的防晒系数最高的产品,即防晒系数:UVA-PF 比约为 3:1 的产品,以获得最佳保护。

第六节 防晒剂配方:为21世纪的消费者优化美学元素

一、简介

如今的防晒护理产品配方必须达到前所未有的具有挑战性的产品效果,同时也要使产品成为具有吸引力的化妆品。性能和美学实际上是相互依存的。研究表明,消费者几乎总是使用低于推荐量的防晒霜产品,这意味着正在使用的产品SPF大大小于其测试值。消费者最常提到的不充分使用(或完全避免使用)防晒霜的原因是美学问题,例如,产品感觉太油腻或黏稠,或使皮肤看起来有光泽或在皮肤上留下白色残留物。因此,可以预期,具有更好的美学效果的产品会鼓励消费者使用更多的产品,从而更接近SPF的标签。相反地,最大限度地发挥活性成分的作用,可以使高SPF产品的UV值降到最低,从而使配方人员有更大的自由度来优化皮肤感觉。此外,在世界许多地方,防晒霜产品功效说明正变得越来越规范和统一。例如,欧洲很多国家会对防晒霜的标签和效果的建议提供了一份特定的SPF功效声明清单,可使用的SPF值为6、10、15、20、25、30、50和50+。其他一些国家也有类似的限制。在UVA声明方面,许多国家现在对UVA或广谱声明都有一个单一的性能标准,表明UVA保护程度的数字声明要么是不鼓励的,要么是明确禁止的。这限制了制造商和营销人员的选择,难以区分他们的产品与其他产品在有效性上的区别。因此,提高产品的化妆品性能已成为提供差异化要求的重要替代手段。本节将讨论如何根据媒介物的类型和使用的活性成分来实现这一点。

二、现代防晒霜的理想美学特性

当然,与任何化妆品或局部产品一样,最佳的美学效果在很大程度上取决于消费者的个人喜好,也可能会受到产品使用环境的影响(例如干燥或潮湿、海滩或高山),活动水平(例如日光浴、散步、运动)和应用领域(面部或身体)。但是,有些一般趋势可以被识别。Vollhardt等人的一项研究使用描述性感官分析来评估 50 多种不同的商品防晒乳液的感官特性,这些产品的 SPF 值声称为 30 或 50。由于这些是已经在市场上出售的产品,因此可合理假设它们能很好地代表消费者接受/期望的感官特性。被评估的感官参数被分为 3 个不同的产品应用阶段:擦拭、使用即刻的后感和 20 min 后的后感。在本研究的基础上,可以总结出擦拭过程中理想的性能,总结如下:"湿度"应该不高不低;铺展性应该高;厚度要小;白度应该低,尽管数据表明,消费者期望在擦拭过程中有一定程度的白度;油性和润滑性应相对较低,但不能过低,试验产品在擦拭时的蜡性较低。考虑到良好的铺展能力,这是有意义的;不能很好地铺展扩散的产品会被认为蜡质更多。

吸收速度要快,但不能太快;如果产品被皮肤吸收得太快,就很难大面积扩散。决定特别是在 20 min 后产品后感的关键属性是:①低光泽。②白度极低;注意这里与擦拭阶段的对比,虽然消费者可能接受擦拭阶段的美白特征,他们希望没有可见的残留物。③非常低的黏性。④高光滑度,换句话说,消费者寻找一个皮肤应用后的光滑的感觉。⑤低残留。⑥低油性和润滑性,蜡性较高。这里与擦拭阶段的对比很有启发性,虽然在擦拭过程中感觉到高蜡性表明了较差的涂抹性,但在后感觉阶段,感觉干燥。近年来流行的新型防晒产品声称皮肤感觉干燥或触摸干燥,表明这是一个理想的特性。

总而言之,我们通常想要的是这样一种产品:在使用过程中容易涂抹,有适度湿润的感觉,但使用后感觉光滑干燥,很少或没有(通过触摸或视觉)可察觉的残留物。

三、防晒剂辅料(媒介物)

防晒产品可以有多种不同的配方。①乳状液:O/W 或 W/O;面霜,乳液和喷雾剂。②无水系统:软膏;棍棒;喷雾剂;油。③凝胶。

乳液仍然是全球防晒产品的主要形式,因此本章将着重于优化基于乳化剂的防晒产品的美学特性。通常水包油(O/W)乳液比油包水(W/O)系统的皮肤感觉更好,这可以直观地理解,以水为外相时,O/W 乳液涂抹皮肤立刻会有湿润的感觉。此外,在使用过程中,由于水开始蒸发,这为皮肤提供了一个冷却的效果,这可以是一个愉快的感官体验,特别是对于太阳护理产品,因为它们经常在炎热的条件下使用。这种冷却效果可以通过在配方中添加乙醇或其他挥发性成分来增强。另一方面,以油为外相的 W/O 乳液则感觉更柔软,涂抹时"油腻",通常被认为"较重"。在一些小众应用中,这可能是受欢迎的,例如,在冬季运动使用的防晒产品中,这种更封闭的感觉在寒冷的环境中提供了更大的保护感觉。W/O乳液感官感的另一种应用是在婴儿防晒产品中,"保护性"感觉可以让父母对他们保护自己的孩子感到放心。在大多数海滩阳光下,传统上认为W/O乳液是护理产品中皮肤感觉最佳的。但是,W/O乳化技术的创新意味着现在可以配制具有更优雅的皮肤感觉的产品。防晒护理产品配方师可充分利用W/O系统的优势,如抗水性,提高活性物质的效率,同时仍可提供一种令消费者满意的配方。

四、基于有机UV过滤剂的配方

(一)有机UV过滤剂的配方

为了讨论包含有机UV过滤剂的配方的美学特性,可把防晒剂分为4种:液体UV过滤剂、油溶性固体UV过滤剂、水溶性固体UV过滤剂、不溶性颗粒UV过滤剂。下面依次讨论。

1. 液体UV过滤剂

在所有乳液化妆品中,油性成分的铺展性对皮肤感觉具有显著影响,尤其是在产品应用期间。Bruening等人描述了如何使产品在应用期间赋予皮肤光滑的感觉。液体有机紫外线过滤剂,如乙基己基甲氧基肉桂酸酯(辛酸酯)、乙基己基水杨酸酯(辛酸酯)、同磷酸盐,特别是八烯醇,所面临的挑战是这些赋予低光滑度的物质均为缓慢扩散的材料。因此,需要通过加入快速扩散的润肤剂来抵消,从而给人一种更大、更直接的平滑感觉。根据Bruening等人的观点,理想情况下,配方应包括快速和中等扩散润肤剂的组合,与缓慢扩散的液体UV清洁剂相结合,形成扩散级联,从而在产品的整个涂抹过程中保持一致的平滑感。一种化妆品润肤剂,通常包括在皮肤护理产品,以给予轻的干燥皮肤感觉是硅酮液体。然而,这些材料在防晒配方中有一个缺点,那就是它们往往是固体有机紫外线剂的不良溶剂。然而,有一种防晒材料可以让配方者利用皮肤感受到硅酮化学的好处。聚硅-15是一种聚合物液体UVB过滤剂,由附着在硅骨架上的吸收紫外线的色团组成。这种材料在美国还没有被认可为紫外线过滤剂,但在日本、澳大利亚和其他一些国家已经被认可。

2. 油溶性固体 UV 过滤剂

当用丁基甲氧基二苯甲酰甲烷(阿伏苯带)、二苯甲酮-3(氧苯带)、乙基已基三氮酮(辛基三氮酮)或双乙基已基氧基苯酚甲氧基苯基三嗪等化合物进行配方时,首先要考虑的是确保活性物在油相中具有良好的溶解度。UV过滤剂必须有效溶解,并在产品使用期间和使用于皮肤时保持在溶液中。任何再结晶都会对皮肤感觉和效果产生不良影响。之前的工作已经表明,这些油溶性的防晒霜,SPF 效应随着活性物质在油相中溶解度的增加而增加。有一种润肤剂实际上已经成为防晒溶剂的行业标准:$C_{12} \sim C_{15}$ 烷基苯甲酸盐。这种酯是一种优秀的溶剂,为大多数固体有机紫外线清洁剂,也提供了一种轻、干燥的润肤后不油腻的感觉。然而,近年来,一些新的润肤剂被开发出来,提供更好的防晒能力,并声称在皮肤感觉方面,即便不是优于 $C_{12} \sim C_{15}$ 烷基苯甲酸酯,也和它一样好。如苯甲酸苯乙酯、辛酸苯氧乙酯、PPG-3 苄基醚乙基已酸酯、苯甲酸乙基已酯、新戊二醇二庚酸酯、丙二醇二苯甲酸酯。

3. 水溶性固体 UV 过滤剂

水溶性 UV 过滤剂有很多种,但目前只有以下几种具有重要的商业价值:二苯甲酮4(UVB/UVA 过滤剂)、苯基二苯并咪唑四磺酸二钠(UVA 过滤剂)、苯基苯并咪唑磺酸(UVB 过滤剂)、亚苄基樟脑磺酸(UVB 过滤剂)、对苯二甲基双樟脑磺酸(UVA 过滤剂)。

其中后两种是欧莱雅的专利产品,因此对于大多数配方商来说,上述列表中第一个 3 种是唯一的水溶性配方。这些都需要用一种合适的碱进行中和,以使它们可溶。在感官特性方面,这些水溶性防晒霜往往对皮肤有干燥的感觉;这通常是有利的,但感觉可能会过于干燥,如果使用的是高浓度的这种润滑剂。

4. 不溶性微粒有机 UV 过滤剂

一种相对较新的防晒活性物质是有机紫外线活性剂,它既不溶于油也不溶于水,在配方中以微粒形式存在。首先是亚甲基双-苯并三唑四甲基丁基苯酚(MBBT,或双辛唑),它主要是 UVA 过滤剂,但在 UVB 中有二次吸收峰。2014 年,三联苯三嗪(TBPT)在欧洲获得批准,这类紫外线检测器又增加了第二种材料。TBPT 在 UVB 和 UVA2(320 ~ 340 nm)中具有很高的吸光度,而 UVA2 是大多数其他 UV 介质无法很好地覆盖的波长区域。这两种材料都以水相纳米分散体的形式提供。在感官特性方面,这两种防晒霜对皮肤感觉都有干燥作用(尽管不如大多数水分散的无机防晒霜那样有效)。而且,作为微粒,两者都可以引起一个不期望的感官属性,其他有机紫外线光谱仪观察不到,即增白。MBBT 和 TBPT 在光谱可见区均有较低但不显著的消光效果;由于它们通常在配方中使用相对较低的含量,这通常是不明显的,但在较高的含量(5% 以上的活性),可观察到明显的美白效果。

五、基于无机 UV 过滤剂的配方

二氧化钛(TiO_2)和氧化锌(氧化锌)用作防紫外线剂使用多年,但直到 20 世界 80 年代末作为“微粒”等级的材料专门用于防晒产品中,使其开始获得显著的商业应用。这些微粒等级提供了高度的紫外线衰减,同时对可见光基本透明。(注:“微化”一词通常用作描述二氧化钛和氧化锌紫外衰减等级的通用术语。这是用词不当。微粉化是一种特殊的物理过程,通常在煅烧步骤之后,包括高气速的磨损磨粉。)大多数的 TiO_2 和 ZnO 的紫外衰减等级都是在没有磨的情况下产生的;通过对晶体生长的热力学控制,得到了正确的晶体尺寸。二氧化钛主要是 UVB 过滤剂,但也可以根据其粒径和粒径分布提供显著的 UVA 保护。以二氧化钛为唯一有效成分,研制高 SPF 防晒产品成为可能。氧化锌是效果低于 TiO_2 的抗 UVB 保护剂,因此 SPF 有效,但在 360 ~ 370 nm 波长时有一个相对平的消退,所以通常在长波 UVA 波谱部分中比 TiO_2 更有效。这些材料提供的广谱防护是它们作为防晒活性物质的主要优点之一。它们在紫外线照射下不会衰变,这一事实使它们具有很高的效率。它们还具有良好的安全性能,特别适用于敏感皮肤、婴儿和儿童的产品配方。它们占主导地位的另一个市场领域是所谓的天然防晒产品;由于它们来自天然矿物资源,它们被认为比有机紫外线剂更天然,而有机紫外线剂都是合成化学物质。由于这些优点,TiO_2 和 ZnO 在世界各地的防晒产品中得到了广泛的应用。然而,只含有无机防晒剂的产品在市场中所占的份额仍然相对较小,更常见的是那些无机化合物与有机活性物结合的配方。在这种配方中,无机的浓度通常小于 5%。无机成分没有取得更大的市场渗透,这一事实在很大程度上可以归因于审美的关注,无论是真实的还是感知的。

1. 提高无机防晒霜的透明度

历史上,无机防晒霜最大的问题是皮肤的美白。最初的用于个人护理的紫外线衰减级别的二氧化钛和氧化锌,尽管粒径很小,但通常在皮肤上仍能产生明显的白色效果,尤其是在 SPF 值大于 15 的浓度下。在某些应用中,这实际上被视为一种优势。例如,年幼的孩子往往不关心涂在他们身上的防晒霜化妆品吸引力,但他们的父母喜欢能够看到它们保护了他们的孩子不受太阳的伤害。然而,同样是这些父母,却不愿意看到自己身上穿着难看的白色衣服。

随后,无机过滤剂的进一步发展导致了透明度的提高。Dransfield 等人讨论了防晒配方中的二氧化钛作为防晒剂的技术,包括二氧化钛粒子的制造和配方,从而提高了透明度。二氧化钛的光衰减理论表明,随着平均粒径的减小,这种材料对可见光变得更加透明,当其平均粒径为 20 nm(0.02 mm)时基本上是完全透明的。但由于该产品具有典型的粒径分布,紫外衰减非常低,因此防晒效果不佳。在一个标准配方中比较不同等级的二氧化钛,研究包括两种二氧化钛水分散体,一种平均粒径为 40~50 nm,另一种平均粒径为 10~20 nm。虽然后一种产品具有很高的透明度,但它的 SPF 性能相对较差,5% 的二氧化钛固体颗粒的 SPF 值仅为 7.3(相比之下,在相同固体含量的其他分散体的 SPF 值为 22.6)。

Dransfield 等表明,通过使用适当的方法制造 TiO_2,优化表面处理(涂料)、固体水平、分散剂和铣削过程,可以生产二氧化钛分散体系,为紫外线衰减保持最佳的平均粒径,但比以前的粒度分布更窄。因此,这种分散剂对可见光有更大的透明度,但不会损失任何 UV 性能。

类似的方法也应用于氧化锌,这种材料也提供高透明度的分散。另一种制作透明氧化锌的方法是利用折射率匹配。在这个技术中,氧化锌粒子实际上是比传统防晒霜等级更大的氧化锌(1 μm 以上的),但有多孔结构,提供了更紧密的匹配粒子之间的折射率和润肤剂分散,从而减少可见光的散射,并给予改善透明度。

然而,即使是这些更透明的材料,仍然需要正确的配方来提高透明度。在最终配方中,需要尽可能保持粒度和粒度分布,如果这些粒子聚集在一起,它们在光学上表现为更大的粒子,因此白化会增加。无机防晒霜的防晒系数和透明度可以通过乳化剂、添加的润肤剂、流变性添加剂和聚合物来确定。这些因素都可以通过影响活性物质的分散程度或影响配方的流变性和扩散性能来影响 SPF 值。例如,使用蜡改变流变性能对 W/O 乳液中的 SPF 具有显著影响。我们通过观察 UV/可见光谱的变化,以定性的方式确定这两个机制的相对影响变化了。如果 SPF 仅因流变/扩散特性的变化而变化,光谱曲线的形状没有改变,表明 TiO_2 的分散度没有改变。如果更改特定成分确实会影响分散程度,这反映为紫外线衰减曲线以及 SPF 的变化。例如,如果 TiO_2 的分散度提高,通常在光谱中会发生如下变化:UVB 衰减增加;UVA 衰减降低;可见光衰减降低。

结果,SPF 增加,UVA/UVB 比降低,并且变白减少。换句话说,确保 TiO_2 的最佳分散有助于高 SPF 值和最佳透明度。

2. 提高无机防晒剂的皮肤质感

无机防晒霜要解决的另一个美学问题是皮肤感觉。最早的无机防晒配方常常给皮肤带来不太理想的感觉,给无机防晒系统带来了干燥、拖沓、沉重或黏稠的名声。幸运的是,在改善这些体系的皮肤感觉方面已经取得了相当大的进展。

可能影响皮肤感觉的与微粒有关的参数包括微粒大小、表面处理,以及在分散情况下,粒子分散的载体介质。一项对含油分散和水分散 TiO_2 配方研究表明,至少在紫外线衰减级 TiO_2 的典型粒径范围内,颗粒大小的变化对皮肤感觉的影响不大。然而,微粒的表面性质确实影响皮肤的感觉。所有的现代 UV 衰减级的二氧化钛都是用一种或多种涂层材料进行表面处理的,这些涂层的主要目的是防止光催化活性,但他们也有助于分散的颗粒和影响感官性能。表面处理可以是亲水性或疏水性的性质。亲水涂层通常是其他无机氧化物,如二氧化硅、氧化铝或氧化锆。疏水性表面处理包括有机组分如硬脂酸酯、有机金属如三异硬脂酸异丙基钛、硅酮如二甲基硅氧烷和硅烷如三乙氧基硅氧烷。并非所有氧化锌等级都有涂层。ZnO 的光催化活性比 TiO_2 差,因此在这种情况下很少需要涂层。但是,许多级别确有表面处理,这样有助于分散或提高质感。使用的涂层材料类似于应用于 TiO_2 的材料。

具有亲水性表面的无机物往往会赋予皮肤"干燥"的感觉,当颗粒分散在水相中时让人感觉不舒服。当颗粒分散在油相中时,这种效果会减弱,尤其是当包含有效的分散剂时。这些分散剂通常是表面活性剂(通常是聚合物),它们结合到颗粒表面并有效地改变亲水表面变成疏水表面。然而,主要表面涂层已经是疏水性的粒子,通常会给人更好的皮肤感觉。一个有趣的例子是,疏水性二氧化钛颗粒与水分散体结合。将含有这种分散体的配方与含有亲水性 TiO_2 水分散体的配方进行比较。疏水材料比亲水材料具有更光滑的皮肤感觉,阻力更小。这种基于疏水性 TiO_2 的 TiO_2 水性分散体也可以加入 W/O 乳液中,产生非常优雅轻盈的皮肤感觉,实际上更像是普通乳液的典型皮肤感觉,而不是 W/O 系统。

最新研究的涂层技术能够提供一种具有感官特性的无机防晒系统,这种系统非常适合现代防晒配方。在这种情况下,与前面所述类似的透明二氧化钛级表面处理采用三部分涂层体系,该涂层体系包括无机二氧化硅涂层、可水解双官能硅烷和疏水性剂。将该 TiO_2 的分散体掺入 W/O 乳液中,将其与以氧化铝和硬脂酸铝为涂层、粒径分布相同的 TiO_2 分散剂制备的相同配方进行比较。使用与 Vollhardt 等人使用的描述性感官分析方案相似的方法对两种剂型进行评估,事实上,这两项研究是由同一家公司进行的。与氧化铝/硬脂酸酯涂层材料相比,包含硅烷包覆的 TiO_2 的配方具有以下特征:擦拭过程中的扩展性更高;擦拭过程中较高的湿度;吸收更快;感觉后的光泽度低得多(即时和 20 min 后);感觉后少油腻,更蜡腻(即时和 20 min 后)。

总而言之,再次参考 Vollhardt 等人的研究,新涂层优于现代防晒产品中被认可的所有关键特征。

六、复合配方

除了纯无机防晒产品(例如声明是"天然"产品或专为敏感皮肤或幼儿设计的产品)如今,防晒产品仅包含一种活性成分已非常不寻常。即使是低 SPF 的产品通常也包含两种或多种紫外线过滤剂的组合,这些组合对于更高 SPF 产品至关重要,尤其是在当前对 UVA 防护的需求理念下(包括法规和市场驱动)。正是在这里,防晒配方设计师能够优化防晒霜的 SPF 功效。配方在优化感官特性方面也发挥了作用。

防晒产品直觉上给人感觉 SPF 越高,其皮肤质感越油腻。但是,Vollhardt 等人的研究则表明虽然在单个产品线中可能是这种情况,但事实并非普遍如此。并非如此的事实至少可以部分归因于发现防晒霜活性成分的正确组合,可充分利用不同紫外线过滤剂的协同作用,从而最大程度地提高功效,例如达到 SPF 50 时,其活性水平仅略高于 SPF 30 所需的水平。例如,最好的协同效应是在不同过滤剂之间相互补充时实现的。如:①组合覆盖紫外线光谱不同部分的滤光片,以确保频谱保护。②将有机滤料与无机滤料结合使用,已证明会产生明显的协同作用。③将水基滤料与油基滤料结合使用。

最后一条特别令人感兴趣。使用水溶性紫外线过滤剂,或在"海滩"系列产品中,因为对缺乏耐水性的担忧,通常应避免使用无机过滤剂的水分散体。但是,添加少量的水基过滤剂的配方却可以显著提高 SPF。此外,水基过滤剂的特征性干燥皮肤质感有助于抵消与之配合使用的液体有机紫外线防晒剂的油腻感。

七、配方辅料对皮肤感觉的影响

防晒配方的美学特性在很大程度上取决于所使用的其他成分以及 UV 光源本身。下面简要讨论一下其他辅料是如何影响感官特性的。

(1)乳化剂　通常不被重视的是乳化剂对局部皮肤护理产品的感官特性的影响。事实上,在清洗阶段,乳化剂比润肤剂对皮肤的影响更大。许多传统的 O/W 乳化剂在擦拭过程中会产生蜡质的皮肤感觉,做防晒霜配方更理想,但如今,有许多乳化系统可以提供更合适的感觉。磷酸十六烷基钾就是一个例子,它在应用时具有良好的涂抹性,使用后具有光滑的触感。它可以与共乳化剂结合,提供一系列的质地和黏度,从黏性乳液到可喷稀的奶液。

另一类非常适合防晒的乳化剂是那些设计成液晶网络的乳化剂。液态晶体实际上已经存在于大多数 O/W 个人护理乳液中很多年了,但是仅在最近的 25 年内,它们才被公认,并且配方设计师已经开始故意使用它们来达到特定的效果。层状液晶相可以显著提高乳液的稳定性。它们还具有延长的水化特性,这是由于水结合在层状结构中,使其不太容易立即蒸发。这有助于给皮肤的感觉,是非常喜欢的消费者。对于太阳护理,最适合的液晶体系类型是由一个离域网络的层状液晶结构的水体。在防晒方面,离域结构有助于有效成分的均匀分布,从而提高防晒系数的效果。在感官特性方面,这类系统通常给予一个轻盈和丝滑的皮肤感觉与优秀的皮肤质感。

（2）增稠剂 化妆品 O/W 中使用了许多不同类型的流变改性剂乳液，包括丙烯酸酯聚合物（例如卡波姆），天然胶黄原胶，纤维素衍生物，硅酸盐类型（例如镁铝硅酸盐）和淀粉基增稠剂。每一种都有自己的感觉特性，但是在任何情况下使用的最佳类型很大程度上取决于所使用的乳化系统。

在 W/O 乳液中，蜡通常用作增稠剂，如前所述可以在防晒配方中对 SPF 产生有益作用。但是，注意应避免蜡浓度过高，因为这会抑制制剂的散布，使其难以施用且令人不快。精细颗粒二氧化硅还可以在 W/O 系统中用作流变添加剂，并且可以抵消任何油腻或油腻感，对皮肤感觉有有益的作用来自润肤剂，带来干爽的感觉。

（3）成膜剂 成膜剂通常是聚合物，由于其中一个或两个原因经常被添加到防晒配方中。首先，这些成分可以起到 SPF 的助剂作用，使产品在皮肤上更加均匀。其次，它们被用作防水剂。PVP 共聚物是最常用的类型之一。例如，VP/二十烯共聚物。但是，这些聚合物有时会给配方带来"黏性"的感觉，因此配方设计师有许多替代方案在赋予产品耐水性的同时，保持"轻盈"光滑的皮肤感觉。

太阳护理产品曾经让人不愿意使用，也不像日常皮肤护理产品那样优雅，消费者要么接受这个作为保护自己免受太阳灼伤的必要之物或者完全避免使用这样的产品。然而，如今，消费者希望从他们的防晒产品中获得更好的感官体验，制造商也越来越多地使用感官宣传作为区分产品与竞争对手的一种方式。感官分析由训练有素的化妆品科学家进行，更好地了解消费者想要的皮肤感觉，将活性成分（紫外线过滤剂）和配方辅料开发成可以令人较愉快地应用的防晒护理产品，鼓励更好的消费者遵从性。这反过来又使产品在实际使用中比过去更有效。

第七节 局部抗氧化剂在光保护中的作用

人们对使用局部抗氧化剂进行皮肤光保护和抗衰老治疗非常感兴趣。许多消费者，尤其是在互联网上大量提供非医学建议、信息和证明书的信息的影响下，相信天然提取的成分、植物提取物和食品成分比化学防晒霜更好或更健康。导致这些替代产品受欢迎的其他因素包括对当前防晒霜/防晒霜产品的美学特性不满意,认为 OTC 的化学物质不健康、不安全或损害环境,以及认为天然成分提供了防晒霜中没有的额外好处。最后,生产商对补充防晒霜产品很感兴趣,因为有证据表明抗氧化剂可以稳定防晒霜。本节将讨论抗氧化剂的局部使用,主要但不完全以植物提取物的形式,并将回顾抗氧化剂对抗紫外辐射对人类皮肤的损害作用的科学证据。

能够清除 ROS 的内源性抗氧化剂包括超氧化物歧化酶、谷胱甘肽过氧化物酶、抗坏血酸、硫辛酸和过氧化氢酶。在紫外线照射过程中产生的过多 ROS 会消耗内源性抗氧化剂,导致细胞氧化应激状态,从而破坏细胞蛋白质、脂质和 DNA,触发细胞凋亡,并促进光癌发生。

防晒霜/防晒成分通过 3 个基本机制保护皮肤免受太阳辐射:反射、散射和吸收。相比之下,抗氧化剂通常几乎没有能力阻止紫外线,并通过其他机制保护皮肤。防晒霜保护皮肤免受紫外辐射的效果实际上是通用的测量和调节方法,包括体内(UVB)和体外(UVA)测定,如防晒系数(SPF),它是基于紫外辐射诱导的红斑、即刻色素变黑和临界波长。由于红斑主要是由 DNA 直接损伤和修复引起的,而较少由氧化应激引起,抗氧化剂提供的 UVR 保护最好通过终点来衡量,而不是通过 SPF。此外,应该注意的是,在无晒伤的情况下会发生严重的损伤,包括 DNA 突变、免疫抑制和胶原蛋白破坏。

一些流行病学证据表明,饮食或全身抗氧化剂水平越高,人类患非黑色素瘤皮肤癌和光老化症状的风险越低,而且有动物/啮齿动物研究表明,口服抗氧化剂补充剂的效果越好。大量的实验证据表明,在体外细胞培养中,外源性抗氧化剂具有抗炎症作用,并抑制氧化应激通路;局部抗氧化剂在 UVR 诱导的皮肤损伤动物模型中具有光保护作用。本节将重点介绍从人体内抗氧化剂/植物提取物在人体和在体临床模型的局部应用中获得的最新数据。

实际上,局部产品中的抗氧化剂主要是以植物提取物的形式提供的,包括绿茶、红茶、石榴、卷心菜、花椰菜、大豆、葡萄、西红柿、姜黄、生姜、海藻和巧克力。它们可以包括多酚、类胡萝卜素、生育酚、生育三烯醇、谷胱甘肽、抗坏血酸、黄酮、原花青素、二苯乙烯、香豆素、木脂素、omega-3 多不饱和脂肪酸和具有抗氧化活性的酶。有一些抗氧化剂是按常规提供的,最明显的是维生素 C 和维生素 E。在大多数情况下,局部抗氧化成分重叠了口服或系统性非防晒植物成分,提供光保护。

太阳暴晒的有害影响包括晒伤、紫外线诱导的免疫抑制、皮肤癌和光老化。UVA(320~400 nm)暴露诱导产生活性氧(ROS),如超氧化物、过氧化氢、脂质过氧、一氧化氮、单线态氧和羟基自由基,破坏蛋白质和细胞结构。UVA诱导的氧化胁迫被认为可增加前列腺素 E_2 和激活表皮生长因子受体,这两个参与导致表皮增生和炎症。研究还表明,UVB(290~320 nm)除了被DNA碱基直接吸收,引起环丁烷嘧啶二聚体(CPDs)和嘧啶(6-4)嘧啶光产物(6-4PPs)等突变病变外,也能启动氧化应激。活性氧生成的增加可以压倒内源性抗氧化防御机制,导致氧化应激和皮肤中蛋白质和其他大分子的氧化光损伤。这些ROS被认为是光老化和光致癌过程的关键介质。暴露于UVA或UVB都会导致氨基酸的氧化,如赖氨酸、精氨酸和脯氨酸,从而导致羰基衍生物的形成,影响蛋白质的结构和功能。其他蛋白质相关损伤包括酪氨酸交联、氨基酸互转化和肽键断裂。脂质过氧化也损害细胞膜,DNA中一个主要的氧损伤是8-羟基-2-脱氧鸟苷(8-OHdG)。重复地暴露于ROS必然导致细胞损伤的积累和可见的光老化征象。考虑到潜在损伤的程度,抗氧化剂最重要的特性是能够抑制活性氧类(ROS),防止蛋白质、脂质和DNA氧化的级联反应,这会导致信息形成、突变和结构/功能损伤。

抗氧化剂预防人体皮肤光损伤的研究模型主要有4类:体外化学抗氧化特性、体外细胞试验、动物(小鼠)体内模型和人体体内模型。关于第一类,化学分析方法、食用植物和食品的基本抗氧化特性已在体外编制。通过血浆铁还原能力(FRAP)测定、氧自由基吸收能力测定(ORAC)和清除DPPH自由基的效率等方法,可以促进筛选包括在局部光保护产品中的活性成分。组织培养工作提供了对基本机制的相当深入的了解,动物研究也显示了局部抗氧化对紫外辐射诱导的致癌作用的好处。这些已经在其他地方进行了回顾,因此本章将重点介绍体内的人体研究。

研究最多的局部光保护植物产品是从茶树中提取的。茶是仅次于水的世界上消费最广泛的饮料之一,长期以来一直被认为具有抗氧化、抗炎症和抗癌的特性。商业上可以买到的茶主要有3种形式:绿茶、红茶和乌龙茶,但也有白茶。总商业茶的消费在世界范围内,大约78%被消耗在红茶的形式(主要是欧洲、中东和北美等),约20%是在绿茶的形式(主要是亚洲国家日本、中国、韩国、印度的一些地方,和一些在北非和中东的国家)。茶叶中含有3种主要类型的多酚类物质,含量各不相同。黄酮类化合物分为6个亚类:花环醇、花环酮、异黄酮、花环酮、花青素和花环醇。在类风湿因子中,大多数是单核的类风湿因子,叫作儿茶素。儿茶素化合物主要有(−)−表没食子儿茶素没食子酸酯(EGCG)、(−)−表没食子儿茶素(EGC)、(−)−表没食子儿茶素−3−没食子酸酯(ECG)和(−)−表没食子儿茶素(EC)。最广泛研究的具有有效的抗氧化、抗癌和抗炎症特性的儿茶素是EGCG。

茶多酚对紫外线诱导的效果在人类皮肤中得到了证实。本研究表明,绿茶中主要的多酚成分(−)−表没食子儿茶素没食子酸酯(EGCG)局部应用于人类皮肤,能抑制UVB诱导的白细胞(巨噬细胞/中性粒细胞)感染和前列腺素(PG)代谢,尤其是PGE_2。这是很重要的,因为白细胞渗透是暴露于紫外辐射的皮肤中ROS的主要来源,PG代谢物在多阶段皮肤癌变过程中自由基生成和皮肤肿瘤促进中起重要作用。

在本节中,主要目标是比较局部茶提取物对人体中与免疫抑制、致癌和光老化相关的紫外线损伤标志物的影响。区分植物性光保护的作用机制,排除绿茶提取物(以及其他植物性成分)仅仅作为防晒霜的可能性是很重要的。与防晒霜不同的是,GTPs对地球太阳光谱的吸收不明显,因为它们的紫外线吸收最大值出现在273 nm处。因为茶提取物(特别是在体内使用的浓度下)不能明显吸收UVB波长,它不能有效地分离出红斑性UVR波长。这意味着,当TPs与含有传统防晒成分的局部配方结合使用时,与单独使用这两种药剂相比,可能有增强或协同的光保护作用。

在2001年的一项研究中,受试者背部皮肤用0.25%~10% GTPs乙醇溶液预处理30 min。然后用太阳模拟器以两倍于个体最小红斑剂量(MED)的剂量照射皮肤。在暴露后24、48和72 h,用色度计对红斑进行定量,并对暴露部位进行活检。尽管红斑不是抗氧化光保护最敏感的终点测量方法,但在放射后24、48和72 h,红斑以剂量依赖的方式减少。绿茶多酚也显示了分别减少晒伤细胞和防止UVR诱导的郎格罕氏细胞损耗,角质形成细胞程序性死亡/凋亡,以及皮肤细胞介导的免疫反应。两种多酚类化合物EGCG和ECG在3位点含有一个没食子酰基团,是对紫外线损伤有效的两种成分,而(−)−表儿茶素(EC)和(−)−表没食子儿茶素(EGC)则无效。在同一篇报告中,人体皮肤用5%的绿茶多酚处理,以2 MED模拟太阳光照射,P^{32}标记分析表明经绿茶多酚处理的部位DNA损伤明显减少。

其他类黄酮,在植物如红三叶草、大豆、补骨脂和其他豆类中发现的异黄酮,已被报道具有显著的抗氧化、雌激素和酪氨酸激酶抑制活性。染料木素是一种异黄酮和植物雌激素,通常从大豆或红三叶草中提取,是一种流行的营养食品。与绿茶多酚一样,人们在口服益处(而非局部应用)和其他健康问题(如乳腺癌和前列腺癌、绝经后综合征、糖尿病、骨质疏松症和心血管疾病)方面做了更多的工作。在动物和细胞培养模型中已证实染料木素也能提供光保护。

外用染料木素、马酚、异马酚或脱氢马酚局部应用于无毛小鼠可抗 UVR 诱导的炎症、水肿和免疫抑制。2003 年发表的一项研究表明,外用染料木素可以有效地抑制紫外线诱发的光致癌,降低紫外线诱发的 CPDs 水平,并阻断无毛小鼠的光老化迹象。另一份 2003 年的出版物研究了染料木素对人类光老化介质有益作用可能的分子信号机制。紫外线诱导的活性氧对 MAP 激酶的激活至关重要,这种激酶会增加转录因子蛋白 AP-1(cFos/cJun)的表达,进而上调 MMP 基因的表达并降解真皮细胞外间质。第二篇报道显示,在人皮肤中,uvr 诱导的 EGFR 磷酸化、cJun 蛋白、JNK MAP 激酶、ERK MAP 激酶和 MMP-1 在体内均被染料木素降低,因此强烈提示其预防光老化的价值。

在进一步的研究中,染料木素改善了 UVB 照射对人体重建皮肤模型的有害影响,即增殖细胞核抗原(PCNA)和 CPDs。研究表明,当染料木素和另一种异黄酮、大豆黄酮以不同的比例和浓度混合使用时,具有协同光保护作用,这种作用大于单独使用每种异黄酮所产生的作用。事实上,这些氧化还原活性化合物,在植物细胞中以综合方式协同作用,在动物细胞中也有协同作用。一个具有不同的化学结构和性质的抗氧化网络可能需要最佳的保护,以防止氧化损伤。

实验证明,其他植物提取物,包括白藜芦醇、葡萄籽、蕨类提取物等均具有局部光保护作用。白藜芦醇是一种化学防御植物化学物质,存在于葡萄皮、种子、红酒、花生和水果中。大多数有关白藜芦醇益处的研究都将其作为口服补充剂,但是已经有一系列的动物研究支持局部白藜芦醇用于光保护的探索。在无毛小鼠身上局部应用白藜芦醇已经证明可以减少紫外辐射引起的氧化应激症状和中毒症状。在人类受试者中,每天局部使用白藜芦醇衍生物,白藜芦醇化合物,在连续 4 d 用模拟太阳光照射前,与未受保护的皮肤相比,对红斑、黑素合成、晒黑和晒伤细胞形成有显著的保护作用。在所使用的实验条件下，一种典型的主要包含抗坏血酸盐和生育酚的抗氧化剂混合物，对这些终点并不有效。这项研究中使用的独特模型，重复照射，进一步说，使用模拟太阳紫外线，而不是单独使用紫外线，更有力地证明这种植物材料的价值。虽然白藜芦醇的光保护能力并不特别，但最近一份有趣的报告表明，白藜芦醇、黄芩苷和维生素 E 的组合能够通过混合物的抗氧化特性及其增强内源性抗氧化防御系统的能力，逆转皮肤光老化的迹象。

总之，有充分的证据表明，某些抗氧化剂和植物提取物在局部使用时具有促进光保护的潜力。虽然不推荐作为防晒、广谱防晒霜和防护服的替代品，但它们应该被认为是预防光老化和皮肤癌的有价值的佐剂。补充性光保护剂利于那些个人和专业的高风险因素，如菲茨帕特里克皮肤类型 Ⅰ 和 Ⅱ。环境风险因素，如职业接触、地理位置和海拔、延长户外康乐活动、原发性皮肤癌患者、光敏性皮肤病患者或服用使其光敏性药物的患者和免疫抑制的患者。然而，在向消费者宣传局部抗氧化剂的好处时必须谨慎，理想情况下，任何声称可作为抗氧化剂增强光保护作用的产品都应该在相关的严格的科学条件下进行临床测试。

第六章　最新防晒剂监管

一、简介

研究表明,适当使用防晒剂并与其他防晒方式结合使用,可以降低患皮肤癌的风险,防止紫外线引起的皮肤老化。在美国,防晒剂被食品药物监督管理局(FDA)作为非处方药(OTC)管理。在世界上许多其他国家,都有一套严格的专门规定来管理紫外辐射的安全性、产品功效和标签指导方针,以保护消费者。为了完成这些任务,世界各地的监管机构都在制定和更新各自的防晒产品监管规则。

这一章提供了一个防晒产品世界监管的概况。具体而言,将提供:①美国非处方(OTC)药物产品监管的基本背景;②防晒法规的详细信息;③防晒创新法案的概述;④全球防晒成分和产品监管的简要概述。

二、非处方药产品规定

在美国,防晒霜主要是由美国食品药物监督管理局(FDA)管辖的。FDA规定所有的防晒霜都是非处方药。因此,它们必须符合安全、效能、良好生产规范(GMPs)和标签的标准。该机构认为任何声称防晒系数(SPF)的局部应用产品都是防晒霜。这类产品包括乳液、喷雾剂、日常润肤霜、粉底、口红等。

三、非处方药监管途径

OTC药品的合法营销有三种监管途径:①按照OTC药品专论进行营销;②按照已批准的产品−新药申请(NDA)进行营销,或简称为新药申请(ANDA);③Rx−OTC转换。

1. OTC 药品专论

美国大部分的防晒产品都是在 OTC 防晒专论下销售的。OTC 专论实质上是一种 OTC 药品的配方,其基础成分为 FDA 预先批准(或许可)的活性成分,这些活性成分支持规定的标签声明,在某些情况下,还需要经过测试(如SPF)。指定 OTC 专论代表了新药申请不包括的非处方药产品营销的监管标准。这些是与消费者能够自我诊断、自我治疗和自我管理的类别相关的非处方药。OTC 专论性治疗类别的例子包括外用和摄食形式,如防晒霜、痤疮、过敏、尿布疹、咳嗽和感冒、止汗剂、头皮屑、皮肤保护剂、外用止痛剂、牛皮癣等。

2. 新药应用

目前,美国有 4 种特殊的防晒配方通过了新药应用程序(NDA),①Anthelios SX:2%、2% 和 10% 的阿伏苯宗,环己酮和辛二烯。②大写 Soleil:分别为 2%,3% 和 10% 的阿伏苯宗,ecamsule 和辛二烯。③Anthelios 20:2,2,10 的阿伏苯宗,环己酮,辛二烯和二氧化钛,和 2%。④Anthelios 40:阿伏苯宗、环己酮、辛二烯和二氧化钛的含量分别为 2%、3%、10% 和 5%。所有 4 个 NDA 均由欧莱雅公司申请。

人用药物申请是指申请批准新药(完整的剂型和标签)。表 6-1 总结了这两种途径的差异。

表 6-1   OTC 药物监管途径

新药申请	专著程序
产品规格(含配方)	成分和类别规格规定(CFR 330-358)
公开文件	公布过程(无数据)
提交上市前审批的申请	没有 FDA 产品说明书上市前申请或预先批准
规定的时间	没有规定时间
申请费用(PDUFA)	无用户费用
市场排他性的潜力	没有市场排他性的潜力
报告要求	有限的报告要求(严重不良事件)
遵守良好的制造规范	遵守良好的制造规范

3. 美国处方药改列成药

Rx-to-OTC 转换指的是对曾经是处方药的产品进行非处方销售,但其剂型、使用人群和给药方式相同。目前,在美国没有处方 OTC 防晒霜产品。

四、OTC 防晒霜规定

2011 年 6 月 14 日,FDA 发布以下防晒霜规则:①OTC 防晒产品的有效性测试和标签的最终规则;②提议 SPF 值高于 50;③防晒霜剂型的建议规章的预先通知(ANPR);④防晒霜药物产品的指导草案;⑤对最终规则的置评请求。

1. 防晒霜标签和效果的最终规则

最终规则概述了允许和要求的索赔要求,证实这些索赔要求所需的测试程序,以及不允许的索赔要求。值得注意的是,这些规则修改了 FDA 的药品标签规定(即 FDA 的药品标签规定)(如 21 CFR 201),未定案防晒专论(如 21 CFR352)也不提留执行专著。

2. 药品事实说明小组

此外,该规则取消了 1999 年药品事实真相规则的延迟执行,并要求所有防晒产品都遵守该规则的内容和格式要求。这包括组合防晒霜化妆品,如口红、粉底和日常润肤霜,这些产品都标明含有防晒系数。

根据药品事实规则,如果药品事实下列出的信息需要占总可用表面积的 60% 以上,药品事实标签可以按照规定减少。在最终规则下 FDA 未提供任何额外的标签救济。

3. 不涉及成分问题

这一规则并不涉及防晒活性成分的相关问题,包括任何新的活性成分组合,或任何防晒活性成分目前正在进行的"时间与范围应用"(TEA)审查。

4. 有效期

最终规则的生效日期最初定在 2012 年 6 月 18 日,但对于年销售额低于 2.5 万美元、生效日期为 2013 年 6 月 17 日的产品除外。FDA 将这些日期推迟了 6 个月,以允许公司遵守 FDA 的规定,并确保市场上的防晒霜不会短缺。所有在标签上或标签后的产品生效日期必须符合所有最终规则要求(请参见下文了解更多时间/SPF 测试的执行自由裁量权)。优化可溶性紫外线强度计或不溶性紫外线强度计的防晒剂配方(不管是不溶性的还是与可溶性紫外线强度计的组合),防晒剂光谱分布的目标是在整个紫外线光谱范围内提供均衡的防护,最理想的方式是提供 2.5:1~3:1 的紫外线强度比值。

5. SPF 测试

以前的方法需要 20~25 名测试者,而现在的 SPF 测试方法需要更少的测试者来检测产品的 SPF。对照配方由 SPF 4 配方改为 SPF 15 配方。用于样品应用的指套不再需要对测试产品进行预饱和。产品应用的测试站点的最小面积减少了,每个紫外线暴露所需的最小面积也减少了。测试区域中暴露部位之间的距离减少了。产品应用保持在 2 mg/cm^2,暴露后 16~24 h 读取测试结果。太阳能模拟器规范与国际 SPF 方法中的规范一致。

6. 光谱测试

FDA 放弃了在产品标签上标明其 UVA 防护作用的四星级评级建议,取而代之的是简单的是否通过体外光谱特征测试,工业界被称为"临界波长测试"。提议的测试方法不同于以前发布测定"临界波长"的方法,也不同于体外 ISO UVA 测试方法(正在开发中)。

防晒霜的关键波长必须在 370 nm 或更高,才能声称具有广谱性。一个广谱的声明是必要的,以作出关于预防早期皮肤老化和皮肤癌的积极使用声明与防晒系数至少 15 的产品;否则,产品使用时必须使用警告声明(见下文)。

FDA 的"临界波长"测试方法规定了将 PMMA 板与表面粗糙度为 2~7 μm,防晒剂的涂覆密度为 0.75 mg/cm^2,并在固定的 4 MED 暴露于太阳模拟下对样品进行预辐照辐射。从 290~400 nm 范围内,UV 吸收面积的 90% 处的波长被定义为"临界波长",也是该产品提供的保护范围的量度。

7. 新标签

FDA 还发布了防晒产品标签的新指南,如下所示。

(1)使用(适应证) 防晒。如果与其他防晒措施一起使用,可降低由太阳引起的皮肤癌和早期皮肤老化的风险。

请注意:防晒霜必须是广谱的,并且 SPF 值至少为 15。

(2)警示 皮肤癌/皮肤老化警报:长时间在阳光下会增加罹患皮肤癌、皮肤癌和早期皮肤老化的风险。该产品仅显示给您帮助预防晒伤,而不是皮肤癌或皮肤早衰。

请注意:对于未标记为"广谱"或 SPF 小于 15 的产品,必须使用此声明。

指南(广谱/SPF≥15,防水)。

在暴露于阳光下的 15 min 前(大范围或"大量"使用,并可以"均匀地"添加)。

(3)重新使用

——游泳或出汗 40 或 80 min 后;

——毛巾干燥后立即使用;

——至少每 2 h 使用 1 次。

防晒措施:在阳光下暴晒会增加皮肤过早老化的风险。为了降低这种风险,要经常使用防晒系数为 15 或更高的广谱防晒霜,以及其他防晒措施,包括:

——上午 10 点到下午 2 点钟之间减少日晒;

——穿长袖衫、长裤、戴帽子、太阳镜。

小于 6 个月婴儿的防晒措施应咨询医生。

(4)指南

1)指南:(广谱/SPF 值≤15,防水)

日晒 15 min 前使用。

重复使用:

——游泳或出汗 40 或 80 min 后使用;

——毛巾干燥后立即使用;

——每 2 h 使用 1 次。

小于 6 个月婴儿的防晒措施应咨询医生。

2)指南:(广谱/SPF≥15,防水)

日晒 15 min 前使用。

防晒措施:在阳光下暴晒会增加皮肤过早老化的风险。为了降低这种风险,要经常使用防晒系数为 15 或更高的广谱防晒霜,以及其他防晒措施,包括:

——上午 10 点到下午 2 点钟之间减少日晒;

——穿长袖衫、长裤、戴帽子、太阳镜。

每 2 h 使用 1 次。

游泳或出汗时需使用防水型防晒霜。

小于 6 个月婴儿的防晒措施应咨询医生。

3）指南：（非广谱/SPF≤15，不防水）

日晒 15 min 前使用。

每 2 h 使用 1 次。

游泳或出汗时需使用防水型防晒霜。

小于 6 个月婴儿的防晒措施应咨询医生。

注意：FDA 允许可选的防晒霜使用说明出现在说明书的第一行。

在测试的基础上，说明书上的耐水性声明必须指定在游泳或出汗时的 40 或 80 min 的有效性。防水、防汗和防晒的要求是不允许的。FDA 没有明确允许汗水抵抗声明。

8. 关于 SPF 超过 50 的建议规则

尽管 FDA 承认 SPF 值高于 50 的情况已经得到证实，并且结果是经过验证和可重复的，但它仍建议将 SPF 值限制在 50+，除非该机构收到数据证明 SPF 值高于 50 的额外临床益处。

如果 SPF 含量超过 50 的防晒霜经过适当的 SPF 测试，则可能会在市场上出售。根据最终拟定规则的制定方式，这些产品可能无法继续投放市场。

9. 关于剂型的拟议规则制定的预先通知

FDA 发布了一份 ANPR，要求提供某些剂型的非处方防晒霜产品的额外数据。该机构列出了目前认为可能有资格列入 OTC 防晒霜专论的剂型，即油、乳液、面霜、凝胶、黄油、膏药、药膏、棒和喷雾剂。

对于喷雾剂，FDA 要求提供更多的数据来解决关于有效性和安全性的剩余问题。该机构还鼓励对喷雾剂型的防晒霜的潜在标签和测试条件发表评论，这取决于收到的额外数据，从而使其分类成为公认的安全和有效的。

FDA 还确认了某些剂型，目前不认为它们有资格被纳入非处方防晒霜专论（即非处方防晒霜专论）。

防晒霜，比如粉状的防晒霜，只要经过适当的测试和标签，就可以继续在市场上销售，直到这项规定生效。当这种 ANPR 最终上市时，我们将知道哪些剂型可以继续在市场上销售。

尽管最终的规定没有包括防晒成分，但该机构还指出，它允许 16 种防晒活性成分的浓度达到一定水平：氨基苯甲酸（PABA）15%；阿伏苯宗 3%；西诺沙酯 3%；二氧苯甲酮 3%；恩舒利唑 4%；乙醛酸盐 15%；氨基甲酸酯

5%；辛诺酯7.5%；辛水杨酯5%；辛二烯10%；氧苯甲酮6%；二甲胺基苯甲酸戊酯0.8%；异舒苯宗10%；二氧化钛25%；水杨酸罗拉明12%；氧化锌25%。

　　然而，在FDA 2011年6月14日的规则中，该机构并没有提及要求纳入防晒专论的8种正在申请中的防晒成分：阿米洛酯10%；苄莫西诺10%；双辛唑10%；二乙基丁酰胺三氮唑3%；地洛美三硅氧烷15%；依茨舒10%；恩扎卡明4%；辛基三氮唑5%。

五、防晒剂创新法案

　　2014年11月26日，奥巴马总统签署了《防晒霜创新法案》（SIA），使之成为法律。SIA的目标是为所有成分的应用时间和应用范围（TEAs）提供一种可选的审查程序，包括规定的审查时限、代替规则制定的行政命令和数据提交的新格式。SIA还允许设立咨询委员会，并要求FDA定期更新国会和GAO。值得注意的是，FDA的安全评估和决定仍由该机构负责。

　　该法案的主要方面包括确定合格性（资格）。FDA应用时间和应用范围资格要求：一种成分必须在至少一个国家安全使用至少5年。合格评定将由FDA非处方法规开发部（DNRD）进行。已被FDA认定合格的待定成分将被认为符合新的审查和批准程序。

　　透明审查：在确认合格后，成分申请可以提交给现有的FDA非处方药咨询委员会（NDAC）以获得安全性和有效性建议，也可以自行进行审查。在审查过程中，FDA或NDAC将收到来自公众的数据，并与申请发起人沟通以寻求澄清或要求提供更多信息。FDA要么同意要么否认NDAC的建议，要么得出自己的结论。

　　可预测和合理的时间框架：SIA为待定和新申请应用时间和应用范围（TEA）的各个阶段设定了时间框架。

　　指南：FDA必须发布指南草案，说明如何执行和遵守法案中有关防晒品应用时间和应用范围（TEA）的要求（如格式、数据要求）。

　　加强FDA问责：FDA被要求在制定后的12个月以及之后每2年向国会提交一份关于该计划进展情况的报告。

　　完成防晒专论：在颁布后的5年内，FDA必须对防晒专论的剩余部分（即防晒专论的剩余部，但不一定是SPF上限或剂型分）进行修订。如果

FDA 没有确定 SPF 上限或剂型,该机构必须提供该规定未包括在该规定中的理由,并制订计划和时间表,以汇编通过该规定处理的任何必要信息。

在撰写本章的时候,FDA 在 TEA 审查过程中还没有批准任何一种新的抗紫外线活性物质。到 2015 年 5 月,FDA 要求所有制造商提交各自紫外线活性物质的额外安全性和功效数据。

六、全球防晒剂监管

防晒霜因其保护消费者免受紫外线照射的能力,以及在帮助预防急性和慢性皮肤损伤方面的作用而得到全球卫生当局的认可,其中包括降低皮肤损伤的发生率。这些权威机构一致认为:①防晒是公共卫生的优先事项;②防晒功效的声明必须得到证实;③防晒活性成分要经过安全审查,并在上市前获得批准。虽然上述标准在不同地区很普遍,但监管分类、可用的防晒霜活性成分和浓度限制、测试要求、标签、审批流程和上市后要求各不相同。下面将讨论这些参数的共性以及它们的差异。

1. 监管分类

防晒产品的监管分类因地区而异。乍一看,人们可能会认为这些分类之间的差异是巨大的。然而,对各种不同特征的考察,如何揭示出共同的主题。这些产品包括与人体外部不同部位接触的产品和保护皮肤免受紫外辐射的产品。这些相似之处支持了这样的共同信息,即按规定使用的防晒产品,无论何种监管分类,均旨在为消费者提供防紫外线功能,并且防晒活性成分需要获得上市前批准并支持临床前/临床信息。

2. 可用的防晒成分、浓度、组合和批准

最明显的最大差异在于制造商和消费者可获得的防晒成分种类繁多。在美国,该专著允许 16 种目前使用的防晒成分,其中有 8 种的使用时间和使用范围(TEAs)。在其他国家,多达 38 个防晒成分可供制造商配制防晒霜产品。防晒活性成分的批准需要上市前的批准并支持临床前/临床信息。虽然有些批准似乎更严格,防晒成分在使用该成分之前必须达到已被证明的安全性和有效性。

经过检查,有 10 种防晒成分被允许在全球范围内使用:辛基磺酸盐(水杨酸乙基己酯)、均苯三酸酯(3-羟基苯甲酸 3,3,5-三甲基环己酯)、辛二烯(2-氰基-3,3-二苯基丙烯酸,2-乙基己酯)、辛酸(甲氧基肉桂酸辛酯)、氧

化锌 、氧苯甲酮(二苯甲酮3)、恩舒唑(苯基苯并咪唑磺酸)、阿伏苯宗(丁基甲氧基二苯甲酰甲烷)、Padimate O(乙基己基二甲基 PABA)、二氧化钛(在日本被认为是光散射剂)。

在中国,目前防晒化妆品属于特殊用途化妆品。《化妆品安全技术规范》(2015 年版)规定了 25 种化妆品准用防晒剂(表3-4)。这些防晒剂可在《化妆品安全技术规范》(2015 年版)规定的限量和使用条件下加入到其他化妆品产品中。但仅为了保护产品免受紫外线损害而加入到非防晒类化妆品中的其他防晒剂不受此表限制,但其使用量须经安全性评估证明是安全的。另外,当二氧化钛用作防晒剂又用作着色剂时,防晒类化妆品中该物质的总使用量不应超过25%。

防晒化妆品在中国台湾地区一般按照含药化妆品进行监管,需要办理含药化妆品查验登记。但值得注意的是,卫署药制字第 0980334036 号修正了化妆品中含二氧化钛成分管理规定,即使用二氧化钛(纳米材料除外)且在符合原基准之限量(25% 以下)范围内,由含药化妆品改以一般化妆品管理,无须另行申请含药化妆品查验登记;原领有之该含药化妆品许可证,其有效期届满,无须向本署办理展延手续。与此同时,将二氧化钛从《含药化妆品基准》中防晒剂清单中删除。目前,《含药化妆品基准》中防晒剂清单共49 项。

对比欧盟、美国、加拿大、澳大利亚、东盟、中国允许使用的防晒剂清单,其中欧盟 29 项、美国 16 项、加拿大 20 项、澳大利亚 30 项、东盟 29 项、中国(台湾地区 50 项、大陆 27 项)。显而易见,而美国的防晒剂少之又少,这虽方便监管,但却对企业的产品研发有所限制。上述国家或地区发布的防晒剂清单的共同点主要是:均可使用二氧化钛且浓度也相同;均可使用氧化锌、二苯酮-3、胡莫柳酯、二甲基 PABA 乙基己酯、奥克立林、水杨酸乙基己酯、丁基甲氧基二苯甲酰基甲烷等;除欧盟外,其他国家或地区纳米材料的二氧化钛和氧化锌均未列入清单。

当然,各地规定存有很多差异性,主要是:

1)同一种防晒剂,其 INCI 名称并不相同。

2)部分成分已在欧美禁用,但在中国仍可使用。例如,3-亚苄基樟脑已被欧盟禁用,但目前东盟、中国仍在使用。

3)部分成分虽均可使用,但限制条件不一。例如,氧化锌在澳大利亚的使用无限量,在一些国家或地区为 25%;二苯酮-3 在欧盟的限用浓度为 6%(原为 10%),应标示警示语,但有例外情况,而在中国的限用浓度为 10%,标示警示语时无例外情况。

4) 防晒剂的监管方式不一,如含二氧化钛的防晒产品在加拿大属于自然健康产品。

3. 防晒剂成分安全性

在全球范围内,所有防晒霜活性成分均需获得上市前批准,并且均已在短期和长期临床前研究中进行了测试应用程序。在各个国家确定的范围内,所有国家均已证实人类直接使用的活性成分的临床前和(或)临床安全测试文件。

4. 防晒剂标签

虽然对于 SPF 值的限制和特定产品类型的监管分类(休闲和日常用品)并没有全球一致的意见,但所有的防晒产品,无论在哪里销售,都必须有一个 SPF 值。

第七章　防晒产品研发趋势

第一节　防晒化妆品市场趋势

一、高 SPF 值的防晒产品将稳定增加

SPF 值大于 15 甚至 20 的产品将会明显增加,这与臭氧层不断被破坏以及人们希望自己得到更好保护的愿望有关。在欧美,每个防晒化妆品的主要制造厂商都有 SPF 值大于 30 的产品。最高的 SPF 值标称已超过 100。

我们认为,由于到达地面的紫外线能量的增强,为防止在户外活动时晒伤皮肤,适当提高产品的 SPF 值也不是不妥的。但在目前意义上讲,过分追求超高 SPF 值也是不妥的。一般来说,SPF 值越高就意味着加入的防晒剂的浓度越大,引起皮肤潜在刺激性的可能性也就越大,而产品的性价比并不能得到同比提高。实际上,SPF 值为 20 的防晒产品就已经可以遮蔽 95% 以上的 UVB 紫外线了。一般来说,SPF 值控制在 35 以内也许是最好的选择。

二、全波段防护将成为防晒产品的主基调

随着人们对 UVA 防护重要性认识的不断深入,在防晒品市场上,既能遮蔽 UVB 又能防护 UVA 的全波段防晒产品将更加受到消费者的青睐。健康与安全的概念即防护功效又再一次受到重视。与早期不同的是,今天的防护体系不仅要抵御太阳的灼伤,还要有效防止紫外线对人体皮肤造成的长期性损伤。这种长期伤害是由 UVA 引起的,虽然它不会造成皮肤变红等急性损伤。

市场上,具有 UVA 防护性能标识的防晒化妆品在不断增加。在我国,至今尚无统一的 UVA 防护功效的评价方法及相关法规,标注的 PFA 大小可比性差。但这些都不会阻止全波段防晒化妆品在我国的市场发展。

三、产品的针对性更强

由于消费者皮肤状况、使用环境、使用目的等条件不尽相同,因此只有针对性强的产品才能满足人们深层次的需要。

1. 根据不同皮肤类型的产品开发

敏感性皮肤对制造商来说是一个重要的目标区域,这类产品既要求高安全性,更要求高效全方位的防护。因为,一般来说越是敏感皮肤,就越会受外界环境的不良影响,敏感肌肤角质层偏薄,天然抵御能力低,皮肤易出现泛红敏感,皮肤本身锁水能力差,角质层易干燥缺水。抵抗不良外界因素的能力较其他皮肤更弱,易造成皮肤损伤,这当然包括光损伤的影响。因此开发适用于敏感皮肤人群的防晒霜应避免酸类、乙醇及其他刺激性化学防晒成分,配方注重保湿温和,刺激性低,质地轻薄易清洁,并含有消炎镇痛舒缓功效的甘草酸钾成分。

干性皮肤角质层偏薄,锁水能力弱,皮肤易干燥。大量紫外辐射对加速皮肤干燥缺水,并导致皮肤出现色斑。因此开发适用于干性皮肤的防晒剂可首选有滋润和保湿功效的乳液质地的物理防晒剂。国外的一些公司已在研制米干性皮肤专用的系列防晒,SPF 值从 30 ~ 60,据称产品的安全性很高。

油性皮肤的皮脂腺活动旺盛,毛孔粗大,皮肤多油少水。紫外辐射会导致皮肤角质层增厚,毛孔进一步扩大,油脂分泌增多,从而导致很多肌肤问题,因此开发适用于油性皮肤的防晒剂首选无油配方、不黏腻特性,避免毛孔因过分出油而堵塞。

2. 针对儿童防晒的产品开发

有专家估算,如果儿童使用足够的防晒产品至 18 岁,那么他皮肤癌的发生率将会减少70% 。"防晒从儿童抓起"已成为越来越多人的共识。适度的户外活动,享受明媚的阳光会对儿童体内的钙质增长有益。然而,过量的紫外线照射会造成儿童皮肤的严重损伤。

拜尔福多斯公司的 NIVEA 儿童系列是专门为保护而儿童皮肤而设计开

发的,配方中还含有维生素 E,SPF 值分别为 18、26 和 30。强生公司也将目光投向儿童防晒市场,开发了一种新的完全防晒与晒后护理品,SPF 值从 4 到 50,大大提高了人们的选择范围。

儿童是世界的未来,儿童防晒化妆品的未来市场将充满希望。

3. 根据不同使用环境的产品开发

除日常防晒外,针对户外不同使用环境如户外游泳、滑雪、旅游、军训等野外场合的专用防晒产品也有较好的市场开发前景。

如滑雪运动时,寒冷的天气、低温的雪场和干燥的环境再加上强烈的紫外线照射,均会增加皮肤冻伤和晒伤的概率。雪地紫外线照射强度是海边照射强度的 3 倍,且雪会将光线从四面八方发射到全身,这种漫射的状态更加剧了紫外线的辐射强度,如高山滑雪,海拔每升高 1 000 米,紫外线的量会增加 10%,由于环境温度较低,使人不觉得很晒,更容易忽略了防晒而造成严重晒伤。因此针对滑雪而开发的防晒剂需具备防 UVA 和 UVB 的广谱和高倍防晒力(SPF 50,PA+++)的特点。这也是包含旅游、军训等户外运动的专用户外防晒产品的特性之一。

户外游泳和冲浪等水上运动是不同于上述类型的户外运动,海边紫外辐射强度高,对皮肤杀伤力巨大。另外在做水上运动时,防晒霜容易脱落,再加上海水中的高盐成分会使皮肤变得干燥,失去抵御紫外线的能力,大大增加了皮肤晒伤概率。因此需要开发高防水性甚至"极度抗水"型防晒产品和广谱高倍防晒指数的防晒产品。

四、新型防晒产品载体的开发将会受到未来市场的欢迎

国际范围的市场调查表明,目前,市场上防晒化妆品使用最多的载体是 O/W 型乳液。我们知道,作为防晒产品的载体应具有良好的防晒及分散性,易于在皮肤上均匀涂展,在春夏季使用的产品还要具有一定的抗水性。围绕这些要求,配方师在不断地研究、开发各种新的载体形式。例如,清爽型的 W/O 乳液的配方研究;含大量颜料的粉底类防晒产品的开发;高触变性喷雾型防晒产品的开发;等等。据报道,国外有一家公司最新推出一种 SPF 湿纸巾,具有良好的防晒效果,且采用单片包装,取用方便,易于在户外携带使用,而且很适合在日晒一段时间后进行补涂。

第二节　防晒化妆品技术发展趋势

综合国内外防晒化妆品制备技术动态,我们认为今后国际防晒化妆品的技术发展将呈现以下趋势。

一、新型防晒剂的研究与开发将不断深入

随着人们对紫外线防护重要性与必要性认识的不断深入,防晒化妆品市场的需求也在不断增加,安全、高效、广谱的防晒产品逐渐成为人们关注的焦点。作为防晒产品配方的核心,防晒剂的性能与品质就显得尤为重要。而就目前防晒剂的总体状况而言,还没有一种防晒剂可以同时满足以上几方面的要求。因此,安全、高效、广谱、经济的新型防晒剂的开发已成为业内人士重点关注的内容,也是国际上一些知名原料公司纷纷涉足的领域。

Ciba 公司在推出安全、高效、广谱的防晒剂(天来施 M)并获欧洲及中国批准使用之后,又于 2002 年 9 月推出了一种新广谱紫外线吸收剂。该公司力图成为护肤品行业中紫外线防护剂的主要竞争者。在苏格兰爱丁堡举行的国际化妆品化学家协会上,该公司展示了新的紫外线过滤剂(商品名为 Tinosorb S)在紫外线防护功效和应用技术上所具有的优势,其优势体现在它的高效、固有的光稳定性并可提供全波段紫外线的防护作用上。在该公司的介绍中还特别说明了 Tinosorb S 具有与其他常用化妆品组分良好的配伍性,可以应用于防晒及所用日妆护肤产品中,起到全面的紫外线防护作用。

Haamann & Reimer 公司新近研制出一个名为 Corapan TQ 的防晒剂,它是 2,6-萘二甲酸 2-乙基己醇合成的一种二酯,可以作为丁基甲氧基二本甲酰甲烷的光稳定剂。公司介绍,这种新型的防晒剂只需采用与丁基甲氧基二本甲酰甲烷同样的用量或较少的活性成分,就可以使防晒剂达到较高的紫外线 SPF 指数。而且,该防晒剂的光折射能力很强,特别适用于护肤及亮发产品中。

2019 年《美国医学会杂志》报道了美国食品药品监督管理局的最新数据,称防晒霜中的化学物质被人体吸收,其浓度足以引发潜在毒性,尤其是高水平防晒霜,防晒指数越高的产品所含化学防晒剂的含量越高。目前大

多数防晒霜均使用羟苯甲酮、阿伏苯宗和奥克立林等成分的化学防晒剂。FDA进行的一项研究表明，使用防晒霜后，在人体的血液中可检测到苯羟甲酮、阿伏苯宗、奥克立林含量的增加。因此需要研究者不断地开发新型防晒剂产品。除上述新型防晒剂外，人们一直在研究天然成分的紫外线防护作用，并已取得了一些进展。另外，已有采用生物技术制备广谱的紫外线防护剂的报道。

不过，世界范围内，各个国家对防晒剂的使用与管理都有着严格的规定，一个新的防晒剂从研究、开发、申报到批准使用往往需要很长时间。这也正是防晒剂开发的艰巨性所在。尽管如此，也不会影响人们对新型防晒剂深入研究与开发的脚步。

二、复合防晒剂的开发需求将不断增加

在防晒产品配方中复合使用防晒剂既是当今及今后较长时间内市场对防晒化妆品性能的要求，同时也是目前化妆品中所能使用的防晒剂品种与现状所决定的。到目前为止，我们很难仅使用一种防晒剂就能够使防晒产品达到理想的性能，我们所说的产品的理想性能包括安全性、广谱性、高效性、抗水性、经济性及良好的使用感觉。

为提高防晒化妆品的安全性，我们需要尽量减少有机吸收剂在配方中的使用量，这是配方师有必要考虑在配方中同时使用无机遮蔽剂。正是无机遮蔽剂与有机吸收剂的复合使用，降低了有机遮蔽剂的配方用量，也就在一定意义上降低了产品对皮肤的潜在刺激性，提高了安全性。为使防晒化妆品具有较高的广谱防晒能力，需要我们在配方中同时选用中波及长波紫外线防护剂，也就是要在配方中考虑UVA和UVB的复合问题。这一问题处理得好，我们不仅可以解决产品广谱性的问题，而且还可以有效提高防晒化妆品的防晒效力。

复合使用防晒剂，可以更好地发挥各防晒剂单体之间的协同效应，有效克服目前一些防晒剂单体在广谱性及防晒效力方面的不足，全面提高防晒化妆品的防晒性能。这一点不仅在目前，而且在今后较长的一段时间内都是需要的。

三、更加关注防晒剂的稳定性

防晒剂的稳定性（包括化学稳定性及光学稳定性），直接关系到防晒化

妆品的安全性及防晒性能,一个光稳定性不好的防晒剂势必还会影响到产品的有效防护时间。以上这些问题对防晒化妆品来说都是很不利的。例如,丁基甲氧基二苯甲酰甲烷是一个在 UVA 区有着良好吸收作用的著名的 UVA 吸收剂,但是,它的光稳定性较差,在光照下很容易分解。这一点在很大程度上限制了它的使用范围。日本资生堂的研究人员将丁基甲氧基二苯甲酰甲烷用高透明性的聚甲基丙烯酸甲酯包封起来制成树脂粉末,既提高了防晒剂的稳定性,又增加了其 UVA 的防护能力,可谓一举两得。

Rohm & Haas 公司最近宣布发明了一种方法,可有效改善紫外线防护剂在配方中的稳定性。其方法的核心是采用丙烯酸聚合物,由此提高防晒剂在化妆品配方中的稳定性。该公司采用一种具有孔洞的乳胶聚合物颗粒,其颗粒粒径为 50 ~ 1 000 nm,且该种颗粒壳层中单体的聚合交联程度至少达到 4% 以上。从而获得特别的保持防晒剂稳定性的功效。聚合物的壳中心含有丁基甲基丙烯酸酯–甲基丙烯酸–甲基丙烯酸酯和苯乙烯烯丙基甲基丙烯酸酯的共聚物,并以此为颗粒的第二层壳。正是该种具有此结构特点的丙烯酸聚合物,使个人护理品配方中防晒剂的储存稳定性获得了大的提高。Cerqueira–Coutinho 等人研究报道,运用油包水的纳米乳技术,利用植物提取的表面活性剂,并在有机防晒霜配方中加入壳聚糖,可提高防晒霜的光稳定性及在皮肤表面的停留能力。植物提取物及油脂能够捕捉光反应产生的活性氧簇并提高光稳定性,而壳聚糖是一类聚合电解质,带有的正电荷与皮肤上的负电荷相互作用进而提高了防晒霜在皮肤上的停留能力。

在加强新型防晒剂的研发力度的同时,不断改善现有防晒剂的性能是十分必要的,也是一件十分有市场前景的工作。

四、全面抵御光老化将是今后防晒研究的重要课题

我们知道,长时间的紫外线吸纳照射会使皮肤产生氧自由基,导致光老化,加速皮肤皱纹的产生及出现色素沉着。即使我们使用 SPF 值为 30 的防晒化妆品也不能完全阻挡紫外线的伤害。未经阻挡的紫外线仍然可以照射到真皮层,产生导致皮肤老化的自由基,使真皮细胞受到损伤。

为此,化妆品配方师开始考虑在防晒配方中添加一定量的具有清除自由基作用的抗衰老成分,如维生素 E、β 胡萝卜素等,以增强防晒产品的保护功能,有效抵御未经防护的紫外线可能造成的皮肤光老化反应。

　　由于已知的具有抗衰老作用的成分很多,因此这一领域的研究将是十分广泛的。不过,我们在选择防晒化妆品配方中使用的抗衰老添加剂时,首先要注意其光稳定性的好坏,一个光稳定性不好的抗衰老成分是很难在防晒产品中发挥作用的。美国 Lancater 公司在其推出的 SPF 20 的"护肤防晒两用轻质膏"和 SPF 15 的"高效日用防晒喷剂"产品的配方中,都加入了防止光老化的成分维生素 E,β 胡萝卜素及泛醇等。

五、天然有效成分在防晒配方中的使用将成为潮流

　　为减少防晒剂用量,改善产品性能,提高产品的安全性,配方师正在寻找一些天然成分加到配方中。

　　在我国,芦荟在防晒产品中的应用已取得了较大进展。Canamino 公司开发的燕麦萃取物,可以明显减轻刺激性及紫外线引起的皮肤损伤,当其与二氧化钛合用时,可使体系的 SPF 值增加近 1 倍。据研究,从阿根廷的一种绿色植物中提取的前色素醇制成脂质体加入防晒品中,可明显减轻紫外线对皮肤的损伤,抑制光老化迹象的出现。

　　日本 Pola 化学工业公司的研究人员发现,由橘子皮中提取的几种成分,如没食子酸、川皮苷等具有生物活性,可以吸收 UVA 紫外线并清除 UVA 紫外线引起的活性氧的活性。UVA 紫外线照射皮肤产生的活性氧是引起皮肤光老化的重要因素之一。研究还发现,来自橘子果实的提取物也可以抑制皮肤细胞中角鲨烯因 UVA 紫外线照射引起的过氧化反应。同时,对由于 UVA 紫外线照射引起的人体皮肤成纤维细胞的减少有减轻作用,并且可防止 UVA 紫外线对皮肤细胞中过氧化氢酶活性的抑制作用。

　　Pola 公司的研究还证实,采用橘子和薄荷提取物的混合物,可以防止皮肤由于 UVB 紫外线照射引起的红斑。可见,橘子提取物在个人护肤品中具有广泛的应用前景。

　　到目前为止,研究发现天然产物都对紫外线有吸收作用,但还没有可以作为防晒剂而单独使用的例子。这主要是因为它们的消光系数低。但人们至今都不愿意放弃这方面的研究与探索,因为它们对配方师及防晒原料研究人员的诱惑实在是太大了。

第三节 纳米技术时代的光保护作用

针对防晒剂发展趋势,本节将重点介绍纳米技术在防晒剂开发中的应用。

一、纳米技术

据估计,使用纳米材料的产品数量每年都在翻倍。含有纳米材料的产品包括食品和饮料、运动用品、服装、表面涂层、个人护理产品和药物等消费品。防晒霜也可能含有纳米材料。有些产品可能被标记为含有纳米材料,而有些产品可能没有指定纳米材料内容的标签。

在皮肤病学中,防晒霜已经成为纳米材料发展的一个关键领域,因为它在预防皮肤过早老化、晒伤、预防光敏相关药物反应、预防光敏性疾病恶化和预防皮肤癌方面的有利作用。

在过去几十年里,皮肤癌发病率的上升速度是惊人的。在20世纪30年代早期,一生中患皮肤癌的风险是千分之一。到2004年,这一比率上升到1/65。如果目前的趋势继续下去,到2050年,终生患皮肤癌的风险将是1/10。风险上升的原因是多方面的,可能包括环境变化,如全球变暖,减少臭氧层保护、增加使用日光浴床、户外休闲活动增加,增加到温带和热带气候,遗留的烟草使用、遗留的辐射,更好的诊断,还不确定的环境和职业暴露。皮肤癌占美国每年确诊癌症的近一半。每年有超过100万例皮肤癌、黑色素瘤和非黑色素瘤皮肤癌被诊断出来,每1 h就有1人死于皮肤癌。

除了光癌的发生外,光损伤还有许多其他的后果。这些包括光老化、光免疫抑制和光敏性皮肤病的激活。紫外线可明显加重皮肤疾病,如皮肤性红斑狼疮、卟啉症和遗传性皮肤病,如着色性皮肤干燥症。最近的研究表明,严格的光保护可以通过减少对皮肤损伤的直接损伤和减少干扰素驱动的干扰来防止疾病特异性损伤的形成。

1. 太阳辐射

在所有到达地球表面的紫外线中,只有不到1%属于UVC范围。太阳到达地球的总辐射中,大约0.35%属于中波紫外线,6.5%属于长波紫外线。

到达地球的光线中大约43%是可见的,大约49%在红外线范围内。后两种光谱对皮肤的影响尚不完全清楚,但现在越来越多的人认为这与某种形式的光损伤有关。

虽然长期暴露于UVA和UVB会导致皮肤老化,但最近的研究表明,皮肤也可能会被紫外线光谱以外的波长损伤。其中包括可见光和红外线波长的光子。传统的防晒霜可能没有预期的那么有效的原因之一可能是对可见光和红外光缺乏效果。可见光和红外波长的光保护可能需要开发不可见的局部抗氧化剂或可见光和伪装色的光子阻断剂。有趣的是,宽频带光,特别是长波长的宽频光,已经显示临床上和遗传改善皮肤光损伤的迹象。

光保护皮肤包括保护皮肤免受各种光源的伤害,包括太阳和人造光源。光发出的辐射光谱以其波长、频率和能量为特征。整个电磁波谱范围从γ射线到上午的无线电波,波长从0.0001纳米一直到100 m或更长。到达地球表面的大部分太阳能量包含在紫外线、可见光和红外光谱中。大约40%的太阳光线在可见范围内,50%在红外线范围内,7%在紫外线范围内,只有不到1%是由X射线、γ射线和无线电波组成的。

频率和波长之间有一种反比关系。辐射的频率是波长的反函数,因为光速是恒定的。波长较长的光子辐射频率较低,反之亦然。相比之下,能量是频率的直接函数。光子的频率越高,它们的能量就越大。当这种能量撞击皮肤的重要结构时,会导致皮肤损伤。高能或高频光子可对皮肤造成相当大的损害,而低能量或低频光子可能造成损害,但可能需要更大的总剂量,需要更长时间的照射。

穿透皮肤的深度是光子能量频率的反函数。在UVC范围内的高能量光子实际上被大气层的臭氧层和角质层阻挡了。中等能量的光子,如中波紫外线范围内的光子,可以穿透表皮层和真皮表皮交界处。UVA范围内的低能量光子可以穿透皮肤表皮交界处,进入真皮的中深部。

2.防晒霜的历史

(1)自然的原始人类光保护 覆盖在身体上的毛发可以保护身体免受紫外线、外伤、擦伤以及一些寄生虫和微生物的伤害。澳大利亚的一项研究评估了在紫外辐射下胡子和大部分疼痛的保护作用。研究发现,根据太阳天顶角和胡须最痛的长度,胡须能给皮肤提供221的紫外线保护因子。头发也能隔离和掩盖皮肤。无毛的适应性包括游泳时更少的阻力,在纳米技术时代在茂密的灌木丛中更少的妨碍光保护,以及降低过热的风险。皮肤变黑可能是伴随着体毛的减少而发展起来的。缺少毛发和丰富而高度活跃的小汗腺使原始人类在冷却能力方面具有优势。

通过自然选择的过程,黑色素水平被优化,以最大限度地减少紫外线对皮肤的损害,以保护叶酸和DNA免受太阳射线的伤害,同时允许足够的光线穿透皮肤,刺激充分的维生素D合成和光转换。最近的研究表明,防晒可能不是皮肤色素沉着的主要原因。人类和黑猩猩的共同祖先都有浅色的皮肤,上面覆盖着深色的毛发。这种浅肤色的皮肤可以被晒黑。这种对阳光照射的反应在对抗皮肤癌方面要比白化病更有效,适应性也更强。

大约一百万年前,早期人类为了适应炎热、阳光充足的气候,失去了体毛,获得了色素暴露在外的皮肤。包括对 $MC1R$ 基因的分析在内的一些证据表明,深色的色素沉着是在体毛脱落后很快形成的。在头上紧紧卷曲的头发可以保护光和冷却,让空气微风通过,但阻挡了阳光。在 $MC1R$ 基因改变的同时,角质层的修饰改善了表皮抵抗磨损和微生物的屏障。角质层角质细胞对日晒的反应包括立即的黑色素沉着,这可能是由于黑素体的重排和真黑素的光氧化。

菲茨帕特里克(Fitzpatrick)型肤色较深的人往往会有更强烈的即时色素反应。晒黑反应在紫外线照射后的数小时到数天内发生。因为皮肤癌,即使在阳光充足的气候下,也往往发生在生育年龄之后,对深色皮肤的选择压力可能并不是为了降低患皮肤癌的风险。非黑素瘤皮肤癌通常不致命,其发病率随年龄增长而增加。黑素瘤虽然有潜在的致命性,而且更容易发生在年轻人身上,尤其是年轻女性,但与非黑素瘤皮肤癌相比,它很少见。千百年来,因纽特人用驯鹿的鹿角和肌腱雕刻出了护目镜,创造出了一种带有窄缝的保真型弯曲眼罩,以限制光线照射到眼睛,防止角膜炎。

(2)叶酸和维生素D是选择压力 叶酸(维生素 B_9)用于DNA修复和防止神经管缺损。由于可能致命的出生缺陷,由光解引起的低水平叶酸也会导致生育能力下降。叶酸在精子形成中也很重要,叶酸水平的降低也可能导致男性不育。暴露在紫外线下会降低叶酸水平。叶酸水平的降低对DNA修复和胚胎发生是有害的。选择压力会促进褪黑素的形成,以保持最佳的叶酸水平。据推测,猎人和采集者从食物中摄取了大量的维生素D和动物肝脏。随着农业的发展,早期的欧洲人需要补充维生素D,而那些皮肤色素较少的人在紫外线照射下也能合成维生素 D。维生素 D 受体存在于 36 种不同的组织中,研究表明维生素 D 在免疫系统、肌肉骨骼系统、肠道、肾脏和生殖系统中的重要性。维生素 D 缺乏与佝偻病和多发性硬化症有关。由于叶酸对繁殖的影响,保存叶酸水平可能比保存维生素 D 水平产生更大的进化选择性压力。

(3)光保护历史 有证据表明,最近的皮肤、眼睛和头发色素的变化是由于社会和性别选择。古埃及人认为浅色皮肤比深色皮肤更有吸引力。在沙漠环境中,很难保持白皙的皮肤。埃及古墓象形文字的翻译揭示了米糠提取物等成分,茉莉、羽扇豆提取物用于治疗皮肤损伤,减少晒黑或晒伤的可能性。米糠提取物的一种成分,谷维素已被证明具有紫外线吸收特性。

在南非可以找到使用当地材料的低成本光保护剂的例子。非洲黏土被用于化妆、礼仪、成人仪式、当地的卫生习惯、社会信号、伪装术和光保护。南非的土著居民使用两种类型的黏土来保护光:红色和白色。阿马索勒山区的科萨部落使用红色黏土来画脸。黏土是由含有微量金属的微粒组成的,如纳米级铝硅酸盐,有机物,在矿物结构中被水结合在一起。一般来说,黏土的颗粒大小为 1 000 ~ 2 000 nm。这使得黏土成分紧密聚集和堆积。对这些黏土的光保护性能进行了研究。总的来说,已经确定的是,来自阿马索里地区的黏土防晒系数较低,但活性谱较广。

在光保护的现代时代之前,晒伤被认为是由热而不是紫外线造成的。1801 年,约翰·威廉·里特发现了紫外线。他描述了波长比蓝色短的光的特性,并把这个区域的光称为红外线(我们现在称之为紫外线)。当希波克拉底和亚里士多德发展出关于肤色和气候的早期理论时,直到 1820 年,英国埃弗拉的家乡才消除了高温会导致晒伤的观念。他开始探索为什么温带气候的居民比北方气候的居民的皮肤更黑。他发现这种相关性令人惊讶,因为深色皮肤吸收的热量更多,浅色皮肤吸收的热量更少。他本以为,在较冷的气候条件下,深色皮肤是一种尽可能捕获周围热量的手段。豪斯用黑布遮住一只苍白的手,让另一只手暴露在阳光下,他直接观察到了这一点。尽管在纳米技术时代,用黑布覆盖的手具有更温暖的光保护,但与暴露在外的手相比,它不会晒伤。他推测,皮肤色素可以防止晒伤,而晒伤不是由热引起的。豪斯的结论是,保护皮肤免受紫外线损伤的是皮肤中的黑色素。

1878 年,奥托·维尔(Otto Veiel)展示了单宁在抵御紫外线方面的好处。

单宁酸的作用受到其易染皮肤的限制。1922 年,研究表明,最可能引起晒伤的波长在 280~315 nm 波长范围内。通过对该波长的特异性靶向试剂的研制,初步研制出含有对氨基苯甲酸、水杨酸苄酯和肉桂酸苄酯的防晒霜。

防晒霜最初被开发出来,在第二次世界大战期间,为了保护部署在太平洋热带和非洲沙漠的士兵免受阳光灼伤,防晒霜的使用激增。早期的防晒霜阻挡了太阳光谱中 UVB 部分的光线。传统的防晒效果测量方法关注的是光谱的这一部分,而没有考虑到对 UVA、UBC、可见光或红外光的保护。

黑色皮肤的污名导致了大量美白产品的出现。这些产品在南非和印度等国的影响最大。这些产品中有些含有汞,已经成为 FDA 和美国的监管目标。当皮肤美白剂永久性地消耗皮肤的黑色素细胞时,会导致更容易受到紫外线的伤害,并会掩盖黑色素瘤的出现。纳米颗粒可以调配成多种不同的颜色,并且可以制造出能与多种皮肤类型混合的防晒霜。他们可能被证明对个体的暂时或永久性美白过程是有用的。

3. 防晒剂成分

防晒霜通常是活性成分的悬浮物,可能是有机的,也可能是无机的。有机防晒霜通常由碳、氢、氧和氮分子组成,这些分子能吸收 UVB 和 UVA 范围内的紫外线。有机防晒分子通常很小,大小从几埃到几十埃。有机防晒霜通常有一个带有自由电子的环结构,它能捕获紫外线能量并被激活到更高的能量水平。然后,这些多余的能量会以较长的波长和较低的能量(如红外线能量)释放出来。为了节省能量,可以释放多个红外(IR)波长的光子来平衡单个入射的高能紫外线(UV)光子的能量。因此,有机防晒霜可以被认为是 UV-IR 转换器,吸收 UV 光并释放热量。

(1)有机防晒剂 有机遮光剂的环状结构可能具有不同的波长峰和吸收范围。结合多种有机分子可以产生广泛的紫外线吸收光谱。大多数通过 FDA 认证的防晒有机化合物都是优秀的 UVB 阻滞剂。少量的 UVA 阻滞剂已经获得批准,并正在考虑将来的批准。

(2)无机防晒剂 无机防晒剂通常是由锌、铁或钛等离子团簇与氧结合而成。这些团簇的颗粒大小为 10~300 nm。无机防晒霜的作用机理与有机防晒霜不同。无机防晒剂能有效阻隔和吸收 200~380 nm 范围内的紫外线,380 nm 后紫外线急剧下降。因此,无机防晒霜对 UVC、UVB 和 UVA 光有很高的效用。

无机遮光剂的大分子团簇由于其不透明性而未被公众普遍接受。它们会在皮肤上留下白色的残留物,如果要使用的话,它们的用量往往会减少这种效果。不透明度是由于光散射效应的大集群的无机防晒霜。典型的氧化锌和二氧化钛团簇往往是200 nm或更大。这种大小的簇能有效地散射2倍于其直径的波长的光。因此,200 nm或更大的集群倾向于将光散射在可见范围内,400~700 nm。当可见光反射到眼睛上时,其散射现象相当明显。有机防晒霜由于体积小,不会散射可见光。与能够在400~700 nm范围内散射光的粒径200 nm的二氧化钛相比,1 nm的甲氧基肉桂酸酯粒子不能散射可见光。

对于波长较长的光来说,小粒子是很小的障碍。比可见光小得多的物体(100 nm或更小)不能有效地散射可见光。因此,100 nm或更小的纳米防晒霜基本上是看不见的。光的散射作为波长的函数清楚地说明了这一现象。

(3)纳米配方　纳米载体中防晒霜的配方可能比传统配方更有优势。

首先,纳米配方可提高波谱宽度。例如,丁基甲氧基二苯甲酰甲烷与八烯联用于广谱紫外线防护。它们被高密度地包裹在由米糠油和覆盆子籽油制成的脂质纳米载体中。以这种方式生产的防晒霜,可反射91%~93%的UVA和10.5%的UVB,而配方中仅含3.5%的活性无机成分和10.5%的植物油。这种载体可稳定且非常缓慢地释放防晒剂成分(24 h释放量为4.0%~17.5%)。这种在生物相容性较小和可生物降解的脂质载体中结合和浓缩广谱防晒剂成分的能力导致更高的效率,组合配方更加灵活,通过降低必需的活性无机成分而降低了生产成本,功效卓越。

其次,提高了配方稳定性。植物中自然产生的光保护剂是不稳定的,一旦植物被破坏就会迅速降解。苹果的果皮富含光保护的抗氧化合物。这些可以被提取出苹果皮的乙醇提取物(APETE)。当纳入PLGA纳米载体中时,这些提取物的内在不稳定成分可被稳定。体外研究表明,纳米APETE载体对培养的表皮细胞有光保护作用。

增强释放动力学。一些合成化合物也受制于不稳定性和聚集以及潜在的经皮吸收。一个例子是4-甲基苄啶樟脑。当4-MBC粒子加入微球后,表现出与自由化合物相同的光保护能力,稳定性更强,释放动力学明显较慢。

增强依从性。这一点将在下面更详细地讨论,但这是基于纳米配方的好处和降低的风险相结合的结果。

二、防晒霜分析

评价防晒霜的标准方法包括使用光度计和动物及人类研究来评价最小红斑剂量。为了评估防晒产品的防护效果,正在不断开发替代人类和动物试验的方法。一种基于纳米技术的方法包括所谓的细胞剂量计。这种体外方法测定了暴露于紫外线照射后的特异性 DNA 修复酶和细胞活力。此外,利用着色性干皮病细胞的使用使评价更加敏感。这个实验能够证明使用防晒霜对 UVB 光的保护,但对 UVA 光或自然阳光没有保护。皮肤等效性也被用来测量紫外线造成的光损伤。结果可以评价环嘧啶二聚体的形成和晒伤细胞的形成。使用皮肤等效物的研究表明,在紫外线照射之前涂抹防晒霜会减少环嘧啶二聚体的形成和晒伤细胞的形成。

三、外用药物

外用光保护药物包括金属物理阻滞剂,如氧化锌、二氧化钛;有机化学化合物,如肉桂酸、二苯甲酮、麦色滤、麦素宁滤光环;抗氧化剂,如羟基肉桂酸、多酚,包括包括染料木素、水飞蓟素、马酚、槲皮素、芹菜素、绿茶提取物、白藜芦醇、黄芩苷、花青素、丹宁、碧萝芷醇以及其他(DHA、咖啡因、多氟蒌)-富勒烯、N-(4-焦多氧基亚甲基)-1-丝氨酸、肌酸和艾地苯醌;非甾体抗炎化合物,如 COX-2 抑制剂;暴露后影响 DNA 修复的化合物,如酶光解酶、T4 内切酶和 DNA 寡核苷酸。

1. 纤维织物

其他明显的防晒来源包括帽子、伞和遮荫(自然的,如地形和树叶;以及人造的,如遮阳篷和屋顶)。伞这个词来源于拉丁语 umbra,意思是阴影。最初,雨伞是在古埃及发明的,里面有棕榈叶用来防晒。修正主义通过希腊传入欧洲。中国人发明了防水伞来防雨。太阳镜、光致变色隐形眼镜和人工晶状体提供眼睛保护;然而,事实证明,在突然漆黑的桥梁和隧道中,这样做很危险。如前所述,史前的环北方居民在骨头和鹿角上刻上了裂缝,从而形成了一副防盗镜来防止照片角化症。在汽车、工业窗户和住宅窗户上都可以找到光保护玻璃。纳米材料正在改变雨伞的织物、镜头的光保护性能和消费者使用的建筑材料方面取得进展。

（1）传统棉花 对织物的研究表明,衣物的防晒系数(UPF)与织物的结构和织物的组织紧密度呈正比。由于棉布衣物的收缩和孔径减小,经过多次洗涤后,UPF数量持续增加。经反复洗涤,织物收缩,针孔尺寸减小,织物孔面积由8%下降到3.9%。增加衣物防晒性能的简单建议是在反复洗涤后再穿。深色的织物也可以提供稍微强的光保护。

（2）静电纺丝纤维 用纳米材料对其进行改性可以进一步提高其光保护性能。镁-抗坏血酸2-磷酸(MAAP)和α生育酚乙酸酯(α-TAC)是维生素C和维生素E的稳定衍生物。在一项研究中,使用同轴电纺丝技术,聚丙烯腈纳米管与MAAP和α-TAC偶联。核-壳混合纳米纤维在6 h内稳定释放,其含量保持稳定。这些纳米纤维有可能被纳入纺织品或喷雾剂中,长期外用。

（3）光学织物 在编织材料中加入光传导纳米材料是使用分布式光学的纳米材料的基础。分布式光学可用于特定波长的光的传导和转向。分布式光学织物可用于穿戴者的生物医学监测。它们可以用于伪装术,也可用于给穿戴者的皮肤提供光疗。他们也可能被证明使用光干涉进行光保护是有用的。

（4）辐射保活性织物 含有重原子超细粉末的橡胶样织物在聚氨基甲酸乙酯和聚氯乙烯基质中对X射线和γ射线散射作用进行了研究。这些织物可能在军事和医学上用于防辐射。医疗用途可包括对从事放射性材料和设备工作的保健工作人员的保护,以及放射治疗中对划界皮肤的保护作用。

在加拿大的一项研究中,研究人员比较了含钡、铋和钆的无铅屏蔽材料在单层、双层织物中和在膏霜配方中的应用。含屏蔽材料的铋在60~130 kV范围内衰减辐射的能力优于含铅化合物。铋织物的优点是重量轻。

2.脂质体

（1）定义 带有脂质双层膜的微囊和纳米囊泡称为脂质体,由带电离子磷脂和胆固醇组成。两亲性磷脂通常由一个由磷酸盐和甘油结合的极性头部和两个由10~24个碳原子和0~6个双键组成的链脂肪酸组成。胆固醇散布在脂质双分子层中。脂质体可以很小(20~100 nm)或高达1 000 nm。它们可以是单层、低层和多层的。

（2）背景 脂质体纳米粒防晒霜在白水、盐水和大量汗水中进行了耐久性研究。一项研究中,SPF 50、30、25、15的防晒霜以2 mg/cm² 的推荐浓度涂于 30 名健康的 FitzpatrickII 型皮肤成年志愿者的皮肤上。然后,研究对象被暴露在白水或盐水中,或者让他们大量出汗。在所有的涂抹组中,SPF 25 的防护系数降低了基线的 83% ~ 91%,而其余的防晒霜与基线相比保持了 96% 或更高的防护系数。防晒霜的脂质体配方可对健康的 FitzpatrickII 型皮肤成年志愿者的皮肤暴露于清水、盐水和大量出汗后提供持久的防晒保护。

(3)全日辐射 在一项对 20 名皮肤红斑狼疮患者的初步研究中,受试者使用了一种高 SPF 值的广谱纳米配方脂质体防晒霜,其对人工 UVA/UVB 光辐射具有明显的保护作用。这些发现在组织学皮肤活检中也得到证实。

(4)DNA 修复酶 这些是所谓的晨后霜,因为它们的目的是修复细胞损伤后最大阈值紫外线暴露。这类药物的一个缺点是通过给使用者一种夸张的自信感,它们可能会导致(而不是防止)过度日晒。

1)光裂解酶。多形性光疹是一种常见的光性皮肤病,可能是由于紫外线诱导的异常免疫抑制复合作用,以及在紫外线照射下增强半抗原转化为抗原的免疫反应活性所致。在小型随机双盲安慰剂对照试验中,对易发生多形性光疹的患者,紫外线照射后用含外用洗剂(含有来自无球菌和藤黄微球菌的光解酶)的一种 DNA 修复酶和安慰剂、SPF 30 的防晒霜的抗辐射保护作用进行比较。这些"暴露后"的专题研究显示,接受修复酶治疗的患者多形性皮疹症状和评分有所减少。这些研究表明,含有 DNA 修复酶的脂质体制剂可能会阻止或减弱紫外线对皮肤的影响。

2)核酸内切酶。在对着色性干皮病患者的小型研究中,含有 T4 内切酶 V 或热灭活酶的脂质体已被证明可降低 30% 的基底细胞癌和 68% 的光化性角化病的发病率。在最近的研究中,脂质体制剂被放置在有皮肤癌病史的人的皮肤上,在暴露于紫外线 2、4 和 5 h 后。进行皮肤活检,确认涂抹防晒剂的组织中是否存在酶。在紫外线诱导的红斑反应或显微镜下晒伤细胞的形成的组织学研究中未见明显的改变。然而,IL-10 和 TNF-mRNA 和蛋白质生成几乎完全衰减。

含 T4N5 脂质体的洗液已被证明可以减少紫外线引起的着色性干皮病患者皮肤中的 DNA 损伤。热灭活酶稳定性高,可重新活化,并能恢复酶活性。因为这些 DNA 修复脂质体可以在几个小时的治疗中消除受损的 DNA,他们可能被证明对对抗紫外线对皮肤造成的损害是有用的。

(5)二糖 海藻糖是一种天然双糖,通常用作蛋白质稳定剂,当局部应用于角膜时,可减少紫外线对眼睛造成的损害。研究了海藻糖脂体配方对人角化细胞抗 L-肌肽、麦角硫氨酸、L-抗坏血酸和 DL-α-生育酚的光保护作用。富含海藻糖的脂质体对 UV 诱导的环丁烷嘧啶二聚体、8-羟基 2-脱氧鸟苷和蛋白质羰基化产物的形成具有最大的保护作用。

(6)甲氧基肉桂酸辛酯 与非脂质体制剂相比,肉桂酸辛基甲氧基脂质体制剂具有更好的效果和延迟释放动力学。他们的防晒系数更高,但与对照组相比,并没有表现出更高的耐水性。

(7)硫辛酸 在紫外线照射的无毛小鼠中,测试了含有抗坏血酸磷酸镁、抗坏血酸-硫脂酸和激动素的脂质体的光保护作用。在小鼠皮肤上,每天涂抹,4 周后可减少皮肤的水分流失,并使皮肤持续水化和黏弹性。小鼠的自由基清除活性和紫外线诱导的损伤保护。在人体皮肤上使用 4 周后,发现皮肤的黏弹性和水化性能相似。

(8)白藜芦醇 白藜芦醇是一种植物多酚,具有抗氧化和清除自由基的特性。将不同成分的低聚脂质体装入白藜芦醇,并在 60 d 内评价其性能和稳定性。在 UVB 照射后的光保护测试中,HEK293 细胞系在游离或包封的白藜芦醇存在下进行了存活率测试。游离的白藜芦醇毒性更小,更具紫外线保护作用。

(9)CDBA CDBA,4-胆固醇碳基-4-(N,N-二乙基氨基丁基)偶氮苯,是一种偶氮苯化合物,在纳米脂质体制剂中显示出增强的 UVA 和 UVB 光护和稳定性。

3.弹性脂质体

脂质体的一个子集是可变形的变种,称为弹性脂质体。它们能够在角质层和表皮的角质形成细胞之间交错,以便在局部涂抹时更好地渗透、持久和分布。负载二苯甲酮-3 的弹性脂质体在 100 nm 范围内浓度为 20.34% 时显示其对紫外辐射具有显著的保护作用。

4.囊泡

(1)定义 囊泡(niosomes)是一种囊泡载体,以水为核心,周围有一层或多层磷脂,通常是胆固醇和一种或多种非离子型表面活性剂,如烷基醚、烷基酯、烷基酰胺、长链脂肪酸和氨基酸。因此,niosomes 的表面是非离子表面活性剂,其名称由此而来。它们的尺寸范围为 100 ~ 200 nm。尼质体倾向于由生物相容和生物可降解的药剂制成。它们往往是无毒和无免疫原性的。

它们是稳定的和高度抗水解降解。它们是两亲性的,可以容纳各种溶解度的内容物。囊泡制备困难且复杂,可能会发生聚集、浸出或分散,从而限制其保存寿命。

(2)背景 与标准乳液相比,囊泡具有更强的渗透能力,通常比标准脂质体更稳定。薄 film 水合是一种常见的制造技术,已用于制造含米诺地尔的尼微体。含有阿伏苯宗和熊果苷的囊泡和脂质体正在开发中,用于制造增加减色能力的防晒霜。

(3)多酚 从红茶提取物中提取的多酚被包装在多层状的 niosomes 中。将这些药物局部涂抹在裸鼠的皮肤上,结果显示,与分散在水溶液中的对照组相比,这些药物对咖啡因和没食子酸的渗透力增强。红茶提取物可能在将来作为局部防晒剂使用时,通过囊泡运载。

5. 醇质体

(1)定义 醇质体已被开发为经皮给药系统。它们是一种由磷脂(如磷脂酰胆碱、磷脂酰丝氨酸和磷脂酸)在高浓度乙醇(20%~50%)和水中组成的软囊泡。乙醇作为渗透促进剂,通过含量变化来容纳广泛的活性成分。醇质体的大小可以控制在纳米到亚毫米的范围内。醇质体无毒,可配制成乳膏、乳液、凝胶和贴剂。醇质体可以用于毛囊皮脂腺靶向(米诺地尔)、透皮激素递送(睾酮)和透皮药物递送(即盐酸三己苯酯治疗帕金森病、齐多夫定治疗艾滋病、阿昔洛韦治疗单纯疱疹病毒、环孢霉素治疗牛皮癣、杆菌肽降低毒性、大麻二醇治疗炎症和水肿)。

(2)背景 醇质体往往与增强药物渗透有关。因此,它们可能在皮肤层面的光保护方面有更大的用途,比如传递抗氧化剂或修复酶。

(3)姜黄 通过脂质体、醇质体和转移质体制备了龙葵姜黄提取物。以 0.5%~2.0% w/w 的乙醇提取物为原料,考察其与皮肤的相互作用。传递体包封率最高,介于醇质体和脂质体之间。这项研究表明,纳米微囊可能是姜黄提取物的抗氧化、收敛、抗菌和保湿性能的最佳运输载体。

(4)芹黄素 芹菜素(芹菜甙元)作为一种生物类黄酮已被证明具有抗氧化活性和多种细胞靶点,包括 GTP 酶激活、膜运输和 mRNA 代谢/选择性剪接。它被认为是一种潜在的局部和全身的抗炎症和抗肿瘤药物。在一项试验中,研究人员进行了优化研究,以确定向皮肤输送芹菜素的理想配方。对脂质体、脂质体和弹性脂质体进行了比较。研究发现,提高脂质体中磷脂含量(尤其是脂类 S75)、丙二醇含量和乙醇含量可促进皮肤沉积和透皮递送。优化后的醇质体显示 UVB 照射后小鼠皮肤中 COX-2 水平下降最大。

6. 固体脂质纳米颗粒

(1)背景 这是一种胶体载体,由固体脂质芯与水或含水表面活性剂按一定比例混合而成。这种脂质往往具有生物相容性、可生物降解性和无毒性,使其成为纳米技术制备时代化妆品和药妆品光保护的理想材料。因为它们体积小,包紧,有高闭塞性,促进皮肤水合作用,并限制皮肤水分流失。它们相对容易制造,易于放大,易于消毒,而且不需要特殊溶剂。一些固体脂质纳米粒,例如结晶的十六棕榈酸盐纳米颗粒(CCP-NP),具有固有的光保护活性。与传统的乳剂相比,天然的十六棕榈酸盐纳米颗粒具有 2~3 倍的紫外线吸收性能。这种效果已经被证明对防晒霜的成分具有协同和增效的光保护作用。例如,含有 2-羟基-4-甲氧基二苯甲酮(Eusolex 4360)的十六棕榈酸盐纳米颗粒比对照乳剂高出 3 倍的光保护作用。

(2)定义 固体脂质纳米颗粒被设计用于分散和溶解其核心中的亲脂性化合物。在固体脂质纳米颗粒中发现的脂质可以是单甘油三酯、二甘油三酯、胆固醇和蜡。它们可以通过乳化剂(如两亲性表面活性剂)来稳定。

(3)二苯酮-3 用无溶剂喷雾凝固技术制备的固体脂质纳米粒子和微粒已经测试了其光保护和经皮吸收的耐久性。二苯甲酮-3 的固体脂质纳米颗粒也通过热高压均质法制备出来,与纳米聚合物[poly(ε-己内酯)]包封的二苯甲酮-3 相比,其稳定性更好,细胞毒性和光毒性更小。

(4)氧化锌和八烯 为了扩大光保护的光谱,有时需要使用组合剂。固体脂质纳米颗粒可以容纳另外两种不混溶成分的配方。在一项研究中,含有水溶性氧化锌和亲脂性八烯的结晶固体脂质纳米颗粒被证明是稳定的,在 290~400 nm 的带宽内具有光保护作用,并显示出与纳米颗粒的内源性紫外线阻隔性能有协同保护作用。协同作用使得活性成分的浓度降低到 0.6%。

(5)叶黄素 叶黄素具有抗氧化和阻挡蓝光的特性。由于溶解性差,它是脂质纳米颗粒输送到皮肤的理想候选者。在一项研究中,叶黄素被纳入纳米载体,如纳米乳(NE)、固体脂质纳米颗粒(SLN)和纳米结构脂质载体(NLC)使用高压均质化。这 3 种情况都很稳定。24 h 后,SLN 含量最低(0.4%),NE 含量最高(19.5%)。24 h 后,SLN 中的叶黄素未渗透猪皮。暴露于 10 MED 后,只有一小部分(0.06%)的叶黄素被降解,而在 NLC 中的降解率为 6.8%,在 NE 中的降解率为 14%,悬浮在玉米油中的叶黄素粉降解率为 50%。

(6)生育酚(维生素 E) 一项研究表明,合成的固体脂质纳米颗粒具有固有的紫外线保护活性。加入乙酸生育酚后,这种作用增强。含有生育酚的固体脂质纳米颗粒的紫外线阻断效果是含有相同脂质含量的参比乳剂的 2 倍。

(7)钛 与参比乳液相比,采用常规方法和混合方法制备的 SLN 能增强二氧化钛的光保护性。他们还能允许较低浓度的二氧化钛进行同等的光保护。

(8)甲壳素 甲壳素在大多数水性配方和乳液中难以溶解。含 3,4,5-三甲氧基苯酰基甲壳素的 SLN 制剂被证明是有效的防晒霜。这一作用与 SLN 的内源性紫外线阻断活性有协同作用,并随着生育酚的掺入而增强。

7. 纳米结构脂质载体

(1)背景 这是第二代固体脂质纳米颗粒。纳米脂质载体的核心是固体脂质和液体脂质的混合载体。固体脂质为长链脂肪酸,液体脂质为短链脂肪酸。共混物的比例为 70∶30(长/短)至 99.9∶0.01(长/短)。纳米脂质载体可以克服固体脂质纳米颗粒的生长、不可预测的凝胶化、药物/活性成分负载不良以及药物/活性成分在贮存过程中的排出等不利趋势。使用的油脂包括蜂蜡、巴西棕榈蜡、Dynasan、Precifac、硬脂酸、Apifi 1 和 Cutina CP。典型的液体油脂包括 Cetiol V、Miglyol、蓖麻油、油酸、达瓦纳油、棕榈油和橄榄油。有时会加入乳化剂来优化混合。这些可以包括 Miranol Ultra,PlantaCare,Tween 80,Pluronic F68,Poloxamer 188,和磷脂 90G。在皮肤科,纳米结构脂质载体制剂已用于防晒霜和外用药物(米诺地尔、他克莫司、硝酸咪康唑)。

(2)定义 固体脂质纳米颗粒通常有一个晶体基质,几乎没有空间容纳活性成分。随着时间的推移,这通常会导致药物从颗粒中排出,效率也会迅速下降。纳米脂质载体是固体脂质包围液体脂质药物载体空间的混合物。这将提高药物装载和稳定存储能力。

(3)生育酚 生育酚(维生素 E)比其结合物乙酸生育酚具有更强的抗氧化活性。然而,它是黏稠的,难溶解,光不稳定,并可导致刺激性皮炎。在一项小型研究中,利用高压均质技术制备了纳米脂质载体和生育酚纳米乳。粒径分别为 67 nm NLC 和(586±210)nm NE。在 2 h 内,NLC 释放出约 30% 的生育酚,NE 释放出仅 4%。两种配方均保持抗氧化活性,无刺激性,并保护生育酚免受紫外线降解。

(4)化学防晒霜　乙基己基三氮酮(EHT)、二乙胺基羟基苯甲酰己基苯甲酸盐(DHHB)、Bemotrizinol(Tinosorb S)、辛基甲氧基肉桂酸酯(OMC)和阿伏苯宗(AVO)是化学防晒霜,在 UVA 范围内提供广谱的光保护。这些药剂在溶解性、活性谱和稳定性方面各不相同。它们被纳入纳米脂质载体和纳米乳中,以优化局部应用,并对其性能进行评估。当这些药物与纳米脂质载体结合时,它们对皮肤的渗透性显著降低,并留在角质层上。OMC 和 AVO 的光稳定性不如预期,而其余化合物仍保持其光稳定性。纳米乳与纳米脂质载体的光保护效果没有明显差异。

(5)蜡质载体　以巴西棕榈蜡纳米脂质载体和蜂蜡纳米脂质载体为研究对象,采用热高压均质法合成了 3 个分子(乙基己基三氮酮、双乙基己基氧基苯酚甲氧基苯三嗪和乙基己基甲氧基肉桂酸)。粒径为 200 nm。巴西棕榈蜡制品的 SPF 值比蜂蜡纳米脂质载体高 45%,表明纳米脂质载体的光保护效果不仅取决于其结构,还取决于其脂质组成。

(6)甲氧基肉桂酸乙基己酯　乙基己基甲氧基肉桂酸酯(EMC)是一种典型的 UVB 阻断剂。然而,它不易溶解,不耐光。在一项研究中,由米糠蜡、臭氧沸石和 behenate 甘油制成的微纳米颗粒和脂质团含有 70% 的 EMC。研究发现,纳米颗粒在 310 nm 处的吸光度是微粒的 2 倍,无论其成分如何。原生 EMC 在紫外线照射 2 h 后损失了 30% 的效率,相比之下 NLC 配方损失了 10% 和 21%。NLC 制剂对电磁兼容的渗透不明显。

(7)番茄红素　纳米脂质载体由米油和胆固醇的生物相容性脂质组成,并装载番茄红素。纳米脂质载体的粒径范围为 287～405 nm。研究发现,胆固醇会降低颗粒的稳定性,将其排除在外以及在 4 ℃或室温下储存时,其稳定性最高。

8. 微球

它们是由天然材料或可生物降解聚合物组成的粉末。天然材料可以包括蛋白质(白蛋白、明胶、胶原蛋白)或碳水化合物(淀粉琼脂糖、卡拉胶、壳聚糖)。聚合物可以包括 PMMA、环氧聚合物、丙交酯、乙二醇酯、嵌段共聚物、聚烷基氰基丙烯酸酯和聚酸酐。粒径趋于 200 μm 以下。微球可以是微胶囊,内部含有活性成分,或微基质,其中活性成分均匀地分散在颗粒中。

4-甲基亚苄基樟脑(4-MBC)具有良好的光保护作用,但其光稳定性差,效率下降快,经皮吸收不良,对甲状腺有潜在的影响。在油/水乳剂中配制的含4-微球具有与天然4-溴甲烷制剂相同的光保护活性,但活性时间较长,从乳剂中释放速度较慢。

9.金

金是一种新兴的具有生物用途的纳米材料。金纳米颗粒具有生物相容性,易于合成,并易于与许多其他化合物结合。它们已被用于癌症诊断和治疗、药物递送和作为生物探针。研究表明,将 Phytolatex 合成的金纳米颗粒添加到天然防晒霜中2%~4%的浓度,可以提高防晒霜的防晒系数。

四、安全性

1.传统防晒霜的危害

(1)皮炎 外用和化妆品引起的接触性皮炎占皮肤科就诊的4%,其中一半以上是由过敏性接触性皮炎引起的。在配制防晒霜时,需要考虑刺激性和过敏性接触性皮炎和光接触性皮炎。儿童接触性皮炎研究表明,超过6%的儿童对传统的紫外线探测器或具有光过敏反应。最常见的过敏源是二苯甲酮-3、辛基甲氧基肉桂酸和对氨基苯甲酸。

(2)吸收 在局部用药后血浆中已检测出一些防晒成分。这些主要是有机化合物,如二苯甲酮、辛基甲氧基肉桂酸酯和4-MBC。这些化合物的纳米颗粒和微球模式具有较低的吸收倾向,可以在较低浓度下使用,达到相同程度的光保护。

(3)内分泌干扰 一般建议儿童避免使用氧苯酮和奥克立林。使用防晒霜可能会引起维生素 D 缺乏,但是当使用 2 mg/m² 时更可能发生,这是推荐的剂量。1.5 mg/m² 在大多数受试者的典型应用范围内,并不能明显抑制维生素 D_3 的产生。

(4)不稳定性 防晒成分在紫外线照射、氯化水照射、氧化或高温下会降解。纳米粒子配方的防晒霜往往对热,光和活性氧更稳定。

(5)窄能谱 防晒霜中个别成分在电磁波谱中的 UVB 或 UVA 部分的保护范围通常都很窄。广谱防晒霜需要两种或两种以上成分的混合物,以达到足够的光保护。金属物理防晒剂的纳米配方可以提供广泛的单一成分的遮蔽保护。

（6）由于制定而缺乏依从性 传统的有机防晒成分是亲脂性的，需要油基介质进行溶解。这些配方可能有油腻的感觉，可能会引起粉刺，而且特别是对男性患者来说可能很难定期涂抹加以防晒。男性皮肤癌发病率较高的一个原因，特别是50岁以上的男性，可能是缺乏经常使用防晒霜，可能是由于配方对这部分人群没有吸引力。

2. 纳米配方的好处

（1）更少的成分要求 由于纳米配方的防晒霜具有更高的效率、更高的表面积体积比、高闭塞性和可控稳定性，因此与传统配方相比，它们往往需要更低总浓度的有效成分（有机或无机）。这可以导致更低的生产成本和潜在地降低对化学防晒剂的整体暴露。一些研究表明，高浓度的物理遮蔽剂可引起口周皮炎。

（2）解毒作用 对金属纳米颗粒相关危害的关注源于体外研究显示自由基的产生。一些研究表明，致断裂作用的水平会在紫外线照射下增加。然而，将氧化锌纳米颗粒与已知的光致分裂原（如8-MOP）进行比较，显示出潜在的极小影响（氧化锌在体外增加2~4倍，而8-MOP增加>15 000倍）。艾姆斯试验显示氧化锌的诱变性没有增加。人体研究没有显示光毒性的证据。商用的纳米粒子防晒剂已经被涂上了一层来去除它们的毒素。用二氧化硅的惰性氧化物覆盖纳米金属防晒剂已被证明可以消除活性氧产生的风险。此外，纳米粒子的聚集降低了它们的表面体积比和反应活性。许多研究表明，金属防晒剂纳米颗粒很少渗透皮肤，甚至没有渗透皮肤。这包括对完整的、表皮脱落的和剥脱的皮肤的研究。擦伤的皮肤几乎没有渗透。一项对无毛小鼠的研究表明，纳米颗粒锌与大颗粒锌相比，对纳米颗粒锌的吸收略有差异，但没有毒性，对锌的稳态没有影响。此外，渗透性比较表明，猪和鼠皮肤的渗透性是人类皮肤的4倍和9~11倍。最近的大多数研究表明吸收很少或没有吸收。

（3）运载灵活性 因为纳米配方允许颗粒大小、形状、电荷和化学成分的精确选择，纳米光保护剂可以以多种形式和载体制造，以实现最佳的稳定性、紫外线保护、组成和质地，从而允许尽可能广泛的采用和依从性。

五、依从性

1. 化妆品的优雅

防晒霜最大的障碍之一就是遵守规定(依从性)。防晒剂最佳涂抹方法要求至少 2 mg/cm^2 应均匀、平滑地涂抹在预期的表面,并频繁地重复涂抹以适应摩擦、出汗和浸泡带来的损失。在一项对度假者的研究中,他们在去度假和度假回来的路上接受了机场的采访,发现很多人都错误地认为,去热带度假之前晒黑的皮肤会导致晒伤,而近44%的人回来后会被晒伤。此外,尽管许多旅行者理解使用防晒霜的必要性,但许多人并没有将防护服、帽子和眼镜的使用纳入他们的度假计划。研究表明,患者在使用自己选择的润肤剂时,更有可能遵守防晒霜的使用规定。一般来说,患者倾向于选择不油腻的类型,而不是油腻的类型。这是纳米配方具有独特优势的领域。

2. 防晒霜的黏性问题

研究表明,对患者进行防晒霜使用技巧的培训对提高防晒霜的使用效果非常重要。在防晒霜的应用中,一个被广泛研究的问题是黏性问题,涂抹防晒霜后皮肤会依其纹理形成条纹和凹槽,这种不均匀但被广泛接受的使用方法导致防晒效率的降低。法国开发了一种应用技术,即受试者先涂后抹防晒霜,防晒霜会被涂抹得更均匀,且可以被受试者欣然接受和理解。一些研究人员也建议在关于防晒霜的教育材料中进行规定,以确保其正确的使用技术。

主要参考书目及文献

[1]丁振华,范建中.紫外辐射生物学与医学[M].北京:人民军医出版社,2001.

[2]刘炜,张怀亮.皮肤科学与化妆品功效评价[M].北京,化学工业出版社,2005.

[3]董云发,凌晨.植物化妆品及配方[M].北京,化学工业出版社,2005.

[4]毛培坤.化妆品功能性评价和分析方法[M].北京:中国轻工业出版社,2000.

[5]王昌涛,杜喜平,苏宁.化妆品植物添加剂的开发与应用[M].北京,中国轻工业出版社,2013.

[6]宋丽雅,何聪芬.化妆品植物功效添加剂的研究与开发[M].北京:中国轻工业出版社,2011.

[7]赵同刚.化妆品卫生规范防晒化妆品防晒效果人体试验(2007版)[M].北京:军事医学科学出版社,2007.

[8]黄玉媛,陈立志,刘汉淦,等.化妆品配方[M].北京:中国纺织出版社,2008.

[9]刘超,郭奕光.防晒产品抗水性效能的体外测定方法[J].日用化学工作,2002(06):65-68.

[10]胡念芳,钟建桥,李钊.植物防晒剂研究进展[J].中国现代应用药学,2011,28(2):104-107.

[11]陈淑映,罗德祥,黄健.具有提取天然防晒剂价值的中草药[J].广东药学,2005,2(15):7-9.

[12]潘媛媛,王淑波,敖宏伟,等.中草药美白防晒霜制备工艺的优化研究[J],香料香精化妆品,2009(2):22-25.

[13]徐良. 防晒化妆品市场及技术发展趋势[J]. 北京日化,2015(3):
40-42.

[14]王腾凤. 如何配制含物理防晒剂的防晒配方[J]. 2007,30(1):38-43.

[15]李能. 化妆品中防晒剂的国内外监管现状[J]. 日用化妆品科学,2018,
41(6):8-26.

[16]ASSEFA Z, LAETHEM A V, GARMYN M, et al. Ultraviolet radiation –
induced apoptosis in keratinocytes: On the role of cytosolic factors [J].
Biochimica et Biophysica Acta,2005,1755(2):90-106.

[17]HENKIOVA P, VRZAL R PAPOUSKOVA B, et al. SB203580, a
pharmacological inhibitor of p38 MAP kinase transduction pathway activates
ERK and JNK MAP kinases in primary cultures of human hepatocytes [J].
European J of Pharrn,2008,593:16-23.

[18]LEE J H,CHUNG J H,CHO K H. The effects of epigallocatechin-3-gallate
on extracellular matrix metabolism [J]. J Dermatol Sci, 2005, 40 (3):
195-204.

[19]MNICH C D, HOEK K S, VIRKKI L V, et al. Green tea extract reduces
induction of p53 and apoptosis in UVB-irradiated human skin independent
of transcriptional controls [J]. Exp Dermatol,2009,18(1):69-77.

[20]ISHIDA T,SAKAGUCHI I. Protection of human keratinocytes from UVB-
induced inflammation using root extract of Lithospermum erythrorhizon [J].
Biol Pharm Bull,2007,30(5):928-934.

[21]MULERO M, RODRIGUEZ-YANES E, NOGUÉS M R, et al. Polypodium
leucotomos extract inhibits glutathione oxidation and prevents Langerhans
cell depletion induced by UVB/UVA radiation in a hairless rat model [J].
Exp Dermatol,2008,17(8):653-658.

[22]CAPOTE R, ALONSO – LEBRERO J L, GARCIA F, et al. Polypodium
leucotomos extract inhibits trans-urocanic acid photoisomerization and pho-
todecomposition [J]. J Photochem Photobiol B,2006,82(3):173-179.

[23]PACHECO-PALENCIA L A, NORATTO G, HINGORANI L, et al.
Protective effects of standardized pomegranate (Punica granatum L.)
polyphenolic extract in ultraviolet-irradiated human skin fibroblasts [J]. J

Agric Food Chem,2008,56(18):8434-8441.

[24]AFAQ F,ZAID M A,KHAN N,et al. Protective effect of pomegranate-derived products on UVB-mediated damage in human reconstituted skin [J]. Exp Dermatol,2009,18(6):553-561.

[25]MAMMONE T, AKESSON C, GAN D, et al. A water soluble extract from Uncaria tomentosa(Cat's Claw) is a potent enhancer of DNA repair in primary organ cultures of human skin [J]. Phytother Res,2006,20(3): 178-183.

[26]PANICH U,KONGTAPHAN K,ONKOKSOONG T,et al. Modulation of antioxidant defense by Alpinia galanga and Curcuma aromatica extracts correlates with their inhibition of UVA-induced melanogenesis [J]. Cell Biol Toxicol,2009,26(2):103-116.

[27]CASA L C,VILLEGAS I,C ALARCÓN DE LA LASTRA,et al. Evidence for protective and antioxidant properties of rutin, a natural flavone, against ethanol induced gastric lesions [J]. J Ethnopharmacol,2000,71(1-2): 45-53.

[28]YANG T T,CHIU S H,LAN C C. The effects of UVB irradiance on vitiligo phototherapy and UVB-induced photocarcinogenesis [J]. Photodermatol Photoimmunol Photomed,2020,36(4):257-262.